W0253370

Lutz Volkmann

Graphen und Digraphen

Eine Einführung in die Graphentheorie

Springer-Verlag Wien New York

Prof. Dr. Lutz Volkmann,
Rheinisch-Westfälische Technische Hochschule Aachen,
Bundesrepublik Deutschland

Gedruckt auf säurefreiem Papier

CIP-Titelaufnahme der Deutschen Bibliothek

Volkmann, Lutz:
Graphen und Digraphen: eine Einführung in die Graphentheorie / Lutz Volkmann. – Wien; New York: Springer, 1991
ISBN -13:978-3-211-82267-8

ISBN -13:978-3-211-82267-8 e-ISBN-13:978-3-7091-9144-6
DOI: 10.1007/978-3-7091-9144-6

In Liebe

für

Hannelore

Vorwort

Die vorliegende Einführung in die Graphentheorie ist aus Vorlesungen hervorgegangen, die ich in den letzten Jahren regelmäßig an der Rheinisch-Westfälischen Technischen Hochschule Aachen für Studenten der Mathematik und Informatik gehalten habe. Außer Vertrautheit mit Elementarmathematik (vollständige Induktion, elementare Kombinatorik und ein wenig Determinantentheorie) werden keine besonderen Kenntnisse vorausgesetzt. Es wurde Leichtverständlichkeit und Exaktheit angestrebt, so daß sich die vorliegende Darstellung auch zum Selbststudium eignet. Viele Beispiele und eine Fülle von Übungsaufgaben ermöglichen dem Leser das erlernte Wissen anzuwenden und zu vertiefen.

Das Werk bietet einen modernen Einstieg in die Theorie der endlichen Graphen und Digraphen, welches nahezu alle fundamentalen Begriffsbildungen und die wichtigsten klassischen Ergebnisse enthält. Neben neuen und kurzen Beweisen bekannter Resultate findet der Leser einige aktuelle Forschungsergebnisse, die noch nicht in Lehrbuchform erschienen sind. Darüber hinaus werden eine Vielzahl von graphentheoretischen Algorithmen vorgestellt, die hochinteressante Anwendungen in Wirtschaft, Technik und Naturwissenschaften besitzen.

Um den elementaren Charakter des Buches nicht zu verlassen und den Umfang in Grenzen zu halten, wurden eine Reihe ebenfalls interessanter und wichtiger Teilgebiete der Graphentheorie nicht behandelt. Selbstverständlich spielte bei der Stoffauswahl auch der Geschmack und das Interesse des Autors eine Rolle.

Dieses Buch, das 13 Kapitel umfaßt, die wiederum aus einzelnen Abschnitten bestehen, wurde vom Autor mit dem Textverarbeitungssystem LaTeX getippt. Ein Hinweis auf das Literaturverzeichnis, wie z.B. Euler [1], ist bei dem Namen Euler unter der Ziffer [1] zu finden. Das Ende eines Beweises wird mit $\|$ gekennzeichnet.

Aus den folgenden Büchern hat der Autor Ideen und Methoden übernommen, ohne daß dies in jedem Fall erwähnt wird:
Aigner [1], Berge [3], [5], Bollobás [1], [3], Bondy und Murty [1], Chartrand und Lesniak [1], Halin [2], [3], Harary [1], Jungnickel [1], König [3], Lovász und Plummer [1], Sachs [2], [3], Tutte [6] und Wilson [1].

Es war dem produktivsten Mathematiker aller Zeiten, dem Schweizer Genie *Leonhard Euler* (1707 – 1783) vorbehalten, die historisch erste graphentheoretische Arbeit abzufassen. Angeregt durch das bekannte Königsberger Brückenproblem (man vgl. Abschnitt 3.1), stellte Euler [1] 1736 Untersuchungen an, die gerade heute von großem praktischen Nutzen sind (man vgl. das chinesische Briefträgerproblem im Abschnitt 3.2).
Einen weiteren historischen Eckpfeiler der Graphentheorie bilden Ergebnisse von *Gustav Robert Kirchhoff* (1824 – 1887) über elektrische Netzwerke. Kirchhoffs Abhandlung [1] aus dem Jahre 1847 ist der Ursprung der heute so bedeutungsvollen Netzwerktheorie, die sich vor allem mit Verkehrs- und Transportproblemen befaßt (man vgl. Kapitel 13).
Während Kirchhoff über die Physik zur Graphentheorie gelangte, stießen sowohl *Arthur Cayley* (1821 – 1895) als auch *James Joseph Sylvester* (1814 – 1897) durch Probleme der Chemie auf graphentheoretische Strukturen. Dabei schaffte Cayley in den Jahren 1874 und 1875 die mathematischen Grundlagen zur Anzahlbestimmung isomerer Verbindungen. Dieses Problem aus der organischen Chemie stand zu jener Zeit im Mittelpunkt des Interesses.
Als letzte und wichtigste historische Wurzel der Graphentheorie muß das berühmte Vierfarbenproblem genannt werden, das danach fragt, ob man die Länder einer Landkarte stets mit höchstens vier Farben so färben kann, daß angrenzende Länder verschiedene Farben erhalten (man vgl. Abschnitt 9.2). Dieses Problem hat die gesamte Graphentheorie nachhaltig geprägt.
Ausführliche historische Hinweise findet man in dem, auch noch nach heutigen Maßstäben, vorbildlich geschriebenen Buch von König [3]. *Dénes König* (1884 – 1944) sammelte nahezu alle wesentlichen Ergebnisse der Graphentheorie und faßte sie 1936 (genau 200 Jahre nach "Geburt" der Graphentheorie durch Euler) in seinem Werk "Theorie der endlichen und unendlichen Graphen" zusammen. Mit diesem ersten Lehrbuch über Graphentheorie hat König ganz entscheidend zur

Popularisierung und wissenschaftlichen Anerkennung dieser Theorie beigetragen. In den letzten dreißig Jahren hat sich die Graphentheorie außerordentlich stürmisch entwickelt, und sie besitzt heute einen unverrückbar wichtigen Platz in der reinen wie auch in der angewandten Mathematik.

Die Übungen zu meinen Vorlesungen über Graphentheorie wurden stets von Herrn P. Flach betreut, so daß ein reger Gedankenaustausch und fruchtbare Diskussionen stattgefunden haben, die nicht ohne Einfluß auf das vorliegende Werk geblieben sind. Zahlreiche Anregungen und wertvolle Vorschläge meiner beiden Doktoranden P. Dankelmann und Th. Niessen haben zum Gelingen des Textes beigetragen, wobei Herr Th. Niessen die Hauptarbeit am 11. Kapitel geleistet hat. Das Literatur-, Stichwort- und Symbolverzeichnis wurde von Herrn P. Dankelmann hergestellt. Beim mühevollen Lesen der Korrekturen haben mich die Herren H. Bister, P. Dankelmann, M. Hillebrand, C. Leretz, Th. Niessen und H. Rummelshaus unterstützt.
Neben dem hier genannten Personenkreis gebührt mein aufrichtiger Dank auch dem Springer-Verlag in Wien für die gute und reibungslose Zusammenarbeit.

Aachen, im Januar 1991 LUTZ VOLKMANN

Inhaltsverzeichnis

Kapitel 1

Zusammenhang und Abstand

1.1 Graphen und Digraphen

Definition 1.1 Es seien E, K nicht leere Mengen mit $E \cap K = \emptyset$ und

$$P_2(E) = \{X | X \subseteq E \text{ mit } 1 \leq |X| \leq 2\}$$

(dabei bedeutet $|X|$ die Kardinalzahl von X). Ist $g : K \longrightarrow P_2(E)$ eine Abbildung, so nennen wir das Tripel (E, K, g) einen *Graphen* oder *ungerichteten Graphen G*. Im Fall $E = K = \emptyset$ sprechen wir vom *leeren Graphen* und im Fall $K = \emptyset$ und $E \neq \emptyset$ von einem *Nullgraphen*. Für Graphen benutzen wir folgende Schreibweisen:

$$G = (E, K, g) = (E(G), K(G)) = (E, K)$$

$E = E(G)$ heißt *Eckenmenge* und die Elemente aus E *Ecken* des Graphen G. $K = K(G)$ heißt *Kantenmenge* und die Elemente aus K *Kanten* von G. Ist $k \in K$ mit $g(k) = \{x, y\}$ (x, y nicht notwendig verschieden), so heißen x, y *Endpunkte* der Kante k; man sagt auch, die Kante k *inzidiert* mit den Ecken x und y, oder x und y sind durch die Kante k verbunden; im Fall $x = y$ heißt k *Schlinge* oder *Loop*. Verschiedene Ecken, die durch eine Kante verbunden sind, heißen *benachbart* oder *adjazent*. Inzidieren zwei verschiedene Kanten mit einer gemeinsamen Ecke, so nennt man die Kanten *inzident*. Eine Ecke, die mit keiner Kante inzidiert, heißt *isolierte Ecke*. Sind k_1 und k_2 zwei verschiedene Kanten mit $g(k_1) = g(k_2) = \{x, y\}$, so nennt man k_1 und

k_2 *Mehrfachkanten* oder *parallele Kanten*. Ein Graph ohne Schlingen heißt *Multigraph*. Hat ein Multigraph keine Mehrfachkanten, so spricht man von einem *schlichten Graphen*. Ein Nullgraph, der nur aus einer einzigen Ecke besteht, wird auch *trivialer Graph* genannt.

Bei der anschaulichen Deutung eines Graphen kann man im allgemeinen die Ecken und die Kanten als in einem metrischen (oder nur topologischen) Raum, etwa in den $\mathbf{R}^2$ oder $\mathbf{R}^3$, eingebettet betrachten, indem man die Ecken als Punkte des Raumes und die Kanten als Jordansche Bogen, die diese Punkte miteinander verbinden, interpretiert. Prinzipiell sind aber die Ecken Elemente einer beliebigen Menge, und eine Kante k mit $g(k) = \{x, y\}$ besitzt die einzige definierende Eigenschaft, daß sie ihre Endpunkte x und y bestimmt.

Zum Einüben der in Definition 1.1 gegebenen Begriffe betrachten wir ein erstes Beispiel.

Beispiel 1.1 Gegeben seien die zwei disjunkten Mengen

$$E = \{x_1, x_2, x_3, x_4, x_5\} \text{ und } K = \{k_1, k_2, k_3, k_4, k_5, k_6, k_7\}$$

mit

$$g(k_1) = g(k_2) = g(k_3) = \{x_2, x_3\},\ g(k_4) = \{x_3, x_4\},$$
$$g(k_5) = \{x_3, x_5\},\ g(k_6) = \{x_4, x_5\} \text{ und } g(k_7) = \{x_4\}.$$

Diesen so definierten Graphen $G = (E, K, g)$ veranschaulichen wir zunächst durch eine Skizze.

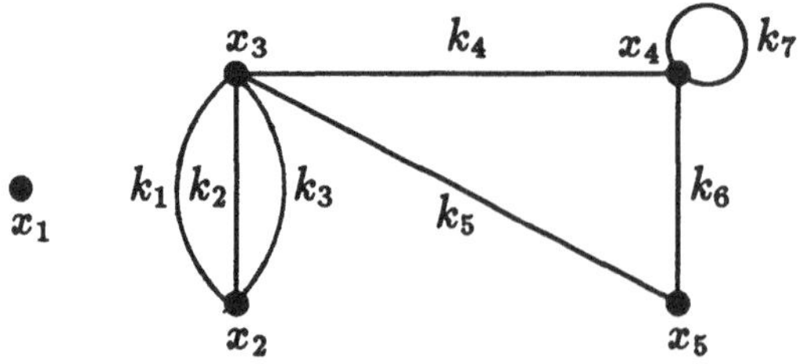

Folgende Eigenschaften von G lesen wir aus der Definition oder der Skizze des Graphen ab:
G besteht aus fünf Ecken und sieben Kanten. Die Ecken x_2 und x_3 sind Endpunkte der parallelen Kanten k_1, k_2 und k_3. Damit ist der Graph nicht schlicht. Die Kante k_7 ist eine Schlinge, womit G auch

kein Multigraph ist. Die Kanten k_5 und k_6 inzidieren mit der Ecke x_5, womit diese Kanten inzident sind. Die Ecken x_3 und x_4 sind adjazent, die Ecken x_2 und x_4 sind nicht adjazent. Da x_1 mit keiner Kante inzidiert, ist x_1 eine isolierte Ecke.

Die nächsten beiden Beispiele sollen demonstrieren, daß man nicht jeden Graphen so einfach veranschaulichen kann.

Beispiel 1.2 Es seien $E = \mathbf{R}$, K die Menge aller reellen Zahlenfolgen (x_i) und $g : K \longrightarrow P_2(E)$ definiert durch

$$g(k) = \{x_1, x_3\} \quad \text{mit} \quad k = (x_1, x_2, x_3, \ldots).$$

Beispiel 1.3 Es seien $E = \mathbf{R}$,

$$K = \{f | f : [0,1] \longrightarrow \mathbf{R} \text{ eine beliebige Funktion}\}$$

und

$$s_f = \sup_{0 \leq x \leq 1} |f(x)|, \quad i_f = \inf_{0 \leq x \leq 1} |f(x)|.$$

Definieren wir $g : K \longrightarrow P_2(E)$ durch

$$g(f) = \left\{i_f, \frac{s_f}{1 + s_f}\right\} \quad \text{mit} \quad \frac{s_f}{1 + s_f} = 1, \quad \text{wenn } s_f = \infty,$$

so ist das Tripel (E, K, g) ein Graph.

Neben den ungerichteten Graphen spielen noch die sogenannten gerichteten Graphen eine wichtige Rolle in der Graphentheorie. Diese stellen wir in der nächsten Definition vor.

Definition 1.2 Es seien E, B nicht leere Mengen mit $E \cap B = \emptyset$. Ist $h : B \longrightarrow E \times E$ eine Abbildung, so nennen wir das Tripel (E, B, h) einen *Digraphen* oder *gerichteten Graphen D*. Für Digraphen benutzen wir folgende Schreibweisen:

$$D = (E, B, h) = (E(D), B(D)) = (E, B)$$

Im Fall $B = \emptyset$ fallen die Begriffe Graph und Digraph zusammen. Analog zu Definition 1.1 werden die *Nulldigraphen* und *trivialen Digraphen* erklärt. $E = E(D)$ heißt *Eckenmenge* und die Elemente aus E *Ecken* des Digraphen D. $B = B(D)$ heißt *Bogenmenge* und die Elemente aus B *Bogen* oder *gerichtete* bzw. *orientierte Kanten* von

D. Ist $k \in B$ mit $h(k) = (x, y)$ (x, y nicht notwendig verschieden), so heißt x *Anfangspunkt* und y *Endpunkt* des Bogens k; man sagt auch, der Bogen k geht von x nach y, oder k *inzidiert* mit x *positiv* und mit y *negativ*; im Fall $x = y$ heißt k *Schlinge* oder *Loop*. Anschaulich stellt man k durch einen von x nach y gerichteten Pfeil dar, wenn x und y verschieden sind. Eine Ecke, die weder Anfangspunkt noch Endpunkt eines Bogens ist, heißt *isolierte Ecke*. Zwei Bogen heißen *parallel*, wenn sie denselben Anfangs- und Endpunkt haben. Ein Digraph ohne Schlingen heißt *Multidigraph*. Hat ein Multidigraph keine parallelen Bogen, so spricht man von einem *schlichten Digraphen*.
Jedem Digraphen D können wir auf natürliche und eindeutige Weise einen Graphen G mit der gleichen Eckenmenge zuordnen, indem wir jedem Bogen genau eine Kante mit den gleichen Endpunkten zuordnen. Ein solcher Graph $G = G(D)$ heißt *untergeordneter Graph* von D. Umgekehrt kann man aus einem Graphen G einen Digraphen D konstruieren, indem man aus jeder Kante einen Bogen macht. Man nennt D dann eine *Orientierung* von G. Diese Konstruktion ist natürlich keineswegs eindeutig.

Beispiel 1.4 Mit Hilfe einer Skizze werden wir dem Graphen G aus Beispiel 1.1 eine Orientierung D geben.

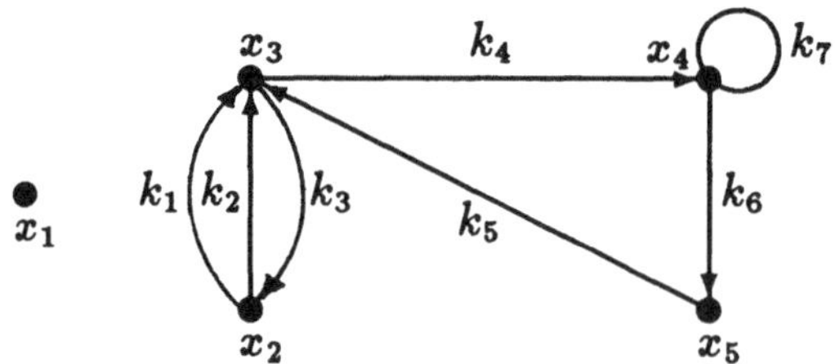

Folgende Eigenschaften von D lesen wir aus der Skizze ab:
Die Bogen k_1 und k_2 sind parallel, womit D nicht schlicht ist. Die Bogen k_1 und k_3 sind nicht parallel. Der Bogen k_4 geht von x_3 nach x_4, womit k_4 mit x_3 positiv und mit x_4 negativ inzidiert. D besitzt die Schlinge k_7. Der Graph G aus Beispiel 1.1 ist der untergeordnete Graph dieses Digraphen D.

Definition 1.3 Ungerichtete Graphen G bzw. Digraphen D mit $|E(G)|, |K(G)| < \infty$ bzw. $|E(D)|, |B(D)| < \infty$ heißen *endlich*. Im

Fall von endlichen Graphen bzw. Digraphen benutzen wir durchweg die Schreibweisen

$$|E(G)| = n(G) = n, \quad |E(D)| = n(D) = n,$$

$$|K(G)| = m(G) = m, \quad |B(D)| = m(D) = m.$$

Man nennt $n(G)$ bzw. $n(D)$ die *Ordnung* und $m(G)$ bzw. $m(D)$ die *Größe* des Graphen G bzw. des Digraphen D.

Bemerkung 1.1 In diesem Buch behandeln wir ausschließlich endliche Graphen und endliche Digraphen.

Definition 1.4 Ist $G = (E, K)$ ein Graph und $x \in E$ eine Ecke, so bezeichnen wir mit

$$d(x, G) = d(x)$$

die Anzahl der Kanten, die mit der Ecke x inzidieren, wobei Schlingen doppelt gezählt werden. Wir nennen $d(x)$ den *Eckengrad*, *Grad* oder die *Valenz* der Ecke x. Ist $d(x) = 1$, so heißt x *Endecke* und die mit der Ecke x inzidierende Kante *Endkante*. Für den *minimalen* bzw. *maximalen Eckengrad* eines Graphen schreiben wir

$$\delta(G) = \delta = \min_{x \in E} d(x),$$

$$\Delta(G) = \Delta = \max_{x \in E} d(x).$$

Ist $D = (E, B)$ ein Digraph und $x \in E$, so bezeichnen wir mit

$$d^+(x, D) = d^+(x) \quad \text{bzw.} \quad d^-(x, D) = d^-(x)$$

die Anzahl der Bogen, die mit x positiv bzw. negativ inzidieren, wobei hier im Gegensatz zu den ungerichteten Graphen die Schlingen einfach gezählt werden. Wir nennen $d^+(x)$ den *Außengrad* und $d^-(x)$ den *Innengrad* der Ecke x. Weiter setzen wir

$$\delta^+(D) = \delta^+ = \min_{x \in E} d^+(x), \quad \delta^-(D) = \delta^- = \min_{x \in E} d^-(x),$$

$$\Delta^+(D) = \Delta^+ = \max_{x \in E} d^+(x), \quad \Delta^-(D) = \Delta^- = \max_{x \in E} d^-(x),$$

$$d(G) = \sum_{x \in E} d(x), \quad d^+(D) = \sum_{x \in E} d^+(x), \quad d^-(D) = \sum_{x \in E} d^-(x).$$

Unser erster Satz läßt sich einfach beweisen, ist aber von zentraler Bedeutung für die gesamte Graphentheorie.

Satz 1.1 (Handschlaglemma) i) Ist $G = (E, K)$ ein Graph mit $|K| = m$, so gilt

$$d(G) = \sum_{x \in E} d(x) = 2m.$$

Insbesondere ist die Anzahl der Ecken ungeraden Grades stets gerade.

ii) Ist $D = (E, B)$ ein Digraph mit $|B| = m$, so gilt

$$d^+(D) = \sum_{x \in E} d^+(x) = d^-(D) = \sum_{x \in E} d^-(x) = m.$$

Beweis. i) Jede Kante (auch Schlingen) liefert zum Gesamtgrad von G den Beitrag 2, womit $d(G) = 2m$ gilt. Daraus ergibt sich

$$2m = \sum_{x \in E,\ d(x)\ \text{gerade}} d(x) + \sum_{x \in E,\ d(x)\ \text{ungerade}} d(x),$$

womit die Anzahl der Ecken ungeraden Grades notwendig gerade ist. ii) Jeder Bogen (auch Schlingen) liefert für $d^+(D)$ und $d^-(D)$ den Beitrag 1, womit $d^+(D) = d^-(D) = m$ gilt. ||

Definition 1.5 Es seien $G = (E, K, g)$ und $G' = (E', K', g')$ zwei Graphen und $f : E \longrightarrow E'$ sowie $F : K \longrightarrow K'$ Abbildungen. Das Paar (f, F) heißt *Graphenhomomorphismus* oder *Homomorphismus*, wenn für alle $k \in K$ gilt:

$$g(k) = \{x, y\} \Longrightarrow g'(F(k)) = \{f(x), f(y)\}$$

Für Graphenhomomorphismen benutzen wir die kurze Schreibweise $(f, F) : G \longrightarrow G'$. Die Menge aller Homomorphismen von G nach G' bezeichnen wir wie üblich mit $\mathrm{Hom}(G, G')$. Sind die Abbildungen f, F bijektiv, so heißt (f, F) *Graphenisomorphismus* oder *Isomorphismus*, und die Graphen G und G' heißen *isomorph*, in Zeichen $G \cong G'$.

Bemerkung 1.2 Graphenhomomorphismen respektieren Adjazenz von Ecken, d.h.: Ist $(f, F) : G \longrightarrow G'$ ein Graphenhomomorphismus, und sind die beiden Ecken $x, y \in E(G)$ adjazent in G, so gilt $f(x) = f(y)$, oder die Bildecken $f(x)$ und $f(y)$ sind adjazent in G'. Im gleichen Sinne respektieren Graphenhomomorphismen auch die Inzidenz von Kanten. Darüber hinaus gehen bei Homomorphismen

Schlingen in Schlingen über.
Isomorphe Graphen werden als im wesentlichen gleich angesehen. Ist $(f, F) : G \longrightarrow G'$ ein Graphenisomorphismus, so gilt z.B. $d(a, G) = d(f(a), G')$ für alle $a \in E(G)$ (man vgl. Aufgabe 1.3).

Bemerkung 1.3 Die Definition 1.5 läßt sich entsprechend für Digraphen formulieren.

Zur Darstellung von Graphen und Digraphen werden auch die sogenannten Adjazenzmatrizen und Inzidenzmatrizen benutzt.

Definition 1.6 Es sei $G = (E, K, g)$ ein Graph mit $E = \{x_1, ..., x_n\}$ und $K = \{k_1, ..., k_m\}$. Die Anzahl der Kanten, die x_i und x_j verbinden, bezeichnen wir mit $m_G(x_i, x_j) = m(x_i, x_j)$, wobei Schlingen doppelt gezählt werden. Die quadratische $n \times n$ Matrix

$$A_G = A = (m(x_i, x_j))$$

heißt *Adjazenzmatrix* von G.
Die $n \times m$ Matrix $I_G = I = (b_{ij})$ mit

$$b_{ij} = \begin{cases} 0 & : \text{ wenn } x_i \text{ und } k_j \text{ nicht inzident} \\ 1 & : \text{ wenn } x_i \text{ und } k_j \text{ inzident und } k_j \text{ keine Schlinge} \\ 2 & : \text{ wenn } x_i \text{ und } k_j \text{ inzident und } k_j \text{ Schlinge} \end{cases}$$

heißt *Inzidenzmatrix* von G für $K \neq \emptyset$.
Es sei $D = (E, B, h)$ ein Digraph mit $E = \{x_1, ..., x_n\}$ und $B = \{k_1, ..., k_m\}$. Mit $m_D(x_i, x_j)$ bezeichnen wir die Anzahl der Bogen von x_i nach x_j, wobei Schlingen einfach gezählt werden. Die quadratische $n \times n$ Matrix

$$A_D = A = (m_D(x_i, x_j))$$

heißt *Adjazenzmatrix* von D.
Die $n \times m$ Matrix $I_D = I = (a_{ij})$ mit

$$a_{ij} = \begin{cases} 0 & : \text{ wenn } x_i \text{ und } k_j \text{ nicht inzident} \\ 1 & : \text{ wenn } x_i \text{ Anfangspunkt von } k_j \text{ und } k_j \text{ keine Schlinge} \\ -1 & : \text{ wenn } x_i \text{ Endpunkt von } k_j \text{ und } k_j \text{ keine Schlinge} \\ -0 & : \text{ wenn } x_i \text{ und } k_j \text{ inzident und } k_j \text{ Schlinge} \end{cases}$$

heißt *Inzidenzmatrix* von D für $B \neq \emptyset$. Die -0 in dieser Definition dient der Kennzeichnung von Schlingen.

Beispiel 1.5 Den Graphen aus Beispiel 1.1 und den Digraphen aus Beispiel 1.4 werden wir jeweils durch seine Adjazenzmatrix bzw. Inzidenzmatrix darstellen.

$$A_G = \begin{pmatrix} 0 & 0 & 0 & 0 & 0 \\ 0 & 0 & 3 & 0 & 0 \\ 0 & 3 & 0 & 1 & 1 \\ 0 & 0 & 1 & 2 & 1 \\ 0 & 0 & 1 & 1 & 0 \end{pmatrix}$$

$$I_G = \begin{pmatrix} 0 & 0 & 0 & 0 & 0 & 0 & 0 \\ 1 & 1 & 1 & 0 & 0 & 0 & 0 \\ 1 & 1 & 1 & 1 & 1 & 0 & 0 \\ 0 & 0 & 0 & 1 & 0 & 1 & 2 \\ 0 & 0 & 0 & 0 & 1 & 1 & 0 \end{pmatrix}$$

$$A_D = \begin{pmatrix} 0 & 0 & 0 & 0 & 0 \\ 0 & 0 & 2 & 0 & 0 \\ 0 & 1 & 0 & 1 & 0 \\ 0 & 0 & 0 & 1 & 1 \\ 0 & 0 & 1 & 0 & 0 \end{pmatrix}$$

$$I_D = \begin{pmatrix} 0 & 0 & 0 & 0 & 0 & 0 & 0 \\ 1 & 1 & -1 & 0 & 0 & 0 & 0 \\ -1 & -1 & 1 & 1 & -1 & 0 & 0 \\ 0 & 0 & 0 & -1 & 0 & 1 & -0 \\ 0 & 0 & 0 & 0 & 1 & -1 & 0 \end{pmatrix}$$

Bemerkung 1.4 Durch Adjazenz- bzw. Inzidenzmatrizen werden Graphen und Digraphen eindeutig bis auf Isomorphie bestimmt. Diese Matrizen haben die folgenden Eigenschaften (man vgl. Aufgabe 1.4):

i) A_G ist eine symmetrische Matrix, womit ihre Eigenwerte reell sind.

ii) In A_G ergibt die Summe der Glieder des i-ten Zeilenvektors bzw. des i-ten Spaltenvektors den Eckengrad $d(x_i, G)$.

iii) In I_G ergibt die Summe der Glieder des i-ten Zeilenvektors $d(x_i, G)$ und die Summe der Glieder jedes Spaltenvektors 2.

iv) In A_D ergibt die Summe der Glieder des i-ten Zeilenvektors $d^+(x_i, D)$ und die Summe der Glieder des i-ten Spaltenvektors $d^-(x_i, D)$.

v) In I_D ergibt die Summe der Glieder jedes Spaltenvektors 0.

Definition 1.7 Ein Graph $G' = (E', K', g')$ heißt *Teilgraph* eines Graphen $G = (E, K, g)$, in Zeichen $G' \subseteq G$, wenn $E' \subseteq E$, $K' \subseteq K$ und g' die Einschränkung von g auf die Menge K' ist. Im Fall $E' = E$ nennt man den Teilgraphen G' auch *Faktor* von G.
Es sei $E' \subseteq E$. Derjenige Teilgraph von G, der aus E' und allen Kanten von G besteht, die nur mit Ecken aus E' inzidieren, heißt der von E' *induzierte Teilgraph*, in Zeichen $G[E']$. Wir setzen $G[E - E'] = G - E'$ und $G - \{x\} = G - x$ für $x \in E$.
Es sei $K' \subseteq K$. Derjenige Teilgraph von G, der aus K' und allen Ecken von G besteht, die mit Kanten aus K' inzidieren, heißt der von K' *erzeugte Teilgraph*, in Zeichen $G[K']$. Der Graph $G - K'$ wird durch $G - K' = (E, K - K')$ definiert. Wir setzen $G - \{k\} = G - k$ für $k \in K$.
Entsprechende Operationen kann man auch für Digraphen erklären.
Sind $x, y \in E$ und fügt man zum Graphen G eine neue Kante k mit den Endpunkten x und y hinzu, so schreibt man dafür $G + k$ oder $G + xy$.
Sind $G_i = (E_i, K_i)$ Teilgraphen von G, so wird die *Vereinigung* bzw. der *Durchschnitt* dieser Graphen definiert durch:

$$\cup G_i = (\cup E_i, \cup K_i) \text{ bzw. } \cap G_i = (\cap E_i, \cap K_i)$$

Es ist leicht zu verifizieren, daß die Vereinigung und der Durchschnitt von Teilgraphen wieder Teilgraphen sind.

Definition 1.8 Ein Graph G heißt *regulär*, wenn $\delta(G) = \Delta(G)$ gilt. Setzt man $r = \delta(G) = \Delta(G)$, so nennt man G auch *r-regulär*.
Ein schlichter Graph mit n Ecken, in dem jedes Paar von Ecken adjazent ist, heißt *vollständiger Graph*, in Zeichen K_n.

Bemerkung 1.5 Ist der Graph $G \cong K_n$, so ist G natürlich $(n-1)$-regulär. Da für jede Ecke $x \in E(G)$ eines schlichten Graphen G mit n Ecken die Ungleichung $d(x, G) \leq n - 1$ besteht, ergibt sich aus dem Handschlaglemma

$$|K(G)| = \frac{1}{2} \sum_{x \in E(G)} d(x, G) \leq \frac{n(n-1)}{2} = \binom{n}{2}$$

für alle schlichten Graphen G, und die Gleichheit besteht genau dann, wenn G vollständig ist.

1.2 Wege, Kreise und Zusammenhang

Für die nächsten fundamentalen Begriffe der Graphentheorie geben wir zwei mögliche Definitionen, wobei die erste etwas anschaulicher ist und die zweite auf dem Homomorphiebegriff beruht.

Definition 1.9 I. Anschauliche Definitionen: Es sei $G = (E, K, g)$ ein Graph und $k_1, ..., k_p \in K$ (die k_i müssen nicht notwendig verschieden sein) mit $g(k_i) = \{a_{i-1}, a_i\}$ für $i = 1, ..., p$. Unter diesen Voraussetzungen heißt $(k_1, ..., k_p)$ *Kantenfolge von a_0 nach a_p der Länge p*. Für Kantenfolgen benutzen wir folgende Schreibweisen

$$Z = (k_1, ..., k_p) = (a_0, ..., a_p) = (a_0, k_1, a_1, ..., k_p, a_p),$$

und wir nennen a_0 *Anfangspunkt* und a_p *Endpunkt* der Kantenfolge Z. Man sagt auch, Z geht von a_0 nach a_p, und die Länge p von Z bezeichnen wir mit $L(Z)$. Die Kantenfolge Z heißt *geschlossen*, wenn $a_0 = a_p$ und *offen*, wenn $a_0 \neq a_p$ gilt.
Sind in einer Kantenfolge alle Kanten paarweise verschieden, so spricht man von einem *Kantenzug*. Sind in einem Kantenzug alle Ecken paarweise verschieden, so liegt ein *Weg* vor. Ein geschlossener Kantenzug $C = (a_0, ..., a_p)$, in dem die Ecken $a_0, ..., a_{p-1}$ paarweise verschieden sind, heißt *Kreis*.
Mit $E(Z)$ bzw. $K(Z)$ bezeichnen wir die in G liegenden Ecken bzw. Kanten der Kantenfolge Z. Besteht Z nur aus einer einzigen Ecke, so spricht man vom *Nullweg*.
II. Definitionen mit Hilfe von Homomorphismen: Ist $p \in \mathbf{N}_0 = \{0, 1, 2, ...\}$, so heißt der schlichte Graph $J_p = (E(J_p), K(J_p), g)$ mit der Eckenmenge $E(J_p) = \{0, 1, ..., p\}$, der Kantenmenge $K(J_p) = \{l_1, ..., l_p\}$ und $g : K(J_p) \longrightarrow P_2(E(J_p))$ mit $g(l_j) = \{j-1, j\}$ für $j = 1, ..., p$ *Standardintervall* der Länge p (man vgl. die Skizze).

Ist $G = (E, K)$ ein Graph, so heißt ein Homomorphismus $Z = (f, F) : J_p \longrightarrow G$ *Kantenfolge* der *Länge* $L(Z) = p$. Ist F injektiv, so heißt Z *Kantenzug*, und ist f (und damit auch F) injektiv, so heißt Z *Weg*. Im Fall $p = 0$ spricht man vom *Nullweg*. Ist $f(0) = f(p)$, so heißt Z *geschlossene Kantenfolge*; ist zusätzlich F injektiv, so nennt man Z

geschlossenen Kantenzug oder *Tour.* Im Fall $f(0) \neq f(p)$ spricht man von *offenen Kantenfolgen* bzw. *offenen Kantenzügen.* Ist $f(0) = f(p)$ mit $p > 0$, und ist die Einschränkung der Abbildung f auf die Menge $\{0, ..., p-1\}$ injektiv, so heißt Z *Kreis.*

Zunächst beweisen wir einige Eigenschaften von Kantenfolgen, die anschaulich recht einleuchtend sind.

Satz 1.2 Ist Z eine offene Kantenfolge von a_0 nach a_p, so existiert ein Weg W von a_0 nach a_p mit $K(W) \subseteq K(Z)$.

Beweis. Man wähle eine Kantenfolge W minimaler Länge von a_0 nach a_p mit $K(W) \subseteq K(Z)$. Hat W die Gestalt

$$W = (b_0, k_1, b_1, ..., k_t, b_t) \quad \text{mit} \quad b_0 = a_0, b_t = a_p,$$

so gilt $b_i \neq b_j$ für $i < j$. Denn angenommen $b_i = b_j$, so wäre

$$V = (b_0, k_1, b_1, ..., b_i, k_{j+1}, b_{j+1}, ..., b_t)$$

eine Kantenfolge von a_0 nach a_p mit $K(V) \subseteq K(Z)$, die $j - i$ weniger Kanten als W besäße, was nach der Wahl von W nicht möglich ist. Damit sind alle Ecken von W verschieden, und W ist ein Weg mit den gewünschten Eigenschaften. ||

Den nächsten Satz beweist man analog (man vgl. Aufgabe 1.5).

Satz 1.3 Ist Z ein geschlossener Kantenzug positiver Länge, und ist $a \in E(Z)$, so gibt es einen Kreis C mit $a \in E(C)$ und $K(C) \subseteq K(Z)$.

Bemerkung 1.6 Im Satz 1.3 kann der Kantenzug nicht durch eine Kantenfolge ersetzt werden. Denn betrachtet man den Graphen J_1 mit der einzigen Kante l_1, so ist $Z = (0, l_1, 1, l_1, 0)$ eine geschlossene Kantenfolge, aber es existiert natürlich kein Kreis in J_1.

Mit Hilfe von Satz 1.2 ergibt sich ohne Schwierigkeiten das folgende Ergebnis.

Satz 1.4 Sind a, b, c drei verschiedene Ecken eines Graphen, und existieren Kantenfolgen Z_1 von a nach b und Z_2 von b nach c, so gibt es einen Weg W von a nach c mit $K(W) \subseteq K(Z_1) \cup K(Z_2)$.

Satz 1.5 Es sei $G = (E, K, g)$ ein Graph und a,b zwei verschiedene Ecken aus E. Sind W_1 und W_2 zwei verschiedene Wege in G (d.h. $K(W_1) \neq K(W_2)$) von a nach b, so gibt es in G einen Kreis C mit $K(C) \subseteq K(W_1) \cup K(W_2)$.

Beweis. Es seien

$$W_1 = (a_0, k_1, a_1, ..., k_p, a_p) \text{ und } W_2 = (b_0, l_1, b_1, ..., l_q, b_q)$$

mit $a_0 = b_0 = a$ und $a_p = b_q = b$. Da W_1 und W_2 verschieden sind, gibt es eine erste Kante k_s mit $g(k_s) = \{a_{s-1}, a_s\}$, die von l_s mit $g(l_s) = \{b_{s-1}, b_s\}$ verschieden ist. Ist nun a_t mit $s \leq t \leq p$ diejenige Ecke mit dem kleinsten Index, die mit einer Ecke $b_s, ..., b_q$, etwa mit b_r, identisch ist, so ist

$$C = (a_{s-1}, k_s, a_s, ..., k_t, a_t, l_r, b_{r-1}, ..., b_s, l_s, b_{s-1} = a_{s-1})$$

ein Kreis mit den gewünschten Eigenschaften. ||

Definition 1.10 Zwei Ecken a, b eines Graphen G heißen *zusammenhängend*, wenn ein Weg von a nach b existiert. Dies definiert auf der Eckenmenge von G eine Äquivalenzrelation. Jeder von einer Äquivalenzklasse induzierte Teilgraph heißt *Zusammenhangskomponente* oder *Komponente* von G. Sind $G_1, ..., G_\kappa$ die Komponenten von G, so gilt

$$G = \bigcup_{i=1}^{\kappa} G_i.$$

Im folgenden bezeichnen wir mit $\kappa = \kappa(G)$ immer die Anzahl der Komponenten eines Graphen G. Besteht G nur aus einer einzigen Komponente, so heißt der Graph *zusammenhängend.*

Bemerkung 1.7 Ist $G = (E, K, g)$ ein Graph und $k \in K$ mit $g(k) = \{a, b\}$, so benutzen wir häufig die Schreibweise $k = ab$. Entsprechend schreiben wir für einen Bogen k von x nach y auch $k = (x, y)$.

Satz 1.6 Ist G ein Graph und $k \in K(G)$, so gilt

$$\kappa(G) \leq \kappa(G - k) \leq \kappa(G) + 1.$$

Beweis. Da die erste Ungleichung klar ist, genügt es, die zweite Ungleichung zu beweisen.

Es sei $k = ab$, und wir nehmen an, daß $G - k$ aus den Komponenten $G_1, ..., G_p$ mit $p \geq \kappa(G) + 2$ besteht. Sind $a, b \in E(G_i)$ für ein i, so ergibt sich sofort der Widerspruch

$$\kappa(G) = \kappa((G - k) + k) = p > \kappa(G).$$

Im verbleibenden Fall $a \in E(G_i)$ und $b \in E(G_j)$ mit $i \neq j$ ergibt sich der Widerspruch

$$\kappa(G) = \kappa((G - k) + k) = p - 1 > \kappa(G). \quad \|$$

Satz 1.7 Es sei $G = (E, K)$ ein Graph und $k \in K$. Es gilt genau dann $\kappa(G) = \kappa(G - k)$, wenn k zu einem Kreis von G gehört.

Beweis. Es sei $k = ab$. Gibt es einen Kreis C in G mit $k \in K(C)$, so ist $C - k$ ein Weg von a nach b, womit alle Wege, die die Kante k benutzen, über den Weg $C - k$ umgeleitet werden können. Daher ist dann $\kappa(G) = \kappa(G - k)$.
Gilt umgekehrt $\kappa(G) = \kappa(G - k)$, so liegen die Ecken a und b im Graphen $G - k$ weiterhin in einer Komponente, womit es in $G - k$ einen Weg W von a nach b gibt. Dann ist aber $W + k$ ein Kreis im Graphen G. ||

Definition 1.11 Eine Kante k eines Graphen G heißt *Brücke*, wenn $\kappa(G) < \kappa(G - k)$ gilt.

Aus den Sätzen 1.6 und 1.7 ergeben sich sofort folgende Charakterisierungen von Brücken.

Folgerung 1.1 Es sei k eine Kante des Graphen G. Folgende Aussagen sind äquivalent:

i) k ist eine Brücke.
ii) k gehört zu keinem Kreis von G.
iii) Es gilt $\kappa(G) + 1 = \kappa(G - k)$.

Folgerung 1.1 liefert uns ohne Schwierigkeit

Folgerung 1.2 Ist a eine Endecke des Graphen G, so gilt

$$\kappa(G) = \kappa(G - a).$$

Satz 1.8 Ein Graph G mit $\delta(G) \geq 2$ besitzt mindestens einen Kreis.

Beweis. Besitzt G eine Schlinge oder Mehrfachkanten, so ist nichts mehr zu zeigen. Nun sei G schlicht und $W = (a_0, k_1, ..., k_p, a_p)$ ein längster Weg, der wegen der Endlichkeit von G endliche Länge hat. Da $d(a_0, G) \geq 2$ gilt, muß a_0 zu einem a_i mit $1 \leq i \leq p$ adjazent sein, womit wir einen Kreis gefunden haben. ||

Für schlichte Graphen beweisen wir folgende Erweiterung von Satz 1.8, die auf Dirac [2] 1952 zurückgeht.

Satz 1.9 (Dirac [2] 1952) Ist G ein schlichter Graph mit $\delta(G) \geq 2$, so besitzt G einen Kreis C der Länge $L(C) \geq \delta(G) + 1$.

Beweis. Es sei $W = (a_0, k_1, ..., k_p, a_p)$ ein längster Weg in G. Dann ist a_0 einerseits höchstens zu den Ecken $a_1, ..., a_p$ adjazent, und andererseits ist a_0 mit mindestens $\delta(G)$ dieser Ecken benachbart. Ist a_i diejenige Ecke aus $\{a_1, ..., a_p\}$ mit dem größten Index, die zu a_0 adjazent ist, so gilt $i \geq \delta(G)$, und es ist $C = (a_0, ..., a_i, a_0)$ ein Kreis der gewünschten Länge. ||

Definition 1.12 Ist G ein Graph, so heißt die Größe

$$\mu(G) = m(G) - n(G) + \kappa(G)$$

Index oder *zyklomatische Zahl* von G.

Satz 1.10 Für jeden Graphen G gilt $\mu(G) \geq 0$.

Beweis. Der Beweis erfolgt durch Induktion nach $m = m(G)$.
Ist $m = 0$, so ist G ein Nullgraph, und es gilt $\mu(G) = 0$.
Nun sei $m > 0$ und k eine beliebige Kante von G. Dann ergibt sich nach Induktionsvoraussetzung und aus Satz 1.6

$$\begin{aligned} 0 &\leq \mu(G - k) = m(G) - 1 - n(G) + \kappa(G - k) \\ &\leq m(G) - 1 - n(G) + \kappa(G) + 1 = \mu(G). \quad \| \end{aligned}$$

Ist G ein beliebiger Graph, so folgt aus Satz 1.10 $n(G) - \kappa(G) \leq m(G)$. Für schlichte Graphen leiten wir nun eine Abschätzung von $m(G)$ nach oben her.

Satz 1.11 Ist G ein schlichter Graph, so gilt

$$m(G) \leq \binom{n(G) - \kappa(G) + 1}{2}.$$

Beweis. Es seien $G_1, ..., G_\kappa$ die Komponenten von G. Zum Beweis dieser Ungleichung können wir ohne Beschränkung der Allgemeinheit (o.B.d.A.) voraussetzen, daß alle Komponenten von G vollständig sind. Denn ist eine Komponente nicht vollständig, so kann man diese durch Hinzufügen von neuen Kanten zu einem vollständigen Graphen ergänzen, ohne daß sich die rechte Seite der Ungleichung ändert.
Gibt es zwei Komponenten G_i, G_j mit $n(G_i) \geq n(G_j) > 1$, so ersetzen wir G_i und G_j durch zwei neue vollständige Graphen H_i mit $n(G_i) + 1$ und H_j mit $n(G_j) - 1$ Ecken. Auch bei diesem Prozeß bleibt die rechte Seite der Ungleichung unverändert, aber die Anzahl der Kanten erhöht sich um $n(G_i) - (n(G_j) - 1) \geq 1$. Daher wird die linke Seite der Ungleichung maximal, wenn G aus einem vollständigen Graphen mit $n(G) - (\kappa(G) - 1)$ Ecken und $\kappa(G) - 1$ isolierten Ecken besteht. In diesem Extremalfall gilt aber nach Bemerkung 1.5 in unserer Ungleichung die Gleichheit. ||

Aus diesem Satz ergibt sich sofort

Folgerung 1.3 Gilt $m(G) > \frac{1}{2}(n(G)-1)(n(G)-2)$ für einen schlichten Graphen G, so ist G zusammenhängend.

Im folgenden wollen wir einen Algorithmus vorstellen, mit dessen Hilfe man die Zusammenhangskomponenten eines Graphen bestimmen kann. Dazu benötigen wir noch den Nachbarschaftsbegriff.

Definition 1.13 Ist $G = (E, K)$ ein Graph und $x \in E$, so heißt

$$N(x, G) = N(x) = \{y \in E | y \text{ adjazent zu } x\}$$

die *Menge aller Nachbarn* der Ecke x. Ist $A \subseteq E$, so bedeutet

$$N(A, G) = N(A) = \bigcup_{x \in A} N(x)$$

die *Menge aller Nachbarn* von A. Weiter sei $\bar{N}(x) = N(x) \cup \{x\}$ und $\bar{N}(A) = N(A) \cup A$.

Bemerkung 1.8 Ist G ein schlichter Graph, so gilt für jede Ecke x: $|N(x, G)| = d(x, G)$.

Definition 1.14 Ist $D = (E, B)$ ein Digraph und $x \in E$, so setzen wir:

$$\begin{aligned} N^+(x, D) &= N^+(x) = \{y \in E | (x, y) \in B\} \\ N^-(x, D) &= N^-(x) = \{y \in E | (y, x) \in B\} \end{aligned}$$

Für $A \subseteq E$ kann man analog zur Definition 1.13 auch $N^+(A)$ und $N^-(A)$ erklären.

1. Algorithmus

Algorithmus zur Bestimmung der Komponenten

O.B.d.A. sei $G = (E, K)$ ein schlichter Graph mit $n = |E|$.

i) Man wähle ein $x \in E$ und setze $A_1 = B_1 = \{x\}$.

ii) Hat man A_{i-1} und B_{i-1} für $i > 1$ berechnet, so bestimme man $A_i = N(A_{i-1}) - B_{i-1}$ und setze $B_i = A_i \cup B_{i-1}$.

iii) Man stoppe den Algorithmus beim ersten $s \in \mathbf{N}$ mit der Eigenschaft $N(A_s) - B_s = \emptyset$.

Es soll folgendes gezeigt werden:

1. Der Algorithmus bricht nach höchstens $n + 1$ Schritten ab.
2. $G[B_s]$ ist diejenige Komponente von G, die die Ecke x enthält. Ist $E = B_s$, so ist G zusammenhängend.
3. Darüber hinaus liefert der Algorithmus kürzeste Wege von x zu allen Ecken derjenigen Komponente, die x enthält.

Beweis. 1. Es ist $|B_1| = 1$, und es gilt $A_i = \emptyset$ oder $|B_i| \geq i$ für $i > 1$. Ist $A_i = \emptyset$ für ein $i \leq n$, so bricht der Algorithmus wegen iii) ab. Ist $A_n \neq \emptyset$, so gilt notwendig $n \geq |B_n| \geq n$ und daher

$$A_{n+1} = N(A_n) - B_n = N(A_n) - E = \emptyset.$$

2. Nach Konstruktion ist $G[B_s]$ ein zusammenhängender Graph. Ist a eine von x verschiedene Ecke, die in der gleichen Komponente wie x liegt, so müssen wir zeigen, daß a zu B_s gehört. Dazu wählen wir in G einen kürzesten Weg W von $x = x_1$ nach a mit

$$W = (x_1, k_1, x_2, k_2, x_3, ..., x_p, k_p, a).$$

Dann gilt aber nach Konstruktion notwendig $x_i \in A_i$ für $i = 1, ..., p$ und $a \in A_{p+1}$. Daher ist $p + 1 \leq s$, also

$$a \in B_{p+1} = A_{p+1} \cup B_p \subseteq B_s.$$

3. Der Beweis von 2. hat uns folgendes gezeigt. Ist $y \in A_i$, so haben wir y auf einem kürzesten Weg der Länge $i - 1$ erreicht. ||

Bemerkung 1.9 Ein graphentheoretischer Algorithmus heißt effizient, wenn die Anzahl der Rechenschritte durch ein Polynom $P(m,n)$ beschränkt bleibt. Wächst die Anzahl der Rechenschritte z.B. wie $n!$ oder 2^m, so liegt kein effizienter Algorithmus vor.
Da beim ersten Algorithmus jede Kante höchstens einmal abgefragt wird, ist die Anzahl der Rechenschritte durch $c \cdot m$ beschränkt, wobei c eine Konstante ist, die nicht von n oder m abhängt. Benutzt man das bekannte Landausche Symbol "O", so sagt man auch, daß der Algorithmus die Komplexität $O(m)$ besitzt.

Definition 1.15 Ist G ein Graph, $a,b \in E(G)$ und W_{ab} ein Weg kürzester Länge von a nach b in G, so definieren wir den *Abstand* $d_G(a,b) = d(a,b)$ zwischen a und b durch die Länge $L(W_{ab})$ dieses Weges. Im Fall $a = b$ gilt $d(a,b) = d(a,a) = 0$. Existiert kein Weg von a nach b, liegen also a und b in verschiedenen Komponenten, so setzen wir $d(a,b) = \infty$. Die *Exzentrizität* einer Ecke a ist $e(a) = \max_{x \in E(G)} d(x,a)$. Weiter bezeichnen wir mit

$$\mathrm{dm}(G) = \max_{x \in E(G)} e(x) \quad \text{bzw.} \quad r(G) = \min_{x \in E(G)} e(x)$$

den *Durchmesser* bzw. den *Radius* von G. Es gilt natürlich

$$\mathrm{dm}(G) = \max_{x,y \in E(G)} d(x,y).$$

Das *Zentrum* $Z(G)$ besteht aus allen Ecken x mit $e(x) = r(G)$. Ist G nicht zusammenhängend, so werden die Exzentrizität jeder Ecke, der Radius und der Durchmesser von G unendlich.

Bemerkung 1.10 Der erste Algorithmus liefert uns eine effiziente Methode, um alle in Definiton 1.15 eingeführten Größen zu berechnen.

Beispiel 1.6 Gegeben sei der skizzierte Graph G:

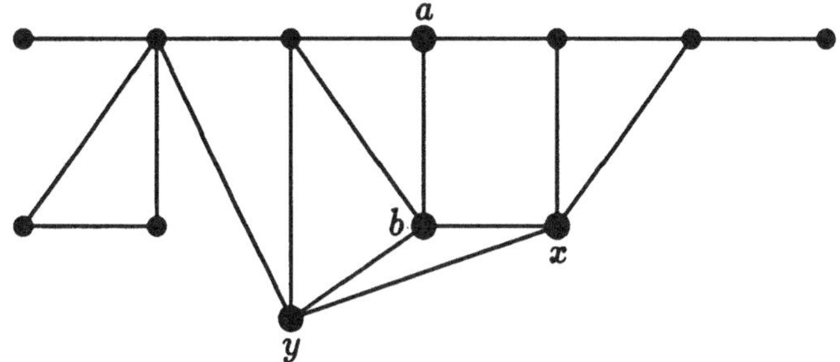

Mit Hilfe des ersten Algorithmus oder durch "scharfes Hinsehen" erhält man $\mathrm{dm}(G) = 5$, $r(G) = 3$ und $Z(G) = \{a, b, x, y\}$.

Satz 1.12 Ist G ein zusammenhängender Graph, so gilt

$$r(G) \leq \mathrm{dm}(G) \leq 2r(G).$$

Beweis. Die erste Ungleichung folgt sofort aus Definition 1.15.
Sind $a, b \in E(G)$ mit $d(a, b) = \mathrm{dm}(G)$, und ist $x \in Z(G)$, so folgt

$$\mathrm{dm}(G) = d(a, b) \leq d(a, x) + d(x, b) \leq 2e(x) = 2r(G). \quad \|$$

Definition 1.16 Das *Komplement* $\bar{G}$ eines schlichten Graphen G ist der Graph mit der Eckenmenge $E(G)$, in dem zwei Ecken genau dann adjazent sind, wenn sie in G nicht adjazent sind. Ein schlichter Graph G heißt *selbstkomplementär*, wenn $G \cong \bar{G}$ gilt.

Satz 1.13 (Harary, Robinson [1] 1985) Ist G ein schlichter Graph mit $\mathrm{dm}(G) \geq 3$, so gilt $\mathrm{dm}(\bar{G}) \leq 3$.

Beweis. Da $\mathrm{dm}(G) \geq 3$ gilt, existieren zwei Ecken u und v mit $d_G(u, v) \geq 3$, woraus $d_{\bar{G}}(u, v) = 1$ folgt. Sind x und y zwei beliebige Ecken aus G, so sind u und v in G nicht gleichzeitig adjazent zu x, so daß $d_{\bar{G}}(u, x) = 1$ oder $d_{\bar{G}}(v, x) = 1$ gilt. Analog erhält man $d_{\bar{G}}(u, y) = 1$ oder $d_{\bar{G}}(v, y) = 1$. Gilt o.B.d.A. $d_{\bar{G}}(u, x) = 1$, so existiert in $\bar{G}$ ein Weg (x, u, y) oder (x, u, v, y), womit wir $d_{\bar{G}}(x, y) \leq 3$ und damit $\mathrm{dm}(\bar{G}) \leq 3$ gezeigt haben. $\|$

Folgerung 1.4 (Ringel [2] 1963) Der Durchmesser eines nicht trivialen, selbstkomplementären Graphen ist 2 oder 3.

Bemerkung 1.11 Beispiele für selbstkomplementäre Graphen sind der Weg der Länge 3 und der Kreis der Länge 5.
Die Anzahl der Kanten eines selbstkomplementären Graphen der Ordnung n ist $\frac{1}{2}\frac{n(n-1)}{2}$, womit notwendig $n = 4p$ oder $n = 4p + 1$ gelten muß. Darüber hinaus zeigten Sachs [1] 1962 und Ringel [2] 1963, daß für jede natürliche Zahl p ein selbstkomplementärer Graph der Ordnung $4p$ und $4p + 1$ existiert.

1.3 Bewertete Graphen

Durch sogenannte bewertete Graphen werden wir den Abstandsbegriff verallgemeinern.

Definition 1.17 Ist $G = (E, K)$ ein Graph und $\rho : K \to \mathbf{R}$ eine Abbildung, so heißt $G = (E, K, \rho)$ *bewerteter Graph* und $\rho(k)$ die *Bewertung* oder *Länge* einer Kante k. Ist $H \subseteq G$ ein Teilgraph , so nennt man

$$\rho(H) = \sum_{k \in K(H)} \rho(k)$$

die *Bewertung* oder *Länge* von H. Die minimale Länge aller Wege von a nach b heißt *ρ-Abstand* zwischen den Ecken a und b. Wenn klar ist, mit welcher Bewertung gearbeitet wird, so benutzen wir wieder das Wort *Abstand* an Stelle von ρ-Abstand. Der ρ-Abstand zweier Ecken a und b wird mit $d_\rho(a, b)$ bezeichnet. Existiert kein Weg zwischen a und b, so setzen wir $d_\rho(a, b) = \infty$. Ferner ist $d_\rho(a, a) = 0$ für alle $a \in E$.
Ist $\rho(k) = 1$ für alle $k \in K(G)$, so stimmt der neue Abstandsbegriff mit dem aus Definition 1.15 überein.
Ist a eine Ecke und $A \subseteq E(G)$, so setzen wir

$$d_\rho(a, A) = \min_{x \in A} d_\rho(a, x).$$

Ist G ein schlichter Graph und $k = ab$ eine Kante, so schreiben wir $\rho(k) = \rho(ab)$. Sind aber $a, b \in E(G)$ nicht adjazent, so setzen wir $\rho(ab) = \infty$.
Ist $A \subseteq E(G)$, so bezeichnen wir mit $\bar{A} = E(G) - A$ das Komplement von A.

In den Anwendungen spielen die bewerteten Graphen eine wichtige Rolle. Die Längen von Kanten können dabei Entfernungen, Zeiten, Kosten, Gewinne und anderes bedeuten. Viele Optimierungsprobleme laufen darauf hinaus, unter gewissen Teilgraphen H eines bewerteten Graphen einen solchen zu bestimmen, für den $\sum_{k \in K(H)} \rho(k)$ minimal oder maximal wird.
Faßt man z.B. das weltweite Flugnetz als bewerteten Graphen auf, so sind natürlich die schnellsten oder billigsten Verbindungen zwischen zwei Orten von größtem Interesse. Dieses Problem soll nun graphentheoretisch formuliert werden.

Problem eines kürzesten Weges. Es sei $G = (E, K, \rho)$ ein schlichter, bewerteter Graph mit $\rho(k) > 0$ für alle $k \in K$. Sind a und b zwei verschiedene Ecken aus G, so wird nach einem kürzesten Weg von a nach b gesucht, d.h. wir suchen den ρ-Abstand $d_\rho(a, b)$ und einen Weg W von a nach b mit $\rho(W) = d_\rho(a, b)$, falls ein solcher Weg existiert.

Zur Lösung dieses Problems wollen wir einen effizienten Algorithmus vorstellen, der unabhängig 1959 von Dijkstra [1] und 1960 von Dantzig [1] gefunden wurde. Dieser Algorithmus läßt sich leicht aus unserem nächsten Satz herleiten.

Im folgenden setzen wir zur Abkürzung

$$d_\rho(a, b) = d(a, b) \quad \text{und} \quad d_\rho(a, A) = d(a, A).$$

Satz 1.14 Es sei $G = (E, K, \rho)$ ein schlichter, bewerteter Graph mit $\rho(k) > 0$ für alle $k \in K$. Ist $A \subseteq E$ mit $A \neq E$ und $a \in A$, so gilt

$$d(a, \bar{A}) = \min_{\substack{x \in A \\ y \in \bar{A}}} \{d(a, x) + \rho(xy)\}. \tag{1.1}$$

Erfüllen die beiden Ecken $u \in A$ und $v \in \bar{A}$ die Gleichung (1.1), also ist $d(a, \bar{A}) = d(a, u) + \rho(uv)$, so gilt

$$d(a, v) = d(a, u) + \rho(uv) = d(a, \bar{A}). \tag{1.2}$$

Beweis. Ist $W_{ac} = (a, ..., b, k, c)$ ein kürzester Weg von a nach $\bar{A}$, so gilt natürlich $c \in \bar{A}$, $b \in A$, und $W_{ab} = W_{ac} - c$ ist ein kürzester Weg von a nach b mit $E(W_{ab}) \subseteq A$. Daraus ergibt sich

$$d(a, \bar{A}) = d(a, c) = d(a, b) + \rho(bc),$$

woraus sofort (1.1) folgt.
Nach Definition von $d(a, \bar{A})$ gilt $d(a, v) \geq d(a, \bar{A})$. Weiter ist $d(a, v) \leq d(a, u) + \rho(uv) = d(a, \bar{A})$, womit auch (1.2) bewiesen ist. ||

Mit Hilfe dieses Satzes können wir alle kürzesten Wege, falls sie existieren, von einer Ecke $a = y_0$ zu allen anderen Ecken des Graphen folgendermaßen berechnen:

Im ersten Schritt bestimmt man eine Ecke y_1, die der Ecke y_0 am nächsten ist. Dazu setze man $A_0 = \{y_0\}$ und bestimme nach (1.1) ein $y_i \in A_0$ und ein $y_1 \in \bar{A}_0$ mit

$$d(y_0, y_i) + \rho(y_i y_1) = \min_{\substack{x \in A_0 \\ y \in \bar{A}_0}} \{d(y_0, x) + \rho(xy)\}.$$

Dann gilt wegen (1.2)

$$d(y_0, y_1) = d(y_0, y_i) + \rho(y_i y_1) = \rho(y_0 y_1).$$

Ist $k_1 = y_0 y_1$, so ist $W_1 = (y_0, k_1, y_1)$ ein kürzester Weg von y_0 nach y_1.
Setzt man $A_1 = A_0 \cup \{y_1\}$, so bestimme man im zweiten Schritt nach (1.1) ein $y_i \in A_1$ und ein $y_2 \in \bar{A}_1$ mit

$$d(y_0, y_i) + \rho(y_i y_2) = \min_{\substack{x \in A_1 \\ y \in \bar{A}_1}} \{d(y_0, x) + \rho(xy)\}.$$

Dann gilt wegen (1.2)

$$d(y_0, y_2) = d(y_0, y_i) + \rho(y_i y_2).$$

Ist $k_2 = y_i y_2$, so ist $W_2 = W_i \cup G[k_2]$ ein kürzester Weg von y_0 nach y_2, wobei $W_0 = G[\{y_0\}]$ gesetzt wird. Man setze $A_2 = A_1 \cup \{y_2\}$.
Ist allgemein $A_{q-1} = \{y_0, ..., y_{q-1}\}$, und sind $W_0, ..., W_{q-1}$ die gewählten kürzesten Wege von y_0 nach y_i für $i = 0, ..., q-1$, so bestimme man im q-ten Schritt nach (1.1) ein $y_i \in A_{q-1}$ und ein $y_q \in \bar{A}_{q-1}$ mit

$$d(y_0, y_i) + \rho(y_i y_q) = \min_{\substack{x \in A_{q-1} \\ y \in \bar{A}_{q-1}}} \{d(y_0, x) + \rho(xy)\}. \tag{1.3}$$

Dann gilt wegen (1.2)

$$d(y_0, y_q) = d(y_0, y_i) + \rho(y_i y_q). \tag{1.4}$$

Ist $k_q = y_i y_q$, so ist $W_q = W_i \cup G[k_q]$ ein kürzester Weg von y_0 nach y_q. Es wird $A_q = A_{q-1} \cup \{y_q\}$ gesetzt.

Man stoppe den Algorithmus, wenn i) $A_q = E$ gilt, oder ii) $\rho(xy) = \infty$ für alle $x \in A_q$ und $y \in \bar{A}_q$ ist. Im Fall ii) ist der Graph nicht zusammenhängend.

Bei der gerade beschriebenen Methode wurden ständig Rechnungen wiederholt. Der eigentliche Algorithmus von Dantzig und Dijkstra, den wir jetzt notieren wollen, vermeidet alle unnötigen Wiederholungen.

2. Algorithmus

Algorithmus von Dantzig und Dijkstra

Es sei $G = (E, K, \rho)$ ein schlichter, bewerteter Graph und $y_0 \in E$.

0) Man setze $t_0(y_0) = 0$, $t_0(y) = \infty$ für $y \neq y_0$ und $A_0 = \{y_0\}$.

1) Für $y \in \bar{A}_0$ setze man

$$t_1(y) = \min\{t_0(y), t_0(y_0) + \rho(y_0 y)\}$$

und wähle ein $y_1 \in \bar{A}_0$ mit

$$t_1(y_1) = \min_{y \in \bar{A}_0}\{t_1(y)\}.$$

Man setze $A_1 = A_0 \cup \{y_1\}$, und es gilt $t_1(y_1) = d(y_0, y_1)$.

2) Für $y \in \bar{A}_1$ setze man

$$t_2(y) = \min\{t_1(y), t_1(y_1) + \rho(y_1 y)\}$$

und wähle ein $y_2 \in \bar{A}_1$ mit

$$t_2(y_2) = \min_{y \in \bar{A}_1}\{t_2(y)\}.$$

Man setze $A_2 = A_1 \cup \{y_2\}$, und es gilt $t_2(y_2) = d(y_0, y_2)$.

. . . .

q) Für $y \in \bar{A}_{q-1}$ setze man

$$t_q(y) = \min\{t_{q-1}(y), t_{q-1}(y_{q-1}) + \rho(y_{q-1} y)\}$$

und wähle ein $y_q \in \bar{A}_{q-1}$ mit

$$t_q(y_q) = \min_{y \in \bar{A}_{q-1}}\{t_q(y)\}.$$

Man setze $A_q = A_{q-1} \cup \{y_q\}$, und es gilt $t_q(y_q) = d(y_0, y_q)$.

Man stoppe den Algorithmus beim ersten $s \in \mathbf{N}$ mit $t_s(y) = \infty$ für alle $y \in \bar{A}_{s-1}$ oder $A_s = E$.

Wir zeigen nun, daß tatsächlich $t_q(y_q) = d(y_0, y_q)$ gilt.
Setzt man für $y \in \bar{A}_{q-1}$

$$t_q(y) = \min_{x \in A_{q-1}} \{d(y_0, x) + \rho(xy)\},$$

so folgt aus (1.3) und (1.4) sofort

$$\begin{aligned} t_q(y_q) &= \min_{y \in \bar{A}_{q-1}} \{t_q(y)\} \\ &= \min_{\substack{x \in A_{q-1} \\ y \in \bar{A}_{q-1}}} \{d(y_0, x) + \rho(xy)\} = d(y_0, y_q). \end{aligned}$$

Bemerkung 1.12 Man überlegt sich leicht, daß die Komplexität des Algorithmus von Dantzig und Dijkstra $O(n^2)$ beträgt, womit ein effizienter Algorithmus vorliegt.

Definition 1.18 Ein Graph ohne Kreise heißt *Wald*, ein zusammenhängender Graph ohne Kreise heißt *Baum* (man vgl. Definition 2.1). Vereinigt man beim Algorithmus von Dantzig und Dijkstra alle Wege $W_1, W_2, \ldots$, so entsteht ein Baum, denn bei jedem Schritt wird ein schon vorhandener Baum mit einer neuen Ecke durch genau eine Kante verbunden, so daß niemals ein Kreis entsteht. Dieser Baum heißt *Entfernungsbaum von G bezüglich* y_0. Die im Entfernungsbaum bezüglich y_0 eindeutig bestimmten Wege (man vgl. Abschnitt 2.1) von y_0 nach y_q sind kürzeste Wege von y_0 nach y_q im vorgegebenen Graphen G. Man beachte, daß ein Entfernungsbaum bezüglich einer Ecke keineswegs eindeutig zu sein braucht.

Bewertete Graphen stellen wir durch sogenannte Bewertungsmatrizen dar.

Definition 1.19 Es sei $G = (E, K, \rho)$ ein schlichter und bewerteter Graph mit der Eckenmenge $E = \{x_1, \ldots, x_n\}$. Die quadratische $n \times n$ Matrix

$$B_G = B = (\rho(x_i x_j))$$

heißt *Bewertungsmatrix* von G.

Beispiel 1.7 Ein schlichter, bewerteter Graph mit acht Ecken sei durch folgende Bewertungsmatrix gegeben:

	x_1	x_2	x_3	x_4	x_5	x_6	x_7	x_8
x_1	∞	1	∞	2	7	8	5	9
x_2	1	∞	3	1	∞	∞	∞	8
x_3	∞	3	∞	∞	∞	1	3	7
x_4	2	1	∞	∞	6	5	9	6
x_5	7	∞	∞	6	∞	4	9	5
x_6	8	∞	1	5	4	∞	∞	4
x_7	5	∞	3	9	9	∞	∞	3
x_8	9	8	7	6	5	4	3	∞

Mit Hilfe des zweiten Algorithmus kann man sich z.B. einen Entfernungsbaum bezüglich $y_0 = x_1$ erzeugen. Einen solchen haben wir hier skizziert.

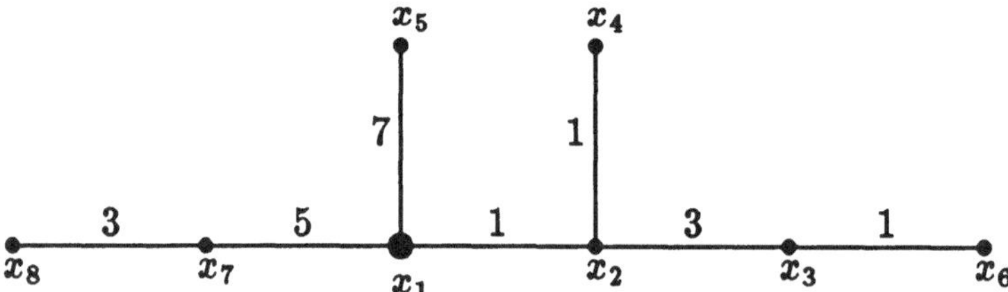

An diesem Entfernungsbaum erkennt man unmittelbar $d(x_1, x_2) = 1$, $d(x_1, x_4) = 2$, $d(x_1, x_3) = 4$, $d(x_1, x_6) = 5$, $d(x_1, x_7) = 5$, $d(x_1, x_5) = 7$ und $d(x_1, x_8) = 8$.

Bemerkung 1.13 Werden bei einem bewerteten Graphen auch Kanten mit negativen Längen zugelassen, so führt der zweite Algorithmus im allgemeinen nicht zum Ziel. In diesem Fall muß der Algorithmus von Dantzig und Dijkstra modifiziert werden (man vgl. z.B. Sachs [2], S. 126 – 128).

Bemerkung 1.14 Für Digraphen mit positiver Bewertung verläuft der zweite Algorithmus völlig analog.

1.4 Starker Zusammenhang

Definition 1.20 Ein Digraph $D' = (E', B', h')$ heißt *Teildigraph* des Digraphen $D = (E, B, h)$, in Zeichen $D' \subseteq D$, wenn $E' \subseteq E$, $B' \subseteq B$

und h' die Einschränkung von h auf die Menge B' ist. Analog zu Definition 1.9 erklärt man *orientierte Kantenfolgen*

$$Z = (a_0, k_1, a_1, k_2, ..., a_{p-1}, k_p, a_p) = (a_0, a_1, ..., a_p)$$

von a_0 nach a_p der Länge $p = L(Z)$ mit $a_i \in E$, $k_i \in B$ und $h(k_i) = (a_{i-1}, a_i)$, *orientierte Kantenzüge, orientierte Wege, offene* und *geschlossene orientierte Kantenfolgen* und *orientierte Kreise*. Sind a und b zwei Ecken aus D, und existiert ein orientierter Weg mit der Anfangsecke a und der Endecke b, so heißt b von a aus *erreichbar*. Zwei Ecken aus D heißen *stark zusammenhängend*, wenn jede von der anderen aus erreichbar ist. Wie im Fall der ungerichteten Graphen ist der starke Zusammenhang eine Äquivalenzrelation auf der Eckenmenge. Sind E_i die disjunkten Äquivalenzklassen, so heißen die Teildigraphen $D[E_i]$ *starke Zusammenhangskomponenten* von D. (Dabei versteht man unter $D[E_i]$ den Teildigraphen von D, der aus den Ecken von E_i und allen Bogen von D besteht, deren Anfangs- und Endpunkte in E_i liegen.) Besitzt D genau eine starke Zusammenhangskomponente, so heißt D *stark zusammenhängend*. Im allgemeinen ist D nicht die Vereinigung seiner starken Zusammenhangskomponenten. D nennt man *zusammenhängend*, wenn sein untergeordneter Graph $G(D)$ zusammenhängend ist.

Analog zum Satz 1.8 bzw. Satz 1.9 von Dirac beweist man die nächsten beiden Sätze.

Satz 1.15 Ist D ein Digraph mit $\max\{\delta^+(D), \delta^-(D)\} > 0$, so besitzt D einen orientierten Kreis.

Satz 1.16 Ist D ein schlichter Digraph mit

$$t = \max\{\delta^+(D), \delta^-(D)\} > 0,$$

so existiert ein orientierter Kreis C der Länge $L(C) \geq t + 1$.

Satz 1.17 Es sei D ein zusammenhängender Digraph. D ist genau dann stark zusammenhängend, wenn jeder Bogen auf einem orientierten Kreis liegt.

Beweis. Ist D stark zusammenhängend und $k = (a, b)$ ein Bogen von D, so existiert ein orientierter Weg W_{ba} von b nach a, der den Bogen k nicht enthält. Dann ist aber $W_{ba} + k$ ein orientierter Kreis in D.

Es liege nun jeder Bogen auf einem orientierten Kreis. Ist C ein orientierter Kreis und gilt $E(C) = E(D)$, so ist D stark zusammenhängend. Ist $E(C) \neq E(D)$, so existiert wegen des Zusammenhangs ein Bogen $k = (a,b)$ mit $a \in E(C)$, $b \in E(D) - E(C)$ (oder $b \in E(C)$, $a \in E(D) - E(C)$). Da k auf einem orientierten Kreis C_1 liegt, gehören die Ecken aus $E(C) \cup E(C_1)$ zu einer starken Zusammenhangskomponente. Ist $E(C) \cup E(C_1) = E(D)$, so ist man fertig. Im anderen Fall setze man den oben beschriebenen Prozeß fort, und nach endlich vielen Schritten erzielt man das gewünschte Ergebnis. ||

Definition 1.21 Ein Digraph, dessen untergeordneter Graph keinen Kreis besitzt, heißt *Wald*; ist der untergeordnete Graph zusätzlich noch zusammenhängend, so ist der Digraph ein *Baum*. Ein Digraph D heißt *orientierter Wurzelbaum* oder *orientierter Baum*, wenn D ein Baum ist, und wenn D eine Ecke a besitzt, von der aus alle anderen Ecken erreichbar sind; die Ecke a nennt man *Wurzel* von D. Insbesondere ist der triviale Graph ein orientierter Wurzelbaum.
Sind $x, y \neq a$ zwei Ecken des orientierten Wurzelbaumes D, und existiert ein orientierter Weg W_{ay} mit $x \in E(W_{ay})$, so heißt x *Vorgänger* von y.
Ist $D = (E, B)$ ein Digraph und $a \in E$, so heißt ein Teildigraph H von D *vollständig orientierter Wurzelbaum bezüglich* a, wenn H ein orientierter Wurzelbaum mit der Wurzel a ist, und wenn kein orientierter Wurzelbaum H' mit der Wurzel a in D existiert mit $H \subseteq H'$ und $H \neq H'$.

Satz 1.18 Ist $D = (E, B)$ ein orientierter Wurzelbaum mit der Wurzel a und $|E| \geq 2$, so gilt:

i) $d^-(a) = 0$.

ii) $d^-(x) = 1$ für alle $x \in E - \{a\}$.

Beweis. i) Unter der Annahme $d^-(a) > 0$ existiert ein Bogen k mit $k = (b, a)$. Da es von a nach b einen orientierten Weg W_{ab} gibt, der k nicht enthält, ist $W_{ab} + k$ ein orientierter Kreis, was unserer Voraussetzung widerspricht.
ii) Angenommen, es gibt eine Ecke $b \neq a$ mit $d^-(b) \geq 2$. Dann existieren zwei Bogen $k_1 = (x, b)$ und $k_2 = (y, b)$ und orientierte Wege von a nach x sowie von a nach y. Damit gibt es wegen $k_1 \neq k_2$ im untergeordneten Graphen $G(D)$ zwei verschiedene Wege von a nach

b. Im Widerspruch zur Voraussetzung besäße dann $G(D)$ nach Satz 1.5 einen Kreis.
Da es zu jeder Ecke $x \neq a$ einen orientierten Weg von a nach x gibt, gilt natürlich $d^-(x) \geq 1$, womit wir insgesamt $d^-(x) = 1$ für alle $x \neq a$ gezeigt haben. ||

Als nächstes wollen wir einen effizienten Algorithmus vorstellen, der uns alle starken Zusammenhangskomponenten eines Digraphen liefert.

3. Algorithmus

Algorithmus zur Bestimmung der starken Zusammenhangskomponenten

1. Es sei $D = (E, B)$ ein Digraph und $a \in E$. Es ist nicht schwer, sich einen vollständig orientierten Wurzelbaum H mit der Wurzel a in D zu beschaffen.

2. a) Ist $E' = E(H) - \{a\} = \emptyset$, so ist a eine starke Zusammenhangskomponente, und man gehe mit $D = D - a$ zu 1.

   b) Ist $E' = E(H) - \{a\} \neq \emptyset$, so setze man

$$A' = \{b \in E' | \text{ mit } (b, a) \in B\}.$$

   Ist $A' = \emptyset$, so ist a eine starke Zusammenhangskomponente, und man gehe mit $D = D - a$ zu 1.
   Ist $A' \neq \emptyset$, so setze man $E'' = E(H) - (A' \cup \{a\})$,

$$A'' = \{c \in E'' | \ c \text{ ist Vorgänger von einem } b \in A'\},$$

$$A = A' \cup A'' \quad \text{und} \quad A_1 = \{a\}.$$

3. a) Ist $X' = E(H) - (A \cup A_1) = \emptyset$, so gehören die Ecken aus $A \cup A_1$ zu einer starken Zusammenhangskomponente, und man gehe mit $D = D - (A \cup A_1)$ zu 1.

   b) Ist $X' = E(H) - (A \cup A_1) \neq \emptyset$, so setze man

$$Y' = \{b \in X' | \text{ es gibt ein } c \in A \text{ mit } (b, c) \in B\}.$$

   Ist $Y' = \emptyset$, so gehören die Ecken aus $A \cup A_1$ zu einer starken Zusammenhangskomponente, und man gehe mit der Menge

$D = D - (A \cup A_1)$ zu 1.
Ist $Y' \neq \emptyset$, so setze man $X'' = E(H) - (A \cup Y' \cup A_1)$,

$$Y'' = \{c \in X'' \mid c \text{ ist Vorgänger von einem } b \in Y'\},$$

$$A_1 = A \cup A_1 \quad \text{und} \quad A = Y' \cup Y''.$$

Mit diesen neuen Mengen A_1 und A gehe man zu 3a).

Dieser Algorithmus liefert alle starken Zusammenhangskomponenten von D.

Beweis. Ist $a \in E$, so sei $Z = Z(a)$ diejenige starke Zusammenhangskomponente von D, die die Ecke a enthält. Weiter sei $H = H(a)$ ein vollständig orientierter Wurzelbaum bezüglich a. Dann gilt natürlich $E(Z) \subseteq E(H)$. Ausgehend von a sei $U = U(a) \subseteq E(H)$ die maximale Eckenmenge, die wir mit Hilfe der Schritte 2 und 3 unseres Algorithmus erzeugt haben. Nach Konstruktion hängen alle Ecken von U stark zusammen. Damit verbleibt der Nachweis von $U = E(Z)$. Angenommen, $U \neq E(Z)$. Dann gibt es eine Ecke $x \in E(Z) \subseteq E(H)$ mit $x \notin U$. Da Z stark zusammenhängend ist, existiert ein orientierter Weg W_{xa} von x nach a. Dieser orientierte Weg habe die Gestalt

$$W_{xa} = (x, k_1, x_1, ..., x_{j-1}, k_j, x_j, ..., k_p, a)$$

(dabei setzen wir $x_0 = x$ und $x_p = a$). Da $x \notin U$, aber $a \in U$, existiert ein $j \in \{1, ..., p\}$ mit $x_{j-1} \notin U$ und $x_j \in U$. Wegen $x \in E(H)$ folgt $E(W_{xa}) \subseteq E(H)$, also insbesondere $x_{j-1} \in E(H)$. Nach unseren Voraussetzungen gilt weiter $(x_{j-1}, x_j) \in B$ und $x_j \in U$, womit x_{j-1} nach Schritt 2 oder 3 zu U gehören muß. Dies ist ein Widerspruch zu $x_{j-1} \notin U$. ||

1.5 Aufgaben

Aufgabe 1.1 Man beweise $\delta(G)n(G) \leq d(G) \leq \Delta(G)n(G)$ für jeden Graphen G.

Aufgabe 1.2 Es sei $p \in \mathbb{N}$ und $n = 4p + 1$. Gibt es einen Graphen G mit $E(G) = \{x_1, ..., x_n\}$ und $d(x_i, G) = i$ für alle $i = 1, ..., n$?

Aufgabe 1.3 Man beweise Bemerkung 1.2.

Aufgabe 1.4 Man beweise Bemerkung 1.4.

Aufgabe 1.5 Man beweise Satz 1.3.

Aufgabe 1.6 Man gebe einen schlichten, 4-regulären Graphen minimaler Ordnung an.

Aufgabe 1.7 Es sei G ein zusammenhängender Graph und W_1, W_2 zwei längste Wege in G. Man zeige $E(W_1) \cap E(W_2) \neq \emptyset$.

Aufgabe 1.8 Es sei G ein nicht trivialer Graph. Existieren in G zwei verschiedene Ecken x, y mit $N(x) \cup N(y) = E(G)$, so zeige man $2\Delta(G) \geq n(G)$.

Aufgabe 1.9 Ist G ein schlichter Graph mit $n(G) \geq 2$, so zeige man:
a) $\Delta(G) - \delta(G) \leq n(G) - 2$.
b) In G existieren zwei verschiedene Ecken a, b mit $d(a, G) = d(b, G)$.

Aufgabe 1.10 Für schlichte Graphen G zeige man:
a) Aus $\Delta(G) + \delta(G) + 1 \geq n(G)$ folgt $\kappa(G) = 1$.
b) Besteht G aus zwei nicht regulären Komponenten, so gilt $n(G) \geq \Delta(G) + \delta(G) + 3$.

Aufgabe 1.11 Gibt es einen schlichten Graphen G mit $\kappa(G) = 3$, $n(G) = 12$, $\delta(G) = 3$ und $\Delta(G) = 4$?

Aufgabe 1.12 Es seien G, G' Graphen und $(f, F) : G \longrightarrow G'$ ein Homomorphismus. Man zeige:
a) $d(f(x), f(y)) \leq d(x, y)$ für alle $x, y \in E(G)$.
b) Ist $d(f(x), f(y)) = d(x, y)$ für alle $x, y \in E(G)$, so ist die Eckenabbildung $f : E(G) \longrightarrow E(G')$ injektiv.
c) Die Umkehrung von b) ist im allgemeinen nicht richtig.

Aufgabe 1.13 Es sei G ein schlichter Graph mit $n(G) = 5$, $m(G) = 8$, und es bedeute t_i die Anzahl der Ecken vom Grade i in G.
a) Man berechne t_0, t_1 und t_i für $i \geq 5$. Man zeige $1 \leq t_4 \leq 2$ und berechne $t_4 - t_2$.
b) Man gebe einen Graphen G_1 mit $t_4(G_1) = 1$ und einen Graphen G_2 mit $t_4(G_2) = 2$ an.
c) Für $i = 1, 2$ bestimme man, wenn möglich, Homomorphismen $(f, F) : G_i \longrightarrow K_3$.

Aufgabe 1.14 Es sei G ein schlichter Graph der Ordnung n mit $\kappa(G) = 1$ und $\delta(G) \geq 2$. Besitzt G eine Brücke, so beweise man die Ungleichung $2m(G) \leq (n-3)(n-4)+8$.

Aufgabe 1.15 Es sei G ein schlichter Graph der Ordnung n und $q \in \mathbb{N}$ mit $2 \leq q \leq n$. Ist $\delta(G) \geq \lfloor \frac{n}{q} \rfloor$, so zeige man $\kappa(G) \leq q-1$.

Aufgabe 1.16 Es sei G ein schlichter Graph der Ordnung $2q$ mit $q \in \mathbb{N}$. Besitzt G keine Dreiecke (d.h. keine Kreise der Länge 3), so zeige man $m(G) \leq q^2$.

Aufgabe 1.17 Man zeige, daß es genau 11 paarweise nicht isomorphe schlichte Graphen der Ordnung 4 gibt.

Aufgabe 1.18 Es sei G ein schlichter, zusammenhängender Graph, der nicht vollständig ist. Im Fall $n(G) \geq 3$ zeige man, daß es drei verschiedene Ecken a, b, c aus G gibt mit $ab \in K(G)$, $bc \in K(G)$, aber $ac \notin K(G)$.

Aufgabe 1.19 Es sei G ein zusammenhängender Graph der Ordnung $n(G) \geq 2$. Ist $d(a,G)$ für jede Ecke $a \in E(G)$ gerade, so zeige man $2\kappa(G-a) \leq d(a,G)$ für alle $a \in E(G)$.

Aufgabe 1.20 Es sei G ein schlichter Graph der Ordnung n mit κ vollständigen Komponenten. Ist $n \equiv r \pmod{\kappa}$ mit $0 \leq r < \kappa$, so zeige man

$$m(G) \geq \frac{1}{2\kappa}(n-r)(n+r-\kappa).$$

Aufgabe 1.21 Man beweise die Sätze 1.15 und 1.16.

Kapitel 2

Wälder, Gerüste und Kreise

2.1 Bäume, Wälder und Kreise

Definition 2.1 Ein Graph ohne Kreise heißt *Wald*. Ein Wald, der nur aus einer Komponente besteht, heißt *Baum*.

Bemerkung 2.1 Die Komponenten eines Waldes sind Bäume. Ein Wald ist notwendig schlicht.

Aus Folgerung 1.1 ergibt sich sofort

Satz 2.1 Ein Graph ist genau dann ein Wald, wenn jede Kante eine Brücke ist.

Satz 2.2 Ein Multigraph G ist genau dann ein Baum, wenn je zwei verschiedene Ecken durch genau einen Weg verbunden sind.

Beweis. Ist G ein Baum, so ist G zusammenhängend, und damit lassen sich je zwei Ecken durch einen Weg verbinden. Gäbe es einen zweiten Weg, so besäße G nach Satz 1.5 einen Kreis, was aber nach Voraussetzung nicht möglich ist.
Existiert umgekehrt zwischen je zwei Ecken genau ein Weg, so ist G zusammenhängend. Gäbe es einen Kreis $(a_1, a_2, ..., a_p, a_1)$ der Länge $p \geq 2$, so wären $(a_1, ..., a_p)$ und (a_p, a_1) zwei verschiedene Wege zwischen a_1 und a_p. ||

Bemerkung 2.2 Der skizzierte Graph zeigt, daß Satz 2.2 im allgemeinen nicht mehr gilt, wenn man Schlingen zuläßt.

Satz 2.3 Ein Baum G mit $|E(G)| \geq 2$ besitzt mindestens zwei Endecken.

Beweis. Ist $W = (a_1, ..., a_p)$ ein längster Weg in G, so gilt nach Voraussetzung $a_1 \neq a_p$. Analog zum Beweis von Satz 1.8 zeigt man leicht $d(a_1, G) = d(a_p, G) = 1$. ||

Definition 2.2 Mit $\nu = \nu(G)$ bezeichnen wir die *Anzahl der Kreise* eines Graphen G.

Im Zusammenhang mit dem in Definition 1.12 eingeführten Index $\mu(G)$ beweisen wir nun eine wichtige Charakterisierung von Wäldern. Dieser Beweis liefert uns gleichzeitig einen neuen Beweis von Satz 1.10 und die Ungleichung $\mu(G) \leq \nu(G)$.

Satz 2.4 Ist G ein Graph, so gilt:

$$\mu(G) = 0 \iff G \text{ ist ein Wald} \tag{2.1}$$

$$0 \leq \mu(G) \leq \nu(G) \tag{2.2}$$

Beweis. Besitzt G Kreise, so gehe man wie folgt vor:

1. Ist C_1 ein Kreis von G und $k_1 \in K(C_1)$, so sei $G_1 = G - k_1$.

2. Ist C_2 ein Kreis von G_1 und $k_2 \in K(C_2)$, so sei $G_2 = G_1 - k_2$.

. . . .

r. Ist C_r ein Kreis von G_{r-1} und $k_r \in K(C_r)$, so sei $G_r = G_{r-1} - k_r$.

Ist r der kleinste Index, so daß $T = G_r$ keinen Kreis mehr besitzt, so ist $T = G - \{k_1, ..., k_r\}$ ein Wald mit $n(T) = n(G)$,

$$r = m(G) - m(T), \tag{2.3}$$

und es gilt nach Satz 1.7 $\kappa(T) = \kappa(G)$. Dies liefert uns $0 \leq r \leq \nu(G)$, und G ist genau dann ein Wald, wenn $r = 0$ gilt.
Ist $K(T) = \{l_1, ..., l_s\}$, so ist

$$T_0 = T - \{l_1, ..., l_s\} = G - K(G)$$

ein Nullgraph, und es ergibt sich aus Folgerung 1.1 sofort

$$\kappa(T_0) = n(G) = \kappa(G) + s$$

und damit

$$m(T) = s = n(G) - \kappa(G). \tag{2.4}$$

Die Gleichungen (2.3) und (2.4) liefern uns die entscheidende Beziehung

$$\mu(G) = m(G) - n(G) + \kappa(G) = m(G) - m(T) = r. \;\|$$

Aus (2.1) folgt unmittelbar eine Charakterisierung von Bäumen.

Folgerung 2.1 Ist G ein Graph, so gilt:

$$\mu(G) = 0 \text{ und } \kappa(G) = 1 \iff G \text{ ist ein Baum}$$

Im nächsten Satz bestimmen wir alle Graphen, für die in der zweiten Ungleichung von (2.2) die Gleichheit steht.

Satz 2.5 Ist G ein Graph, so gilt genau dann $\mu(G) = \nu(G)$, wenn alle Kreise von G paarweise kantendisjunkt sind. Solche Graphen heißen *Kaktusgraphen.*

Beweis. Es gelte $\mu(G) = \nu(G)$. Angenommen, es gibt zwei Kreise C_1 und C_2 mit $k \in K(C_1) \cap K(C_2)$. Dann gilt für $G' = G - k$ wegen (2.2)

$$\mu(G) - 1 = \mu(G') \leq \nu(G') < \nu(G) - 1,$$

was einen Widerspruch zur Voraussetzung bedeutet.
Umgekehrt seien nun alle Kreise $C_1, \ldots, C_r$ von G kantendisjunkt. Wählt man aus jedem Kreis eine Kante $k_i \in K(C_i)$, so folgt aus (2.1)

$$0 = \mu\left(G - \bigcup_{i=1}^{r}\{k_i\}\right) = \mu(G) - r$$

und damit $\mu(G) = r = \nu(G)$. $\|$

In (2.1) haben wir gezeigt, daß $\mu(G) = 0$ gleichbedeutend ist mit $\nu(G) = 0$. Nun beweisen wir:

Satz 2.6 Ist G ein Graph, so gilt:

$$\mu(G) = 1 \iff \nu(G) = 1$$

Beweis. Ist $\nu(G) = 1$, so folgt aus Satz 2.4 sofort $\mu(G) = 1$.
Ist $\mu(G) = 1$, aber $\nu(G) > 1$, so existieren nach Satz 2.5 zwei Kreise mit einer gemeinsamen Kante k. Dann besitzt $G - k$ nach Satz 1.5 einen Kreis, was aber wegen $\mu(G - k) = 0$ nicht möglich ist. ||

Bemerkung 2.3 Für $\mu(G) \geq 2$ ist Satz 2.6 im allgemeinen nicht mehr richtig. Denn zum Beispiel gilt für den Multigraphen G, der aus zwei Ecken und $p \geq 1$ parallelen Kanten besteht, $\mu(G) = p - 1$ und $\nu(G) = \frac{1}{2}p(p-1)$.

Definition 2.3 Ist G ein Graph, so bezeichnen wir mit $i(G)$ die *Anzahl der isolierten Ecken* von G, und wir setzen

$$\Gamma(G) = \{x \in E(G) \mid d(x, G) = 1\},$$

$$A_2(G) = \{x \in E(G) \mid d(x, G) = 2\},$$

$$A_3(G) = \{x \in E(G) \mid d(x, G) \geq 3\}.$$

Satz 2.7 (Volkmann [4] 1989) Für jeden Graphen G gilt

$$|\Gamma(G)| = \sum_{x \in A_3(G)} (d(x, G) - 2) + 2(\kappa(G) - \mu(G) - i(G)). \tag{2.5}$$

Beweis. Aus dem Handschlaglemma folgt

$$\begin{aligned} & |\Gamma(G)| + 2|A_2(G)| + \sum_{x \in A_3(G)} d(x, G) = \sum_{x \in E(G)} d(x, G) \\ = \; & 2m(G) = 2\mu(G) - 2\kappa(G) + 2n(G) \\ = \; & 2\mu(G) - 2\kappa(G) + 2i(G) + 2|\Gamma(G)| + 2|A_2(G)| + 2|A_3(G)|, \end{aligned}$$

woraus sich sofort (2.5) ergibt. ||

Aus diesem Satz erhält man leicht eine weitere Charakterisierung von Bäumen.

Satz 2.8 (Volkmann [4] 1989) Ein nicht trivialer, zusammenhängender Graph G ist genau dann ein Baum, wenn gilt:

$$|\Gamma(G)| = 2 + \sum_{x \in A_3(G)} (d(x, G) - 2) \tag{2.6}$$

Beweis. Nach Voraussetzung gilt $\kappa(G) = 1$ und $i(G) = 0$.
Ist G ein Baum, so liefert Folgerung 2.1 $\mu(G) = 0$, womit sich (2.6) sofort aus (2.5) ergibt.
Gilt umgekehrt (2.6), so muß wegen (2.5) notwendig $\mu(G) = 0$ gelten, womit G nach Folgerung 2.1 ein Baum ist. ||

Satz 2.8 liefert unmittelbar eine Verallgemeinerung von Satz 2.3.

Folgerung 2.2 Ist G ein Baum mit $|E(G)| \geq 2$, so gilt

$$|\Gamma(G)| \geq \max\{2, \Delta(G)\}.$$

Beispiel 2.1 Eine Anwendung in der Chemie. Kohlenwasserstoffmoleküle der Form C_jH_{2j+2} heißen *Alkane*. Bekanntlich ist die Wertigkeit eines Kohlenstoffatoms 4 und die eines Wasserstoffatoms 1. Fassen wir die Kohlenstoffatome C und die Wasserstoffatome H als Ecken eines Graphen G auf, so gilt:

Alle Alkane C_jH_{2j+2} haben Baumstruktur.

Beweis. Den j Kohlenstoffatomen ordnen wir die Ecken $a_1, ..., a_j$ mit $d(a_i, G) = 4$ und den $2j + 2$ Wasserstoffatomen die Ecken $b_1, ..., b_{2j+2}$ mit $d(b_i, G) = 1$ zu. Natürlich fassen wir G als zusammenhängenden Graphen auf. Nun gilt

$$|\Gamma(G)| = 2j + 2 = 2 + \sum_{x \in A_3(G)} (d(x, G) - 2),$$

womit G nach Satz 2.8 ein Baum ist. ||

Beispiel 2.2 Ist G ein schlichter Graph mit $\delta(G) \geq 2$, so gilt folgende Verallgemeinerung von Satz 1.8:

$$\nu(G) \geq \frac{1}{2}\delta(G)(\delta(G) - 1) \tag{2.7}$$

Beweis. Da G schlicht ist, gilt $n(G) \geq \delta(G) + 1$. Daraus ergibt sich zusammen mit (2.2) und dem Handschlaglemma:

$$\begin{aligned}
\nu(G) &\geq \mu(G) \\
&= m(G) - n(G) + \kappa(G) \\
&= \frac{1}{2} \sum_{x \in E(G)} d(x, G) - n(G) + \kappa(G)
\end{aligned}$$

$$\begin{aligned}
&\geq \frac{1}{2}n(G)\delta(G) - n(G) + 1 \\
&= n(G)(\frac{1}{2}\delta(G) - 1) + 1 \\
&\geq (\delta(G) + 1)(\frac{1}{2}\delta(G) - 1) + 1 \\
&= \frac{1}{2}\delta(G)(\delta(G) - 1) \quad \|
\end{aligned}$$

Im nächsten Satz wollen wir zeigen, daß (2.7) für alle Multigraphen gilt. Dazu benötigen wir den wichtigen Begriff der Kantenkontraktion.

Definition 2.4 Es sei $G = (E, K, g)$ ein Multigraph und $k \in K$ mit $g(k) = \{a, b\}$. Der neue Multigraph G^k entstehe aus G durch *Kontraktion der Kante k* wie folgt:
Man identifiziere a und b zu einer neuen Ecke u und streiche die dabei auftretenden Schlingen.

Satz 2.9 (Volkmann [6] 1990) Ist $G = (E, K, g)$ ein Multigraph, so gilt

$$\nu(G) \geq \frac{1}{2}\delta(G)(\delta(G) - 1). \tag{2.8}$$

Beweis. Der Beweis erfolgt durch vollständige Induktion nach der Ordnung $n = n(G)$.
Ist $\delta = \delta(G)$, so gilt nach Bemerkung 2.3 für $n = 2$ in (2.8) die Gleichheit.
Ist $n \geq 3$, so unterscheiden wir zwei Fälle.
1. Fall: Es gibt zwei Ecken $a, b \in E$, die durch $1 \leq p \leq \frac{\delta}{2}$ Kanten verbunden sind, und für $k \in K$ sei $g(k) = \{a, b\}$. Dann gilt $\nu(G) \geq \nu(G^k)$ und

$$\begin{aligned}
\delta(G^k) &\geq \min\{\delta, d(a, G) + d(b, G) - 2p\} \\
&\geq \min\{\delta, 2(\delta - p)\} \geq \delta,
\end{aligned}$$

womit (2.8) wegen $n(G^k) = n - 1$ nach Induktionsvoraussetzung bewiesen ist.
2. Fall: Alle adjazenten Ecken sind durch mehr als $\frac{\delta}{2}$ Kanten verbunden. Dann existiert notwendig eine Ecke v mit $|N(v, G)| = 1$ und $d(v, G) = \delta$, womit sich (2.8) sofort aus Bemerkung 2.3 ergibt. $\|$

Bemerkung 2.4 Läßt man Schlingen zu, so gilt Satz 2.9 im allgemeinen nicht mehr.

Schränkt man die Voraussetzungen in Satz 2.9 etwas ein, so kann die Ungleichung (2.8) noch verbessert werden.

Satz 2.10 (Volkmann [6] 1990) Ist G ein Multigraph mit $n \geq 3$ und $\delta \geq 5$, so gilt

$$\nu \geq \delta(\delta - 1). \tag{2.9}$$

Den Beweis von Satz 2.10 kann man analog zum Beweis von Satz 2.9 führen, wobei der Induktionsanfang umfangreicher und der Induktionsschluß schwieriger ist.

Bemerkung 2.5 Die Ungleichung (2.9) gilt natürlich nicht für $\delta = 2$, aber sie gilt auch nicht für $\delta = 4$. Denn der Graph, der aus drei Ecken besteht, die paarweise durch zwei parallele Kanten verbunden sind, besitzt nur 11 Kreise.
Für $\delta = 3$ bleibt Satz 2.10 erhalten, und ist $n \geq 4$, so gilt dieser Satz auch für $\delta = 4$.

Satz 2.11 Für den vollständigen Graphen K_n mit $n \geq 3$ gilt

$$\nu(K_n) = \sum_{i=3}^{n} \frac{n!}{2i(n-i)!} = \frac{n!}{2} \sum_{i=3}^{n} \frac{1}{i(n-i)!}. \tag{2.10}$$

Beweis. **(Harary, Manvel [1] 1971)** Jedem Kreis der Länge p ordnen wir $2p$ orientierte Kreise mit einer Wurzel zu, indem man nach Anfangsecke und Orientierung unterscheidet. Für $3 \leq p \leq n$ beträgt im K_n die Anzahl der orientierten Kreise der Länge p mit Wurzel

$$n(n-1)...(n-(p-1)) = \frac{n!}{(n-p)!},$$

denn bei der Wahl der Wurzel hat man n Möglichkeiten, bei der Wahl der nächsten Ecke $n-1$ Möglichkeiten usw. und bei der Wahl der p-ten Ecke $n-(p-1)$ Möglichkeiten. Folglich ergibt sich für die Anzahl der Kreise der Länge p im K_n die Zahl $\frac{n!}{2p(n-p)!}$ und daraus durch Summation die Formel (2.10). ||

Analog zum Beweis von (2.10) zeigten Harary und Manvel [1] für den vollständigen bipartiten Graphen $K_{r,s}$ mit $r \leq s$ (man vgl. Definition 4.4)

$$\nu(K_{r,s}) = \frac{r!s!}{2} \sum_{i=2}^{r} \frac{1}{i(r-i)!(s-i)!}. \tag{2.11}$$

Für alle schlichten Graphen fanden Golovko und Khomenko [1] 1972 eine Formel für die Anzahl der Kreise, die von der Adjazenzmatrix des Graphen abhängt. Als Spezialfall dieses Resultats wollen wir die Anzahl der Dreiecke (d.h. Kreise der Länge 3) eines schlichten Graphen bestimmen.

Satz 2.12 Ist $G = (E, K)$ ein schlichter Graph mit $E = \{x_1, ..., x_n\}$ und $A = (m(x_i, x_j)) = (a_{ij})$ die Adjazenzmatrix von G, so gelten folgende Aussagen:

i) Für $p \in \mathbf{N}$ gibt das (i, j)-Element der Matrix A^p, das wir mit a_{ij}^p bezeichnen, die Anzahl der Kantenfolgen der Länge p von x_i nach x_j an (mit Berücksichtigung des Anfangspunktes und des Durchlaufsinns).

ii) Das Element a_{ii}^3 in A^3 gibt die doppelte Anzahl der Dreiecke an, die durch die Ecke x_i gehen. Daraus ergibt sich sofort, daß die Anzahl der Dreiecke $\frac{1}{6}\text{Spur}(A^3)$ beträgt.

Beweis. i) Wir führen den Beweis von i) mittels Induktion nach p, wobei die Aussage für $p = 1$ nach Definition der Adjazenzmatrix richtig ist.
Wegen $A^{p+1} = A^p A$ gilt

$$a_{ij}^{p+1} = \sum_{r=1}^{n} a_{ir}^p a_{rj}. \tag{2.12}$$

Die Kantenfolgen der Länge $p + 1$ von x_i nach x_j erhält man auf folgende Weise. Man bestimme zunächst die Anzahl der Kantenfolgen der Länge p von x_i zu jeder Ecke x_r ($r = i$ und $r = j$ sind natürlich zugelassen). Diese Anzahl wird nach Induktionsvoraussetzung durch a_{ir}^p gegeben. Daher ist $a_{ir}^p a_{rj}$ die Anzahl der Kantenfolgen der Länge $p + 1$ von x_i nach x_j mit x_r als vorletzte Ecke. Summiert man über alle Ecken x_r, so erhält man die gesuchte Anzahl, die mit (2.12) übereinstimmt.
ii) Nach i) ist a_{ii}^3 die Anzahl der Kantenfolgen der Länge 3 von x_i nach x_i. Da G schlicht ist, bildet eine solche Kantenfolge aber notwendig ein Dreieck, und jedes Dreieck ist eine solche Kantenfolge. Ein Dreieck mit der Anfangsecke x_i wurde aber in (2.12) doppelt gezählt, womit a_{ii}^3 die doppelte Anzahl der Dreiecke angibt, die durch x_i gehen. ||

2.2 Gerüste

Definition 2.5 Ein Teilgraph T eines zusammenhängenden Graphen G heißt *Gerüst* (*spannender Baum* oder *Baumfaktor*) von G, wenn T ein Baum mit $E(T) = E(G)$ ist.

Der nun folgende Satz, der sich sofort aus dem Beweis von Satz 2.4 ergibt, geht auf Kirchhoff [1] zurück.

Satz 2.13 (Kirchhoff [1] 1847) Jeder zusammenhängende Graph besitzt ein Gerüst.

Die Abschätzung $\mu(G) \leq \nu(G)$ aus Satz 2.4 für die Anzahl der Kreise eines Graphen befindet sich implizit auch schon in der grundlegenden Abhandlung von Kirchhoff [1] aus dem Jahre 1847. Im folgenden wollen wir für die Anzahl der Kreise eine Abschätzung nach oben geben, die Ahrens [1] 1897 gefunden hat.

Definition 2.6 Sind A und B zwei Mengen, so definieren wir durch

$$A \triangle B = (A - B) \cup (B - A)$$

die *symmetrische Differenz* der beiden Mengen.

Satz 2.14 (Ahrens [1] 1897) Ist G ein zusammenhängender Graph, so gilt

$$\nu(G) \leq 2^{\mu(G)} - 1. \tag{2.13}$$

Beweis. Nach Satz 2.13 besitzt G ein Gerüst T. Da T ein Baum ist, folgt aus (2.1)

$$|K(T)| = m(T) = n(T) - 1 = n(G) - 1$$

und damit

$$|K(G) - K(T)| = m(G) - m(T) = m(G) - n(G) + 1 = \mu(G).$$

Setzt man

$$\mathcal{A} = \{A \neq \emptyset | A \subseteq K(G) - K(T)\},$$

so gilt bekanntlich $|\mathcal{A}| = 2^{\mu(G)} - 1$. Weiter sei $\mathcal{C}$ die Menge aller Kreise von G, und für einen Kreis C aus $\mathcal{C}$ bedeute $K_T^-(C) = K(C) - K(T)$. Damit gilt $K_T^-(C) \in \mathcal{A}$ für alle $C \in \mathcal{C}$. Nun zeigen wir, daß die

Abbildung $h : \mathcal{C} \longrightarrow \mathcal{A}$ mit $h(C) = K_T^-(C)$ injektiv ist.
Angenommen, es existieren zwei verschiedene Kreise C_1 und C_2 in $\mathcal{C}$ mit $K_T^-(C_1) = K_T^-(C_2)$. Betrachten wir den Graphen

$$H = G[K(C_1) \Delta K(C_2)],$$

so gilt $H \subseteq T$ und $H \neq \emptyset$. Nun überlegt man sich leicht, daß $d(x, H) \geq 2$ für alle $x \in E(H)$ gilt, womit H nach Satz 1.8 einen Kreis enthält. Das ist ein Widerspruch dazu, daß T als Gerüst keinen Kreis besitzt. Damit ist h injektiv, und es folgt insgesamt

$$\nu(G) = |\mathcal{C}| \leq |\mathcal{A}| = 2^{\mu(G)} - 1. \quad \|$$

Im Jahre 1976 charakterisierten Maurer [1] sowie Mateti und Deo [1] alle schlichten Graphen, für die in (2.13) die Gleichheit gilt.
Sie zeigten, daß genau diejenigen schlichten und zusammenhängenden Graphen (2.13) mit Gleichheit erfüllen, die man auf einen der folgenden fünf Graphen "reduzieren" kann:

$$K_1, \;\; K_3, \;\; K_4, \;\; K_{3,3} \text{ oder } K_4 - l,$$

wobei l eine beliebige Kante des K_4 ist. Dabei wird bei der Reduktion folgendes getan. Es werden sukzessive die Endecken entfernt, bis keine mehr vorhanden sind. Ist a eine Ecke vom Grad 2 und sind die beiden Nachbarn x und y nicht adjazent, so wird die Ecke a aus dem Graphen entfernt und die Kante xy hinzugenommen. Dieser Prozeß wird solange durchgeführt, bis es keine solchen Ecken a mehr gibt. Beispielsweise kann man alle Bäume auf den K_1 oder alle Kreise auf den K_3 reduzieren.

Reid [1] bestimmte 1976 diejenigen Komplementärgraphen von Bäumen mit den wenigsten Kreisen und Zhou [1] 1988 die mit den meisten Kreisen. Entringer und Slater [1] zeigten 1981, daß bei vorgegebener Differenz von Ecken- und Kantenzahl immer kubische Graphen mit maximaler Anzahl von Kreisen existieren.

Wir wenden uns nun der Frage zu, wieviel verschiedene Gerüste ein Graph besitzt. Im Falle eines vollständigen Graphen ist dieses Problem gleichbedeutend mit der Bestimmung aller verschiedenen Bäume mit einer festen Eckenzahl. Dabei werden zwei Bäume mit derselben Eckenmenge $E = \{1, ..., n\}$ genau dann als verschieden angesehen, wenn ein Eckenpaar i, j mit $i \neq j$ existiert, das in einem der beiden Bäume adjazent ist, in dem anderen jedoch nicht. Bei dieser Betrachtung werden also die verschiedenen Bäume gezählt, nicht aber die Isomorphietypen. In diesem Sinne besitzt z.B. der K_3 genau drei verschiedene Gerüste (man vgl. die Skizze).

Im Jahre 1889 bewies Cayley [2] folgende Anzahlformel, die er in Zusammenhang mit gewissen Determinanten brachte, die 1860 schon bei Borchardt [1] auftraten.

Satz 2.15 (Cayley [2] 1889) Der vollständige Graph K_n besitzt genau n^{n-2} verschiedene Gerüste.

Wir wollen das Cayleysche Ergebnis nicht direkt beweisen, sondern mit Hilfe des sogenannten Matrix-Gerüst-Satzes, der uns eine Formel liefert, mit der man die Anzahl der Gerüste eines beliebigen Graphen bestimmen kann. Auch der Matrix-Gerüst-Satz befindet sich der Idee nach in der mehrfach erwähnten Abhandlung von Kirchhoff [1] aus dem Jahre 1847. Er wurde später mehrmals wiederentdeckt und neu bewiesen. Ein klarer, auf dem Determinantensatz von Cauchy-Binet beruhender Beweis wurde 1954 von Trent [1] geliefert.
Wir werden für diesen Satz einen Induktionsbeweis geben, den man in dem Buch von Sachs [2] findet. Dieser Beweis schließt sich an eine Arbeit von Hutschenreuther [1] aus dem Jahre 1967 an und macht nur von elementaren Determinantensätzen Gebrauch.

Vorbereitend behandeln wir einige einfache Manipulationen von quadratischen Matrizen.
Ist $M = (a_{ij})$ eine quadratische $n \times n$ Matrix, so bezeichnen wir mit $|M|$ die Determinante von M.
Die $(n-1) \times (n-1)$ Matrix M_i entstehe aus M durch Streichen der i-ten Zeile und i-ten Spalte, wobei die ursprüngliche Numerierung beibehalten wird. Für $i \neq j$ sei

$$M_{ij} = (M_i)_j, \tag{2.14}$$

womit M_{ij} durch Streichen der i-ten und j-ten Zeilen und Spalten entsteht.

Ersetzt man in M das Element a_{ii} durch 1 und die restlichen Elemente der i-ten Spalte durch Nullen, so schreiben wir für die neue Matrix M_i^*.
M^i entstehe aus M, indem man das Element a_{ii} durch $a_{ii} - 1$ ersetzt. Dem Entwicklungssatz entnehmen wir sofort

$$|M_i| = |M_i^*|. \tag{2.15}$$

Weiter sieht man leicht für $i \neq j$

$$(M_i)^j = (M^j)_i, \tag{2.16}$$

so daß wir dafür kurz M_i^j schreiben können.
Für $i \neq j$ unterscheiden sich $(M_i)^j$ und$(M_i)_j^*$ nur in der j-ten Spalte, und zwar ist die Summe der j-ten Spalten dieser beiden Matrizen gleich der j-ten Spalte der Matrix M_i. Daher ergibt sich aus den Rechenregeln (der Linearität) für Determinanten

$$|M_i| = |(M_i)^j| + |(M_i)_j^*|$$

und daraus zusammen mit (2.14), (2.15) und (2.16)

$$|M_i| = |M_i^j| + |M_{ij}|. \tag{2.17}$$

Hilfssatz 2.1 Es sei G ein Multigraph und $k \in K(G)$. Bezeichnen wir mit $z(G)$ die Anzahl der Gerüste von G, so gilt

$$z(G) = z(G^k) + z(G - k).$$

Beweis. Den Gerüsten von G^k entsprechen umkehrbar eindeutig diejenigen Gerüste von G, die die Kante k enthalten.
Den Gerüsten von $G - k$ entsprechen umkehrbar eindeutig diejenigen Gerüste von G, die die Kante k nicht enthalten.
Daraus ergibt sich unmittelbar die Behauptung. ||

Definition 2.7 Es sei G ein Graph und $D = (d_{ij})$ eine $n \times n$ Diagonalmatrix mit $d_{ii} = d(x_i, G)$ für $x_i \in E(G)$. Ist A die Adjazenzmatrix von G, so heißt $B = B_G = D - A$ *Admittanzmatrix* von G.

Offenbar bleibt das Hinzufügen oder das Fortlassen von Schlingen für die Admittanzmatrix ohne Einfluß. Wegen Bemerkung 1.4 ii) erkennt man sofort, daß die Summen der Spalten- und Zeilenvektoren der Admittanzmatrix verschwinden.

Sind $B^{(k)}$ bzw. $B_{(k)}$ die Admittanzmatrizen von G^k bzw. $G-k$ mit $g(k) = \{x_i, x_j\}$, so macht man sich für $i \neq j$ leicht die Gültigkeit folgender Identitäten klar:

$$(B^{(k)})_j = (B_i)_j = B_{ij} \tag{2.18}$$

$$(B_{(k)})_i = (B_i)^j = B_i^j \tag{2.19}$$

Satz 2.16 (Matrix-Gerüst-Satz) Es sei G ein Graph mit $E(G) = \{1, ..., n\}$ und $n \geq 2$. Ist $B_G = B$ die Admittanzmatrix von G, so gilt für alle $1 \leq i \leq n$

$$z(G) = |B_i|. \tag{2.20}$$

(Insbesondere ist $|B_i|$ unabhängig von i.)

Beweis. Da sich weder die Anzahl der Gerüste noch die Admittanzmatrix ändern, wenn man zu G Schlingen hinzufügt oder von G wegnimmt, sei im folgenden o.B.d.A. G ein Multigraph.
Der Beweis des Satzes erfolgt nun durch Induktion nach $n = n(G)$ und $m = m(G)$.
Ist $m = 0$, so ist (2.20) richtig, denn es gilt $z(G) = 0$ (wegen $n \geq 2$) und $|B_i| = 0$ für alle $1 \leq i \leq n$.
Auch im Fall $n = 2$ gilt (2.20), denn es ist $z(G) = m$ und

$$|B_1| = d(2, G) = m = d(1, G) = |B_2|.$$

Nun sei (2.20) für alle Multigraphen mit weniger als $m \geq 1$ Kanten bewiesen. Hat G genau m Kanten und $n \geq 3$ Ecken, so unterscheiden wir zwei Fälle.
i) Ist i eine isolierte Ecke, so gilt natürlich $z(G) = 0$. Es ist aber auch $|B_i| = 0$, denn die Summe der Spaltenvektoren von B_i ergibt den Nullvektor, womit die Spaltenvektoren linear abhängig sind.
ii) Es existiert eine Kante k mit $g(k) = \{i, j\}$. Dann folgt aus der Induktionsvoraussetzung, (2.18) und (2.19):

$$\begin{aligned} z(G^k) &= |(B^{(k)})_j| = |B_{ij}| \\ z(G-k) &= |(B_{(k)})_i| = |B_i^j| \end{aligned}$$

Daraus ergibt sich zusammen mit dem Hilfssatz 2.1 und (2.17)

$$z(G) = z(G^k) + z(G-k) = |B_{ij}| + |B_i^j| = |B_i|,$$

womit der Matrix-Gerüst-Satz vollständig bewiesen ist. ||

Aus dem Matrix-Gerüst-Satz folgt sehr leicht die Anzahlformel von Cayley (Satz 2.15).

Beweis von Satz 2.15. Ist K_n der vollständige Graph, so liefert die Formel (2.20) für $n \geq 2$:

$$z(K_n) = \begin{vmatrix} n-1 & -1 & -1 & \cdots & -1 \\ -1 & n-1 & -1 & \cdots & -1 \\ -1 & -1 & n-1 & \cdots & -1 \\ \cdots & \cdots & \cdots & \cdots & \cdots \\ -1 & -1 & -1 & \cdots & n-1 \end{vmatrix}$$

Subtrahiert man in dieser $(n-1)$-reihigen Determinante die erste Spalte von allen anderen Spalten, so erhält man:

$$z(K_n) = \begin{vmatrix} n-1 & -n & -n & \cdots & -n \\ -1 & n & 0 & \cdots & 0 \\ -1 & 0 & n & \cdots & 0 \\ \cdots & \cdots & \cdots & \cdots & \cdots \\ -1 & 0 & 0 & \cdots & n \end{vmatrix}$$

Addiert man in dieser Determinante zur ersten Zeile alle anderen Zeilen, so ergibt sich:

$$z(K_n) = \begin{vmatrix} 1 & 0 & 0 & \cdots & 0 \\ -1 & n & 0 & \cdots & 0 \\ -1 & 0 & n & \cdots & 0 \\ \cdots & \cdots & \cdots & \cdots & \cdots \\ -1 & 0 & 0 & \cdots & n \end{vmatrix} = n^{n-2} \quad \|$$

Erfüllen zwei natürliche Zahlen s und n die Bedingung $1 \leq s \leq n$, so sei $F(n,s)$ die Anzahl der verschiedenen Wälder mit der Eckenmenge $E = \{1, ..., n\}$, die aus s Komponenten bestehen, wobei die Ecken $1, ..., s$ zu verschiedenen Komponenten gehören sollen. In der schon erwähnten Arbeit von Cayley [2] findet man eine Formel für $F(n,s)$, die erstmalig 1959 von Rényi [1] bewiesen wurde.

Satz 2.17 (Cayley [2] 1889, Rényi [1] 1959) Für $1 \leq s \leq n$ gilt

$$F(n,s) = sn^{n-s-1}.$$

Beweis. **(Takács [1] 1990)** Für $n > 1$ und $1 \le s \le n$ beweisen wir zunächst folgende Rekursionsformel

$$F(n,s) = \sum_{j=0}^{n-s} \binom{n-s}{j} F(n-1, s+j-1), \tag{2.21}$$

wobei $F(1,1) = 1$ und $F(n,0) = 0$ für $n \ge 1$ gilt. Zur Herleitung von (2.21) betrachten wir einen Wald T mit der Eckenmenge $\{1, ..., n\}$, der aus s Komponenten besteht, wobei die Ecken $1, ..., s$ zu verschiedenen Komponenten gehören sollen. Hat die Ecke 1 den Eckengrad j in T, so gilt $0 \le j \le n-s$, und die Ecke 1 ist zu j Ecken aus der Eckenmenge $\{s+1, ..., n\}$ adjazent. Nun gibt es $\binom{n-s}{j}$ Möglichkeiten, um j Nachbarn aus der Eckenmenge $\{s+1, ..., n\}$ zu wählen, und der Wald $T-1$ der Ordnung $n-1$ besteht aus $s+j-1$ Komponenten (man vgl. Aufgabe 2.2), so daß die Ecken $2, ..., n$ und die j Nachbarn von 1 in verschiedenen Komponenten liegen. Die Anzahl solcher Wälder beträgt $F(n-1, s+j-1)$. Addieren wir für alle möglichen j die Größen $\binom{n-s}{j} F(n-1, s+j-1)$, so erhalten wir $F(n,s)$, womit (2.21) bewiesen ist.

Mit (2.21) leiten wir die Anzahlformel durch vollständige Induktion nach n her, wobei der Fall $n = 1$ unmittelbar einleuchtet. Ist $n > 1$, so gilt nach Induktionsvoraussetzung $F(n-1, i) = i(n-1)^{n-i-2}$ für $1 \le i \le n-1$. Daraus ergibt sich zusammen mit (2.21)

$$F(n,s) = \sum_{j=0}^{n-s} \binom{n-s}{j} (s+j-1)(n-1)^{n-s-j-1}$$

für alle $1 \le s \le n$. Benutzt man in dieser Gleichung für $j \ge 1$ die Identität $j\binom{n-s}{j} = (n-s)\binom{n-s-1}{j-1}$, so folgt aus der binomischen Formel

$$\begin{aligned} F(n,s) &= \frac{s-1}{n-1} \sum_{j=0}^{n-s} \binom{n-s}{j} (n-1)^{n-s-j} \\ &+ \sum_{j=1}^{n-s} \binom{n-s}{j} j(n-1)^{n-s-j-1} \\ &= \frac{s-1}{n-1} n^{n-s} + \frac{n-s}{n-1} \sum_{j=1}^{n-s} \binom{n-s-1}{j-1} (n-1)^{n-s-j} \\ &= \frac{s-1}{n-1} n^{n-s} + \frac{n-s}{n-1} \sum_{i=0}^{n-s-1} \binom{n-s-1}{i} (n-1)^{n-s-1-i} \\ &= \frac{s-1}{n-1} n^{n-s} + \frac{n-s}{n-1} n^{n-s-1} = sn^{n-s-1}. \quad \| \end{aligned}$$

Setzt man in Satz 2.17 $s = 1$, so ergibt sich sofort die Anzahlformel aus Satz 2.15.
Im Jahre 1958 zeigten Fiedler und Sedlacek [1], daß der $K_{p,q}$ genau $p^{q-1}q^{p-1}$ verschiedene Gerüste besitzt. Für diese Formel gab Abu-Sbeih [1] 1990 einen neuen Beweis, und er leitete daraus den Satz 2.15 von Cayley her.

2.3 Minimalgerüste

Wir betrachten einmal folgendes praktische Problem:
Es sollen n Orte durch ein Eisenbahnnetz (oder Telefonnetz oder Kanalsystem) verbunden werden. Für je zwei Orte seien die (positven) Kosten, die der Bau einer Direktverbindung verursachen würde (oder die Entfernungen zwischen je zwei Orten), bekannt. Das gesuchte Eisenbahnnetz soll dabei folgenden Bedingungen genügen:

a) Je zwei Orte sind direkt oder durch Schienen, die über andere Orte führen, miteinander verbunden.

b) Verzweigungspunkte befinden sich nur in den Orten, und zwar maximal einer in jedem Ort.

c) Unter allen Netzen, die den Bedingungen a) und b) genügen, wird dasjenige gesucht, das die geringsten Baukosten verursacht (oder geringste Länge besitzt).

Der diesem Problem zugeordnete bewertete Graph G ist wegen a) und b) zusammenhängend und von der Ordnung n. Darüber hinaus muß G nach c) ein Baum sein, denn besäße G einen Kreis, so könnte man eine beliebige Kante dieses Kreises löschen, ohne die Bedingungen a) und b) zu verletzen, und erhielte so ein Eisenbahnnetz mit geringeren Baukosten (oder von geringerer Länge).

Zur Lösung dieses Problems könnte man natürlich die Kosten aller Eisenbahnnetze, die die Bedingungen a), b) und c) erfüllen, berechnen und dann das Minimum auswählen. Dieser Lösungsvorschlag ist gleichbedeutend mit der Bestimmung aller Gerüste in einem vollständigen Graphen, womit nach dem Satz von Cayley die Anzahl der Rechenschritte größer als n^{n-2} ist. Somit ist diese Methode hochgradig aufwendig und daher im allgemeinen praktisch nicht durchführbar. Im weiteren wollen wir verschiedene Algorithmen vorstellen, die uns das angesprochene Problem effizient lösen.

Problem eines Minimalgerüstes. Es sei $G = (E, K, \rho)$ ein schlichter, bewerteter Graph. Gesucht wird ein *Minimalgerüst* T von G, d.h. ein Gerüst T von G, dessen Gesamtlänge

$$\rho(T) = \sum_{k \in K(T)} \rho(k)$$

minimal ist.

Der bekannteste Algorithmus zur Lösung dieses Problems dürfte der Algorithmus von Kruskal [1] aus dem Jahre 1956 sein.

4. Algorithmus

Algorithmus von Kruskal

Es sei $G = (E, K, \rho)$ ein schlichter, bewerteter Graph der Ordnung $n = n(G) \geq 2$.

1. Es sei T der leere Graph.
2. Ist $K = \emptyset$, so stoppe man den Algorithmus.
   Ist $K \neq \emptyset$, so wähle man eine Kante $k \in K$ minimaler Bewertung, setze $K = K - \{k\}$ und gehe zu 3.
3. Besitzt der Graph $G[K(T) \cup \{k\}]$ einen Kreis, so gehe man wieder zu 2.
   Besitzt der Graph $G[K(T) \cup \{k\}]$ keinen Kreis, so setze man $T = G[K(T) \cup \{k\}]$. Ist $m(T) = n(G) - 1$, so stoppe man den Algorithmus.
   Ist $m(T) < n(G) - 1$, so gehe man zu 2.

Im Fall, daß der Algorithmus im 3. Schritt abbricht, ist $\kappa(G) = 1$ und T ein Minimalgerüst von G.
Im Fall, daß der Algorithmus im 2. Schritt abbricht, ist G nicht zusammenhängend, womit kein Gerüst existieren kann. Daher braucht der Zusammenhang des Ausgangsgraphen nicht gesondert geprüft werden.

Beweis. 1) Nach Konstruktion ist T ein Wald, womit sich aus (2.1) $m(T) = n(T) - \kappa(T)$ ergibt. Bricht der Algorithmus im 3. Schritt ab, so erhält man daraus

$$m(T) = n(G) - 1 \geq n(T) - \kappa(T) = m(T),$$

womit T ein Gerüst von G sein muß.
Bricht der Algorithmus im 2. Schritt ab, so folgt

$$n(T) - \kappa(T) = m(T) < n(G) - 1,$$

also $n(T) < n(G)$ oder $1 < \kappa(T)$, womit T kein Gerüst von G sein kann. In diesem Fall gilt notwendig $\kappa(G) \geq 2$. Denn wäre G zusammenhängend und $n(T) < n(G)$ oder $\kappa(T) > 1$, so gäbe es noch mindestens eine weitere Kante k mit der Eigenschaft, daß $G[K(T) \cup \{k\}]$ kreislos ist. Das widerspricht aber der Abbruchbedingung im 2. Schritt.
2) Nun sei G zusammenhängend, und die Kanten $k_1, ..., k_{n-1}$ des Gerüstes T seien in dieser Reihenfolge durch den Algorithmus von Kruskal bestimmt worden. Nach Konstruktion gilt dann notwendig $\rho(k_1) \leq ... \leq \rho(k_{n-1})$. Zu zeigen bleibt, daß T ein Minimalgerüst ist. Wir nehmen einmal an, daß T kein Minimalgerüst ist. Dann wählen wir unter allen Minimalgerüsten eines aus, das mit T die meisten Kanten gemeinsam hat. Bezeichnen wir dieses mit H, so gilt $K(H) \neq K(T)$. Es sei i der kleinste Index mit $k_i \in K(T)$ und $k_i \notin K(H)$. Da H ein Gerüst von G ist, gilt $\mu(H + k_i) = 1$, womit der Graph $H + k_i$ nach Satz 2.6 genau einen Kreis besitzt. Auf diesem Kreis liegt notwendig eine Kante l, die nicht zum Baum T gehört. Daher ist $H' = (H + k_i) - l$ nach Satz 1.7 ein zusammenhängender Graph der Ordnung $n(G)$ mit $n(G) - 1$ Kanten. Das bedeutet aber nach Folgerung 2.1, daß auch H' ein Gerüst von G ist mit der Bewertung

$$\rho(H') = \rho(H) + \rho(k_i) - \rho(l). \tag{2.22}$$

Da H ein Minimalgerüst ist, ergibt sich aus (2.22) sofort $\rho(k_i) \geq \rho(l)$. Nach Wahl der Kante k_i gehören die Kanten $k_1, ..., k_{i-1}$ und die Kante l zum Gerüst H, womit $G[\{k_1, ..., k_{i-1}, l\}]$ keinen Kreis besitzt. Daher liefert der Algorithmus von Kruskal die Ungleichung $\rho(k_i) \leq \rho(l)$ und somit $\rho(k_i) = \rho(l)$. Dies zeigt uns zusammen mit (2.22), daß auch H' ein Minimalgerüst ist, das aber eine Kante mehr als H mit T gemeinsam hat, was einen Widerspruch zur Wahl von H bedeutet. ||

Bemerkung 2.6 Man beachte, daß im Gegensatz zum Algorithmus von Dantzig und Dijkstra beim Algorithmus von Kruskal auch negative Bewertungen zugelassen sind.
Der Algorithmus von Kruskal liefert entsprechend modifiziert auch Maximalgerüste.
Kruskals Algorithmus läßt sich auch auf nicht schlichte und bewertete Graphen anwenden. Aber bei solchen Graphen ist es günstiger, zunächst die Schlingen zu entfernen und bei parallelen Kanten nur eine von minimaler Bewertung im Graphen zu belassen, um dann auf den verbleibenden schlichten Graphen den Algorithmus von Kruskal anzuwenden.

Bemerkung 2.7 Zum praktischen Gebrauch des 4. Algorithmus ist es im allgemeinen günstig, die m bewerteten Kanten des Graphen der Größe nach zu ordnen. (Spezielle Sortieralgorithmen ermöglichen dies mit einem Aufwand von $O(m \log m)$.)
Weiter notiere man sich immer die Komponenten des Waldes T. Denn dann kann man den 3. Schritt im 4. Algorithmus auf folgende Weise schnell durchführen. Liegen die Endpunkte der Kante k in einer Komponente von T, so besitzt $G[K(T) \cup \{k\}]$ einen Kreis, und in allen anderen Fällen besitzt $G[K(T) \cup \{k\}]$ keinen Kreis. Diese Entscheidung kann man mit n Abfragen treffen. Da man höchstens m solche Abfragen tätigt, ist die Komplexität des Algorithmus von Kruskal $O(n \cdot m)$, womit dieser Algorithmus effizient ist.

Liegt ein schlichter, bewerteter Graph als Skizze vor, so läßt sich der 4. Algorithmus besonders schnell durchführen, denn dann erkennt man die Komponenten des Waldes T ohne Schwierigkeiten. Wir wollen nun ein Beispiel durchrechnen, bei dem der Graph durch eine "halbe" Bewertungsmatrix gegeben ist. Bei einer *halben Bewertungsmatrix* eines schlichten, bewerteten Graphen werden nur die Bewertungen oberhalb der Hauptdiagonalen eingetragen, wodurch der Graph auch vollständig bestimmt ist.

Beispiel 2.3 Ein schlichter, bewerteter Graph sei durch folgende halbe Bewertungsmatrix gegeben.

	a_1	a_2	a_3	a_4	a_5	a_6	a_7	a_8	a_9
a_1		∞	7	-2	6	2	1	2	1
a_2			∞	4	6	2	-1	2	3
a_3				∞	-1	5	6	5	5
a_4					6	1	-1	∞	4
a_5						7	6	8	9
a_6							4	5	3
a_7								7	8
a_8									-2
a_9									

Man bestimme mit Hilfe des Algorithmus von Kruskal ein Minimalgerüst und skizziere es.

Lösung. Das Ordnen der bewerteten Kanten erledigen wir in diesem Beispiel durch "scharfes" Hinsehen.
Als erste Kante wählen wir $k_1 = a_1a_4$, setzen $T = T_1 = G[\{k_1\}]$ und notieren mit $E(T_1) = \{a_1, a_4\}$ die Ecken der einzigen Komponente von T.
Als zweite Kante wählen wir $k_2 = a_8a_9$, deren Endpunkte in keiner Komponente von T liegen, setzen daher $T = G[\{k_1, k_2\}]$ und notieren mit $E(T_2) = \{a_8, a_9\}$ die Ecken der zweiten Komponente von T.
Als dritte Kante wählen wir $k_3 = a_2a_7$, setzen $T = G[\{k_1, k_2, k_3\}]$, was offensichtlich möglich ist und notieren mit $E(T_3) = \{a_2, a_7\}$ die Ecken der dritten Komponente von T.
Als vierte Kante wählen wir $k_4 = a_3a_5$, setzen $T = G[\{k_1, k_2, k_3, k_4\}]$ und notieren $E(T_4) = \{a_3, a_5\}$.
Als fünfte Kante wählen wir $k_5 = a_4a_7$. Da a_4 zu T_1 und a_7 zu T_3 gehören, setzen wir $T = G[\{k_1, ..., k_5\}]$. Nun sind die Komponenten T_1 und T_3 zu einer Komponente zusammengewachsen, und wir notieren mit $E(T_1) = \{a_1, a_2, a_4, a_7\}$ die Ecken der neuen Komponente T_1 von T und streichen die Komponente T_3.
Fügt man nun die Kante a_1a_7 zu T hinzu, so entsteht offensichtlich ein Kreis, womit diese Kante gestrichen werden muß.
Als sechste Kante wählen wir $k_6 = a_1a_9$. Mit dieser Kante wachsen T_1 und T_2 zu einer Komponente T_1 mit $E(T_1) = \{a_1, a_2, a_4, a_7, a_8, a_9\}$ zusammen, so daß wir $T = G[\{k_1, ..., k_6\}]$ setzen können und T_2 streichen müssen.
Als siebte Kante wählen wir $k_7 = a_4a_6$. Mit dieser Kante vergrößert

sich die Komponente T_1 um die Ecke a_6 zu

$$E(T_1) = \{a_1, a_2, a_4, a_6, a_7, a_8, a_9\}.$$

Daher können wir $T = G[\{k_1, ..., k_7\}]$ setzen.
Nun besteht T aus den Komponenten T_1 und T_4 mit $E(T_4) = \{a_3, a_5\}$. Man erkennt nun leicht, daß mit den folgenden Kanten in T_1 ein Kreis entsteht: a_1a_6, a_1a_8, a_2a_6, a_2a_8, a_2a_9, a_6a_9, a_2a_4, a_4a_9 und a_6a_7. Daher sind diese Kanten zu streichen.
Die nächst größte Kante mit der Bewertung 5 ist $k_8 = a_3a_6$ mit der T_1 und T_4 zu einem Baum mit 8 Kanten zusammenwachsen, womit $G[\{k_1, ..., k_8\}]$ ein gewünschtes Minimalgerüst ist.
Das gefundene Minimalgerüst, das wir nun skizzieren werden, ist keineswegs eindeutig.

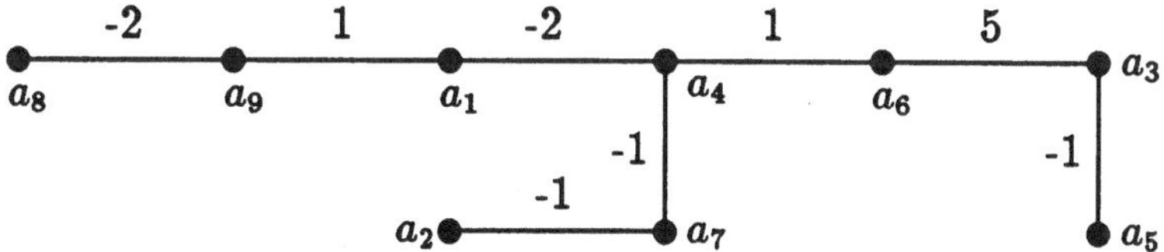

Bemerkung 2.8 Ein Praktiker könnte gegen die vorgeschlagene Verfahrensweise zur Bestimmung eines Eisenbahnnetzes mit geringsten Baukosten (oder kürzester Länge) den Einwand erheben, daß im allgemeinen schon gewisse Eisenbahnverbindungen bereits vorhanden sein werden, die natürlich mitbenutzt werden sollen. In einem solchen Fall setze man die Kosten und damit die Bewertungen schon vorhandener Verbindungen mit Null an und verfahre sonst wie gehabt.

Ein Konkurrenzverfahren zum Algorithmus von Kruskal wurde 1957 von Prim [1] entwickelt. Ausgehend von einer beliebigen Ecke y_0 eines bewerteten Graphen G läßt Prim einen Baum wachsen, indem er eine kürzeste Kante k_1 sucht, die mit y_0 inzidiert und $T_1 = G[\{k_1\}]$ setzt. Danach sucht er eine kürzeste Kante k_2, die mit $E(T_1)$ und mit $E(G) - E(T_1)$ inzidiert und setzt $T_2 = G[\{k_1, k_2\}]$. Dann wird eine kürzeste Kante k_3 bestimmt, die mit $E(T_2)$ und mit $E(G) - E(T_2)$ inzidiert usw.

Diese Vorgehensweise haben wir schon im 1. Kapitel algorithmisch erfaßt. Denn der Algorithmus von Prim läuft analog zum Algorithmus von Dantzig und Dijkstra, wobei allerdings die dort auftretenden Additionen wegfallen.

5. Algorithmus

Algorithmus von Prim

Es sei $G = (E, K, \rho)$ ein schlichter, bewerteter Graph der Ordnung $n = n(G)$ und $y_0 \in E$.

0) Man setze $A_0 = \{y_0\}$ und $T_0 = A_0$.

1) Für $y \in \bar{A}_0$ setze man $t_1(y) = \rho(y_0 y)$ und wähle ein $y_1 \in \bar{A}_0$ mit
$$t_1(y_1) = \min_{y \in \bar{A}_0}\{t_1(y)\}.$$
Man setze $A_1 = A_0 \cup \{y_1\}$, und ist k_1 die zugehörige Kante von A_0 nach y_1, so setze man $T_1 = G[\{k_1\}]$.

2) Für $y \in \bar{A}_1$ setze man $t_2(y) = \min\{t_1(y), \rho(y_1 y)\}$ und wähle ein $y_2 \in \bar{A}_1$ mit
$$t_2(y_2) = \min_{y \in \bar{A}_1}\{t_2(y)\}.$$
Man setze $A_2 = A_1 \cup \{y_2\}$, und ist k_2 die zugehörige Kante von A_1 nach y_2, so setze man $T_2 = G[\{k_1, k_2\}]$.

. . . .

q) Für $y \in \bar{A}_{q-1}$ setze man $t_q(y) = \min\{t_{q-1}(y), \rho(y_{q-1} y)\}$ und wähle ein $y_q \in \bar{A}_{q-1}$ mit
$$t_q(y_q) = \min_{y \in \bar{A}_{q-1}}\{t_q(y)\}.$$
Man setze $A_q = A_{q-1} \cup \{y_q\}$, und ist k_q die zugehörige Kante von A_{q-1} nach y_q, so setze man $T_q = G[\{k_1, ..., k_q\}]$.

Man stoppe den Algorithmus beim ersten $i \in \mathbf{N}$ mit $t_i(y) = \infty$ für alle $y \in \bar{A}_{i-1}$ oder $A_i = E$.

Bricht der Algorithmus mit $A_i = E$ ab, so ist $i = n - 1$, und der Graph T_{n-1} ist ein Minimalgerüst von G.
Bricht der Algorithmus vorher mit $t_i(y) = \infty$ für alle $y \in \bar{A}_{i-1}$ ab, so ist G nicht zusammenhängend.

Beweis. 1) Nach Konstruktion ist der Graph T_i für jedes $i \in \mathbf{N}_0$ ein Baum mit $E(T_i) = A_i$ der Ordnung $i+1$. Daher ist im Fall $A_i = E$ notwendig $i = n-1$ und T_{n-1} ein Gerüst von G.
Bricht der Algorithmus aber für ein $i \leq n-1$ mit $t_i(y) = \infty$ für alle $y \in \bar{A}_{i-1}$ ab, so gibt es keine Kante von $E(T_{i-1})$ nach $E - E(T_{i-1})$, womit der Graph nicht zusammenhängend sein kann.
2) Der Nachweis, daß T_{n-1} ein Minimalgerüst ist, verläuft völlig analog zum zweiten Teil des Beweises des Kruskalschen Algorithmus. ||

Bemerkung 2.9 Bei zusammenhängenden und bewerteten Graphen kann man auch durch sukzessives Herausnehmen von längsten Kanten in Kreisen zu einem Minimalgerüst gelangen. Da diese Methode nur für Graphen mit sehr wenig Kreisen günstig ist, bleibt der Beweis dem Leser überlassen.

Bemerkung 2.10 Um die in Bemerkung 2.9 vorgeschlagene Methode algorithmisch durchzuführen, benötigt man ein Verfahren, um in einem Graphen G Kreise aufzuspüren. Dazu kann man wie folgt vorgehen.
Man entferne zunächst sukzessive alle Endecken, bis zu einem Teilgraphen G' mit $\delta(G') \geq 2$. Danach durchlaufe man in G' einen beliebigen Kantenzug solange, bis man einen ersten Kreis gefunden hat. Wegen $\delta(G') \geq 2$ führt dieses Verfahren immer zum Ziel. Nun entferne man eine Kante (für die Methode in Bemerkung 2.9 eine längste Kante) dieses Kreises. Im verbleibenden Graphen nehme man wieder sukzessive alle Endecken heraus usw.

Wegen der Ähnlichkeit der Algorithmen von Dantzig und Dijkstra sowie von Prim, könnte der Verdacht aufkommen, daß ein Minimalgerüst mit mindestens einem Entfernungsbaum übereinstimmt. Daß dies im allgemeinen nicht der Fall ist, zeigt uns der nächste Satz.

Satz 2.18 Zu jeder natürlichen Zahl $n \geq 4$ existiert ein zusammenhängender und bewerteter Graph $G = (E, K, \rho)$ der Ordnung n und $\rho(k) > 0$ für alle $k \in K$, so daß jeder Entfernungsbaum von jedem Minimalgerüst verschieden ist.

Beweis. Wir betrachten den skizzierten zusammenhängenden und bewerteten Graphen der Ordnung n.

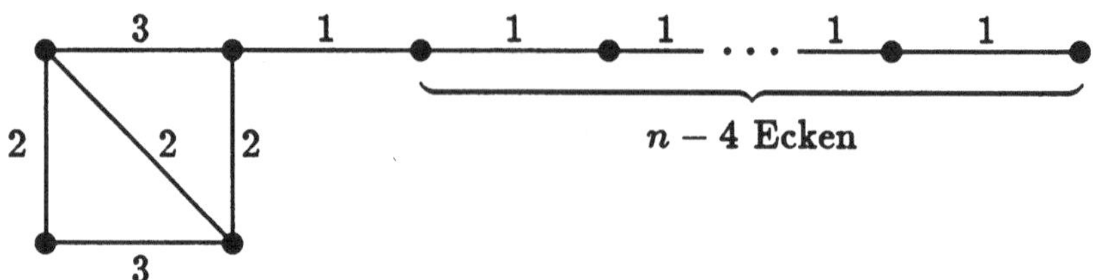

Der 4. oder 5. Algorithmus liefert das skizzierte Minimalgerüst, welches im vorliegenden Fall eindeutig ist.

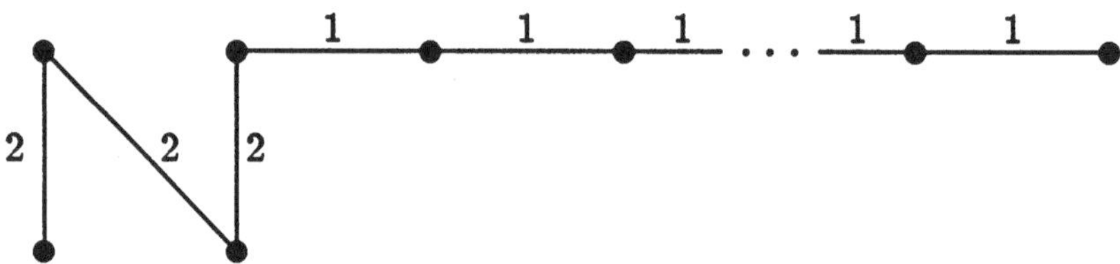

Mit Hilfe des Algorithmus von Dantzig und Dijkstra überzeugt man sich nun leicht, daß jeder der n möglichen Entfernungsbäume mindestens eine Kante der Länge 3 enthält, womit jeder Entfernungsbaum vom Minimalgerüst verschieden ist. ||

2.4 Aufgaben

Aufgabe 2.1 Man zeige, daß ein Graph genau dann ein Wald ist, wenn jede Kante eine Brücke ist.

Aufgabe 2.2 Es sei $G = (E, K)$ ein nicht trivialer Baum. Ist $x \in E$, so zeige man $\kappa(G - x) = d(x, G)$.

Aufgabe 2.3 Man zeige, daß alle Alkohole der Form $C_jH_{2j+1}OH$ Baumstruktur haben.

Aufgabe 2.4 Man zeige, daß alle Moleküle mit der Summenformel C_jH_{2j} genau einen Kreis besitzen. (Diejenigen Moleküle C_jH_{2j}, die einen Kreis der Länge 2 haben, heißen *Alkene.*)

Aufgabe 2.5 Es sei $p \in \mathbf{N}$ und G ein zusammenhängender Graph mit $|K(G)| \geq p$. Weiter sei $K' \subseteq K(G)$ mit $|K'| = p$ und $G' = G - K'$. Ist G' ein Wald, so zeige man $\nu(G) \geq p + 1 - \kappa(G')$.

Aufgabe 2.6 Man bestimme alle nicht isomorphen Bäume mit 6 Ecken.

Aufgabe 2.7 Man bestimme alle schlichten, nicht isomorphen Graphen ohne isolierte Ecken mit genau 3 Kreisen und 6 Kanten.

Aufgabe 2.8 Es sei $p \in \mathbf{N}$ und G ein schlichter Graph mit $\delta(G) \geq p$. Ist T ein Baum mit p Kanten, so zeige man, daß G einen zu T isomorphen Teilgraphen besitzt.

Aufgabe 2.9 Man bestimme alle schlichten, nicht isomorphen Graphen G ohne isolierte Ecken mit $\mu(G) = 1$ und $n(G) = 5$.

Aufgabe 2.10 Es sei G ein schlichter Graph mit $\delta(G) \geq 5$. Sind a und b zwei verschiedene Ecken aus G und $G' = G - \{a, b\}$, so zeige man $\mu(G') \geq 3$.

Aufgabe 2.11 Man beweise die Identität (2.11).

Aufgabe 2.12 Man beweise Bemerkung 2.9.

Aufgabe 2.13 Man zeige, daß das Zentrum $Z(G)$ eines Baumes aus einer Ecke oder zwei adjazenten Ecken besteht.

Aufgabe 2.14 Es sei G ein Graph, G' ein Baum und $(f, F) : G \to G'$ ein Homomorphismus mit f surjektiv und F injektiv.
a) Man zeige, daß G notwendig ein Wald ist.
b) Ist $G' = J_3$, $n(G) = 5$ und $\delta(G) = 1$, so gebe man ein Beispiel für G und (f, F) an.
c) Ist $\kappa(G) = 1$, so zeige man, daß (f, F) ein Isomorphismus ist.

Aufgabe 2.15 Es sei G ein Baum und $W = W_{ab}$ ein Weg von a nach b in G der Länge $L(W) = 2p$ mit $p \geq 1$. Weiter sei die Eckenmenge $A \subseteq E(G)$ definiert durch

$$A = \{x | x \in E(G) \text{ und } d(a, x) = d(b, x)\}.$$

a) Man zeige, daß im Durchschnitt von A und $E(W)$ genau eine Ecke liegt.
b) Man zeige, daß der von A induzierte Teilgraph $G[A]$ zusammenhängend ist.

Aufgabe 2.16 Es sei G ein nicht trivialer und zusammenhängender Graph. Man zeige, daß G mindestens zwei Ecken x_1, x_2 mit der Eigenschaft $\kappa(G - x_i) = 1$ für $i = 1, 2$ besitzt.

Aufgabe 2.17 Es sei G ein nicht trivialer Baum. Man zeige, daß alle längsten Wege in G mindestens eine gemeinsame Ecke besitzen.

Aufgabe 2.18 Man bestimme alle nicht isomorphen, schlichten Graphen G mit $n(G) = 15$ und $m(G) = 17$, die aus drei Komponenten G_1, G_2 und G_3 bestehen, die den folgenden Bedingungen genügen:
i) G_1 ist 3-regulär.
ii) G_2 ist ein Kreis gerader Länge.
iii) $\mu(G_3) = 0$ und $\Delta(G_3) = 3$.

Aufgabe 2.19 Man bestimme alle nicht isomorphen, schlichten Graphen G ohne isolierte Ecken mit $n(G) = 10$ und $m(G) = 15$, die aus drei Komponenten G_1, G_2 und G_3 bestehen, die den folgenden Bedingungen genügen:
i) G_1 ist 4-regulär.
ii) G_2 ist ein Baum.
iii) G_3 ist ein Kreis.

Aufgabe 2.20 Es sei G ein zusammenhängender Graph mit genau einer Ecke maximalen Grades, $\mu(G) = 3$, $\delta(G) \geq 2$ und $\Delta(G) = 4$.
a) Man bestimme die Anzahl der Ecken vom Grad 3 in G.
b) Man gebe ein Modell minimaler Ordnung $n(G)$ an.
c) Man konstruiere bis auf Isomorphie alle schlichten Modelle der Ordnung $n(G) = 6$, die genau ein Dreieck enthalten.

Aufgabe 2.21 Ist B die Admittanzmatrix eines Graphen, so zeige man unabhängig vom Beweis des Satzes 2.16, daß die Determinante $|B_i|$ unabhängig von i ist.

Aufgabe 2.22 Es sei G ein Multigraph und B_G seine Admittanzmatrix. Ist D eine Orientierung von G und I_D die zugehörige Inzidenzmatrix, so zeige man $I_D I_D^T = B_G$.

Kapitel 3

Eulertouren und Hamiltonkreise

3.1 Eulersche Graphen

Definition 3.1 Es sei G ein zusammenhängender und nicht trivialer Graph. Existiert in G ein Kantenzug Z mit $K(Z) = K(G)$, also enthält Z alle Kanten des Graphen, so heißt G *semi-Eulerscher Graph* und Z *Eulerscher Kantenzug.* Ist der Kantenzug Z zusätzlich geschlossen, so nennen wir Z *Eulertour*, und der Graph G heißt *Eulerscher Graph.*

Bemerkung 3.1 Jeder Eulersche Graph ist semi-Eulersch.

Die in Definition 3.1 gegebenen Graphenklassen sind nach dem produktivsten Mathematiker aller Zeiten, dem Schweizer Genie *Leonhard Euler* (1707 – 1783) benannt. Mit seiner berühmten Abhandlung über das Königsberger Brückenproblem aus dem Jahre 1736 wurde die Graphentheorie "geboren". Lassen wir Euler selbst zu Wort kommen.

"... 2. Das Problem, das ziemlich bekannt sein soll, war folgendes: Zu Königsberg in Preussen ist eine Insel A, genannt "der Kneiphof", und der Fluss, der sie umfliesst, teilt sich in zwei Arme, wie dies aus der Fig. I ersichtlich ist. Über die Arme dieses Flusses führen sieben Brücken a, b, c, d, e, f und g. Nun wurde gefragt, ob jemand seinen Spazierweg so einrichten könne, dass er jede dieser Brücken einmal und nicht mehr als einmal überschreite. Es wurde mir gesagt, dass einige diese Möglichkeit verneinen, andere daran zweifeln, dass aber

niemand sie erhärte. Hieraus bildete ich mir folgendes höchst allgemeine Problem: Wie auch die Gestalt des Flusses und seine Verteilung in Arme, sowie die Anzahl der Brücken ist, zu finden, ob es möglich sei, jede Brücke genau einmal zu überschreiten oder nicht.
3. Was das Königsberger Problem von den sieben Brücken betrifft, so könnte man es lösen durch eine genaue Aufzählung aller Gänge, die möglich sind; denn dann wüsste man, ob einer derselben der Bedingung genügt oder keiner. Diese Lösungsart ist aber wegen der grossen Zahl von Kombinationen zu mühsam und schwierig, und zudem könnte sie in andern Fragen, wo noch viel

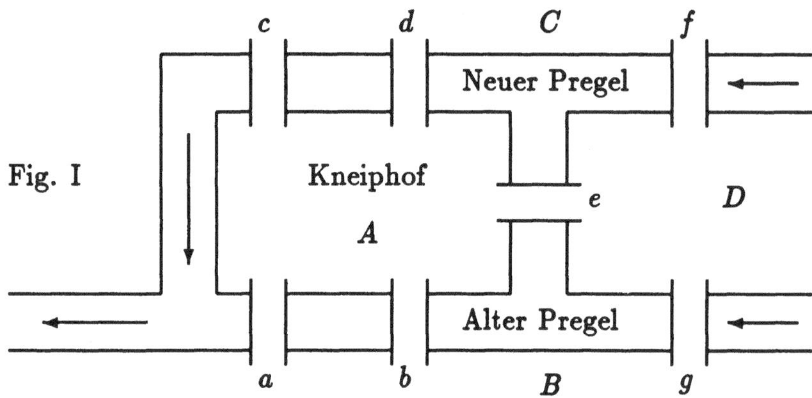

mehr Brücken vorhanden sind, gar nicht mehr angewendet werden. Würde die Untersuchung in der eben erwähnten Weise geführt, so würde Vieles gefunden, wonach gar nicht gefragt war; dies ist zweifellos der Grund, warum dieser Weg so beschwerlich wäre. Darum habe ich diese Methode fallen gelassen und eine andere gesucht, die nur so weit reicht, dass sie erweist, ob ein solcher Spazierweg gefunden werden kann oder nicht; denn ich vermutete, dass eine solche Methode viel einfacher sein werde.
4. Meine ganze Methode beruht nun darauf, dass ich das *Überschreiten* der Brücken in geeigneter Weise bezeichne, wobei ich die grossen Buchstaben A, B, C, D gebrauche zur Bezeichnung der einzelnen Gebiete, welche durch den Fluss voneinander getrennt sind. Wenn also einer vom Gebiet A in das Gebiet B gelangt über die Brücke a oder b, so bezeichne ich diesen Übergang mit den Buchstaben AB, ..."

Man erkennt deutlich, wie Euler hier implizit die Ecken A, B, C, D und die Kanten $AB, \ldots$ einführt. Graphentheoretisch formuliert fragt das Königsberger Brückenproblem danach, ob der links skizzierte Graph

KBP einen Eulerschen Kantenzug besitzt. Die ersten Ergebnisse in diesem Abschnitt werden zeigen, daß dies nicht der Fall ist.

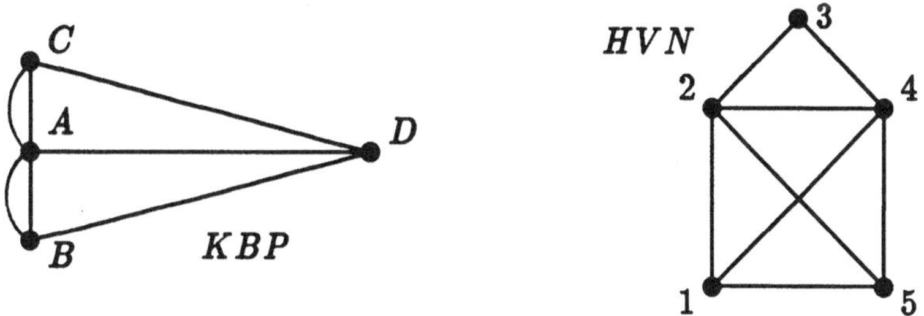

Noch bekannter als das Königsberger Brückenproblem dürfte das Problem im Zusammenhang mit dem rechts skizzierten Graphen HVN sein. Denn diesen Graphen haben wir alle während unserer Schulzeit mit dem begleitenden Spruch "das ist das Haus vom Nikolaus", ohne den Schreibstift abzusetzen, mit großer Begeisterung zu zeichnen versucht. Daß man die Kanten des Graphen HVN wirklich in einem Zug skizzieren kann, zeigt der Kantenzug $(1,2,3,4,5,2,4,1,5)$, womit das Haus vom Nikolaus ein semi-Eulerscher Graph ist.

Unser erstes Ergebnis stellt eine sehr schöne und einfache Charakterisierung der Eulerschen Graphen dar.

Satz 3.1 (Euler [1] 1736, Hierholzer [1] 1873) Es sei G ein nicht trivialer, zusammenhängender Graph. G ist genau dann ein Eulerscher Graph, wenn der Grad jeder Ecke gerade ist.

Beweis. Der Graph G sei Eulersch, und es sei Z eine Eulertour von G. Bewegen wir uns entlang der Eulertour, so liefert jeder Durchgang durch eine Ecke den Beitrag zwei zum Grad dieser Ecke (dies gilt auch für den Anfangspunkt von Z, da dieser gleichzeitig Endpunkt von Z ist). Da G zusammenhängend ist, wurde jede Ecke mindestens einmal durchlaufen, und wegen $K(G) = K(Z)$ wurden alle Kanten des Graphen berücksichtigt. Daher hat jede Ecke $a \in E(G)$ geraden Grad mit $d(a,G) \geq 2$.
Hat umgekehrt jede Ecke geraden Grad, so gilt wegen des Zusammenhangs $d(a,G) \geq 2$ für alle $a \in E(G)$. Den Beweis, daß G eine Eulertour besitzt, führen wir mit vollständiger Induktion nach der Kantenzahl $m = |K(G)|$.
Für $m = 1$ besteht G aus einer Ecke und einer Schlinge, womit G eine Eulertour besitzt.

Nun sei $m \geq 2$. Wegen $d(a, G) \geq 2$ für alle $a \in E(G)$ besitzt G nach Satz 1.8 einen Kreis C. Ist der Graph $G' = G - K(C)$ ein Nullgraph, so ist C eine Eulertour von G. Im anderen Fall ist G' ein (möglicherweise nicht zusammenhängender) Teilgraph von G mit weniger als m Kanten, in dem immer noch jede Ecke geraden Grad hat. Daher besitzt jede nicht triviale Komponente von G' nach Induktionsvoraussetzung eine Eulertour. Wegen des Zusammenhangs von G hat jede Komponente von G' mindestens eine Ecke mit dem Kreis C gemeinsam. Eine gesuchte Eulertour von G erhalten wir nun wie folgt: Beginnend in einer Ecke von C folgen wir den Kanten von C bis zu einer ersten Ecke einer Komponente von G', dann durchlaufen wir die entsprechende Eulertour dieser Komponente, danach folgen wir wieder den Kanten von C usw. ||

Bemerkung 3.2 Euler hat nur gezeigt, daß in einem Eulerschen Graphen alle Ecken von geradem Grad sind. Den ersten vollständigen Beweis von Satz 3.1 gab Hierholzer [1] 1873.

Bemerkung 3.3 Der Satz 3.1 zeigt, daß weder der Graph KBP noch der Graph HVN Eulersch ist.

Satz 3.2 (Veblen [1] 1912) Ein nicht trivialer, zusammenhängender Graph G ist genau dann Eulersch, wenn man ihn in kantendisjunkte Kreise zerlegen kann, d.h. wenn man ihn als Vereinigung von kantendisjunkten Kreisen darstellen kann.

Beweis. Ist G Eulersch, so hat nach Satz 3.1 jede Ecke geraden Grad. Damit besitzt G nach Satz 1.8 einen Kreis C, und in $G' = G - K(C)$ sind wieder alle Ecken von geradem Grad. Auf die nicht trivialen Komponenten wende man wieder Satz 1.8 an usw. Da der Graph endlich ist, findet man so eine Zerlegung von G in kantendisjunkte Kreise.

Kann G in kantendisjunkte Kreise zerlegt werden, so hat jede Ecke geraden Grad. Denn gehen durch eine Ecke a genau j kantendisjunkte Kreise, so gilt $d(a, G) = 2j$. Da G zusammenhängend ist, folgt unsere Behauptung wieder aus Satz 3.1. ||

Die nächste Anwendung von Satz 3.1 wurde erstmalig 1847 von Listing [1] ohne Beweis ausgesprochen. Einen vollständigen Beweis hat dann 1882 Lucas [1] gegeben.

Satz 3.3 (Listing [1] 1847, Lucas [1] 1882) Es sei p eine natürliche Zahl und G ein zusammenhängender Graph mit genau $2p$ Ecken ungeraden Grades.

i) G läßt sich in p kantendisjunkte offene Kantenzüge $Z_1, ..., Z_p$ zerlegen, deren Anfangs- und Endpunkte die $2p$ Ecken ungeraden Grades sind.

ii) Ist $W_1, ..., W_r$ eine Zerlegung von G in r kantendisjunkte Kantenzüge, so gilt $r \geq p$.

Beweis. i) Die Ecken ungeraden Grades fassen wir zu beliebigen Paaren $a_1, b_1; ...; a_p, b_p$ zusammen und fügen p neue Kanten $a_1b_1, ..., a_pb_p$ zum Graphen G hinzu. Nach Satz 3.1 ist der so entstandene Graph G' Eulersch und besitzt eine Eulertour Z. Entfernt man aus Z die p neuen Kanten, so erhält man die gesuchte Zerlegung von G in p offene kantendisjunkte Kantenzüge, deren Anfangs- und Endpunkte genau die Ecken ungeraden Grades sind.
ii) Ist a eine Ecke aus G, die von allen Anfangs- und Endpunkten der r Kantenzüge $W_1, ..., W_r$ verschieden ist, so liefert jeder Kantenzug einen geraden Beitrag zum Eckengrad von a. Da die Kantenzüge $W_1, ..., W_r$ den Graphen G disjunkt zerlegen, muß $d(a, G)$ notwendig gerade sein. Daher liefert diese Zerlegung höchstens $2r$ Ecken ungeraden Grades, woraus $r \geq p$ folgt. ||

Aus Satz 3.3 und Satz 3.1 ergibt sich sehr leicht

Folgerung 3.1 Ein zusammenhängender, nicht trivialer Graph ist genau dann semi-Eulersch, wenn er zwei Ecken oder keine Ecke ungeraden Grades besitzt.

Diese Folgerung zeigt uns, daß der Graph KBP des Königsberger Brückenproblems keinen Eulerschen Kantenzug besitzen kann, denn alle vier Ecken dieses Graphen sind von ungeradem Grad.

Satz 3.4 Jeder zusammenhängende, nicht triviale Graph G besitzt eine geschlossene Kantenfolge, in der jede Kante des Graphen genau zweimal vorkommt.

Beweis. Jeder Kante k von G entsprechend fügen wir eine neue, in G nicht enthaltene Kante k' ein, die mit den gleichen Ecken wie k inzidiert. Durch diese Operation ist ein neuer, ebenfalls zusammenhängender Graph G' entstanden, der doppelt so viel Kanten wie

G besitzt, und in dem jede Ecke geraden Grad hat. Nach Satz 3.1 besitzt G' eine Eulertour. Ersetzt man in einer Eulertour von G' jede neu hinzugefügte Kante k' durch die entsprechende Kante k aus G, so erhält man eine geschlossene Kantenfolge von G, die die geforderten Eigenschaften besitzt. ||

Bemerkung 3.4 Sind bei einer Messe oder Ausstellung auf beiden Seiten jedes Ganges Auslagen zu besichtigen, so gibt es immer optimale Möglichkeiten, die Gänge zu durchqueren, falls man alles in Augenschein nehmen möchte. Denn nach Satz 3.4 kann man einen Rundgang so anlegen, daß man jede Seite jedes Ganges genau einmal passiert, um dann zum Ausgangspunkt zurückzukehren.
Offen bleibt die Frage, wie man in einem Eulerschen Graphen eine Eulertour findet. Mit diesem Problem befassen wir uns im nächsten Abschnitt.

Wir wollen uns nun mit einer speziellen Klasse von Eulerscher Graphen beschäftigen, die Ore [1] 1951 vorgestellt hat.

Definition 3.2 Es sei G ein Eulerscher Graph. Besitzt eine Ecke a von G die Eigenschaft, daß jeder Kantenzug Z von G mit der Anfangsecke a zu einer Eulertour fortgesetzt werden kann, so nennen wir a *gute Ecke*.
Ist $Z = (a_1, k_1, a_2, ..., k_p, a_{p+1})$ ein Kantenzug, so nennt man einen Kantenzug W der Form $W = (a_1, k_1, a_2, ..., k_p, a_{p+1}, l_1, b_2, ..., l_r, b_{r+1})$ mit $r \geq 1$ Fortsetzung von Z.

Satz 3.5 (Ore [1] 1951) Ist G ein Eulerscher Graph und $a \in E(G)$, so sind folgende Aussagen äquivalent:

i) a ist eine gute Ecke.

ii) Alle Kreise von G gehen durch die Ecke a.

iii) $G - a$ ist ein Wald.

iv) Es gilt $\kappa(G - a) = d(a, G) - \mu(G)$.

Beweis. Aus i) folgt ii). Es sei a eine gute Ecke. Angenommen, es gibt in G einen Kreis C mit $a \notin E(C)$. Nach Satz 3.1 ist dann die Komponente G' von $G - K(C)$, in der die Ecke a liegt Eulersch, und es gilt $d(a, G) = d(a, G')$. Daher kann eine Eulertour von G' mit der Anfangsecke a in G nicht mehr fortgesetzt werden, was einen Widerspruch zur Voraussetzung bedeutet.

Aus ii) folgt i). Gehen alle Kreise von G durch die Ecke a, so betrachte man in G einen beliebigen Kantenzug mit der Anfangsecke a. Diesen Kantenzug setze man in G so lange fort, bis ein Kantenzug Z entstanden ist, den man nicht mehr fortsetzen kann. Da jede Ecke in G geraden Grad hat, muß die Ecke a auch Endecke von Z sein, und für den Graphen $G' = G - K(Z)$ gilt notwendig $d(a, G') = 0$. Wäre G' kein Nullgraph, so gäbe es in G' einen Kreis, der nicht durch a ginge. Daher ist Z eine Eulertour von G, also a eine gute Ecke von G.
Die Bedingungen ii) und iii) sind natürlich äquivalent.
Ein Graph H ist nach Satz 2.4 genau dann ein Wald, wenn $\mu(H) = 0$ gilt. Daraus ergibt sich die Äquivalenz von iii) und iv) wie folgt:

$$\begin{aligned} 0 = \mu(G-a) &= m(G) - d(a,G) - (n(G) - 1) + \kappa(G-a) \\ &= \mu(G) - d(a,G) + \kappa(G-a) \quad \| \end{aligned}$$

Satz 3.6 (Bäbler [1] 1953) Ein Eulerscher Graph G, der kein Kreis ist, besitzt höchstens zwei gute Ecken.

Beweis. Angenommen, der Graph G besitzt die drei guten Ecken a, b und u. Wegen der Sätze 3.2 und 3.5 existiert eine Zerlegung von G in kantendisjunkte Kreise $C_1, ..., C_r$ mit $a, b, u \in E(C_i)$ für $1 \leq i \leq r$. Da G kein Kreis ist, gilt $r \geq 2$. Haben die beiden Kreise C_1 und C_2 die Gestalt

$$\begin{aligned} C_1 &= (a, x_1, ..., x_p, b, ..., u, ..., a), \\ C_2 &= (a, y_1, ..., y_s, b, ..., u, ..., a), \end{aligned}$$

so ist

$$Z = (a, x_1, ..., x_p, b, y_s, ..., y_1, a)$$

ein geschlossener Kantenzug, der die Ecke u nicht enthält. Nach Satz 1.3 gibt es dann auch einen Kreis C, der die Ecke u nicht enthält, was der Annahme widerspricht, daß u eine gute Ecke ist. ||

Satz 3.7 (Bäbler [1] 1953) Ist G ein Eulerscher Graph mit einer guten Ecke a, so gilt:

i) $d(a, G) = \Delta(G)$.

ii) Jede Ecke b mit $d(b, G) = \Delta(G)$ ist eine gute Ecke.

Beweis. i) Es sei $C_1, ..., C_r$ eine Zerlegung von G in r kantendisjunkte Kreise. Da nach Satz 3.5 jeder dieser Kreise durch die Ecke a geht, ergibt sich $d(a, G) = 2r \geq \Delta(G)$ und damit die Behauptung.
ii) Es sei C ein beliebiger Kreis von G und $C, C_2, ..., C_r$ eine Zerlegung von G in kantendisjunkte Kreise. Dann gilt

$$d(a, G) = 2r = \Delta(G) = d(b, G),$$

womit auch die Ecke b auf jedem dieser Kreise liegen muß. Insbesondere gehört b zu dem beliebig gewählten Kreis C, so daß b nach Satz 3.5 notwendig eine gute Ecke ist. ||

Bemerkung 3.5 Eulersche Graphen mit guten Ecken sind für Ausstellungen besonders praktisch, denn beginnt der Besucher seine Besichtigungstour in einer guten Ecke, so muß er sich nur an die Vorschrift halten, an jeder Kreuzung einen Gang zu wählen, den er noch nicht benutzt hat, um einen Gesamtüberblick zu erhalten.

Zum Abschluß dieses Abschnitts wollen wir uns kurz mit Eulerschen Digraphen beschäftigen.

Definition 3.3 Es sei D ein nicht trivialer, zusammenhängender Digraph. Existiert in D ein orientierter Kantenzug Z mit $B(Z) = B(D)$, so heißt D *semi-Eulerscher Digraph* und Z *orientierter Eulerscher Kantenzug*. Ist Z zusätzlich geschlossen, so nennen wir Z *orientierte Eulertour* und D *Eulerschen Digraphen.*

Bemerkung 3.6 Jeder Eulersche Digraph ist semi-Eulersch und auch stark zusammenhängend.

Die nächsten beiden Sätze beweist man mit Satz 1.15 völlig analog zu den entsprechenden Sätzen 3.1 und 3.2.

Satz 3.8 Ein nicht trivialer, zusammenhängender Digraph D ist genau dann Eulersch, wenn

$$d^+(x, D) = d^-(x, D)$$

für alle Ecken x aus D gilt.

Satz 3.9 Ein nicht trivialer, zusammenhängender Digraph ist genau dann Eulersch, wenn man ihn in bogendisjunkte orientierte Kreise zerlegen kann.

Nun wollen wir ein Analogon zu Folgerung 3.1 herleiten.

Satz 3.10 Ein nicht trivialer, zusammenhängender Digraph D ist genau dann semi-Eulersch, wenn D Eulersch ist, oder wenn zwei Ecken a, b in D existieren mit

$$d^+(a,D) = d^-(a,D) + 1 \quad \text{und} \quad d^+(b,D) = d^-(b,D) - 1 \tag{3.1}$$

und außerdem $d^+(x,D) = d^-(x,D)$ für alle $x \in E(D) - \{a,b\}$ gilt.

Beweis. Es sei D semi-Eulersch und $Z = (a_1, k_1, ..., a_p)$ ein orientierter Eulerscher Kantenzug. Ist $a_1 = a_p$, so ist D Eulersch. Ist $a_1 \neq a_p$, so gilt

$$d^+(a_1,D) = d^-(a_1,D) + 1 \quad \text{und} \quad d^+(a_p,D) = d^-(a_p,D) - 1$$

und $d^+(x,D) = d^-(x,D)$ für alle anderen Ecken aus D.
Ist umgekehrt D Eulersch, so ist D semi-Eulersch. Ist für die Ecken a, b die Bedingung (3.1) erfüllt, so füge man zu D einen neuen Bogen (b, a) hinzu. Der so entstandene Digraph ist nach Satz 3.8 Eulersch und besitzt eine orientierte Eulertour. Entfernt man aus dieser Eulertour den Bogen (b, a), so entsteht ein orientierter Eulerscher Kantenzug von D, womit D semi-Eulersch ist. ||

Satz 3.11 Es sei D ein zusammenhängender Digraph, p eine natürliche Zahl und a, b zwei Ecken aus D mit

$$d^+(a,D) - d^-(a,D) = p = d^-(b,D) - d^+(b,D).$$

Gilt $d^+(x,D) = d^-(x,D)$ für alle Ecken $x \in E(D) - \{a,b\}$, so existieren p bogendisjunkte orientierte Wege von a nach b.

Beweis. Fügt man p neue Bogen $k_1, ..., k_p$ von b nach a zu D hinzu, so entsteht ein Digraph D' mit $d^+(x,D') = d^-(x,D')$ für alle $x \in E(D')$. Daher besitzt D' nach Satz 3.8 eine orientierte Eulertour, die o.B.d.A. die Gestalt

$$Z = (a, ..., b, k_1, a, ..., b, k_2, a, ..., b, k_p, a, ..., a)$$

haben möge. Dieser Darstellung von Z entnehmen wir, daß es in D mindestens p bogendisjunkte orientierte Kantenzüge von a nach b gibt, aus denen man p bogendisjunkte orientierte Wege von a nach b auswählen kann. ||

Umfassende Informationen zur Theorie der Eulerschen Graphen findet man bei Fleischner [1] 1983 und vor allen Dingen in dem gerade erschienenen Werk "Eulerian Graphs and Related Topics" von Fleischner [2] 1990.

3.2 Das chinesische Briefträgerproblem

Ein Briefträger verläßt sein Postamt, durchläuft die Straßen seines Zustellbereiches mindestens einmal und kehrt am Ende seines Rundganges zum Ausgangspunkt zurück. Welche Tour hat er zu wählen, damit seine Gesamtstrecke so kurz wie möglich ist.
Graphentheoretisch können wir dieses Problem wie folgt formulieren.

Das chinesische Briefträgerproblem. Es sei $G = (E, K, \rho)$ ein zusammenhängender, bewerteter Graph mit $\rho(k) \geq 0$ für alle Kanten $k \in K$. Gesucht wird eine geschlossene Kantenfolge Z von minimaler Gesamtlänge mit $K(Z) = K$. Eine solche Kantenfolge nennen wir *optimal.*

Der Name dieses Problems weist auf den chinesischen Mathematiker Kuan [1] hin, der sich 1962 als erster mit diesem Gegenstand beschäftigt hat.

Zur Lösung des chinesischen Briefträgerproblems unterscheiden wir zwei Fälle.

1. Fall: G ist ein Eulerscher Graph.
Ist G ein Eulerscher Graph, so ist natürlich jede Eulertour optimal, womit in diesem Fall das chinesische Briefträgerproblem theoretisch gelöst ist.
Offen bleibt die Frage, wie man in einem Eulerschen Graphen eine Eulertour möglichst effizient konstruiert. Einen Hinweis auf eine solche Konstruktion gibt uns der Beweis von Satz 3.1. Daher wollen wir den folgenden Algorithmus nach Hierholzer benennen.

6. Algorithmus

Bestimmung einer Eulertour nach Hierholzer

Es sei G ein Eulerscher Graph. Man wähle eine beliebige Ecke x_1 und konstruiere von x_1 ausgehend einen Kantenzug Z_1 von G, den man nicht mehr fortsetzen kann. Da jeder Eckengrad von G gerade ist, besitzt Z_1 den Endpunkt x_1. Ist Z_1 eine Eulertour von G, so ist man fertig.

Ist Z_1 keine Eulertour von G, so setze man $G_1 = G - K(Z_1)$. Da G zusammenhängend ist, existiert eine Ecke $x_2 \in E(Z_1)$, die mit einer Kante aus G_1 inzidiert. Von x_2 ausgehend konstruiere man einen Kantenzug Z_2 von G_1, den man nicht mehr fortsetzen kann. Die beiden geschlossenen Kantenzüge Z_1 und Z_2 setze man zu einem geschlossenen Kantenzug von G wie folgt zusammen. Man beginne in x_1, laufe entlang Z_1 bis x_2, durchlaufe nun ganz Z_2 bis x_2, und dann durchlaufe man die noch verbliebenen Kanten von Z_1 bis x_1.
Setzt man dieses Verfahren fort, so erhält man nach endlich vielen Schritten eine Eulertour von G.

Die Korrektheit des 6. Algorithmus ergibt sich unmittelbar aus den vorangegangenen Untersuchungen.

Bemerkung 3.7 Der 6. Algorithmus läßt sich entsprechend modifiziert auch auf Eulersche Digraphen anwenden.

Ohne Beweis wollen wir einen zweiten Algorithmus zur Bestimmung einer Eulertour vorstellen, der nach Lucas [1] auf Fleury zurückgeht.

7. Algorithmus

Fleurys Algorithmus

Es sei G ein Eulerscher Graph.

i) Man wähle eine beliebige Ecke x_0 und setze $Z_0 = (x_0)$.

ii) Hat man den Kantenzug $Z_p = (x_0, k_1, x_1, ..., k_p, x_p)$ bestimmt, so wähle man eine Kante $k_{p+1} \in K(G) - K(Z_p)$ nach folgender Vorschrift und verlängere Z_p durch k_{p+1} zu einem Kantenzug Z_{p+1}.

   a) Die Kante k_{p+1} inzidiert mit x_p.

   b) Die Kante k_{p+1} ist nur dann eine Brücke von $G - K(Z_p)$, wenn es keine andere Möglichkeit gibt.

iii) Man stoppe den Algorithmus, wenn man ii) nicht mehr durchführen kann.

Beweise für den 7. Algorithmus findet man z.B. in den Büchern von Bondy und Murty [1] oder Chartrand und Lesniak [1].

Bemerkung 3.8 Die Schwierigkeit beim 7. Algorithmus liegt darin, zu erkennen, ob k_{p+1} eine Brücke des Restgraphen $G - K(Z_p)$ ist. Bei skizzierten Graphen ist dies zwar einfach, aber bei Graphen, die durch ihre Adjazenzmatrizen gegeben sind, ist dies relativ aufwendig.

2. Fall: G ist kein Eulerscher Graph.
Ist der Graph G zusammenhängend, aber nicht Eulersch, so müssen einige Kanten mehrmals durchlaufen werden, um das chinesische Briefträgerproblem zu lösen. Der folgende Satz liefert eine Möglichkeit, in einem nicht Eulerschen Graphen, eine optimale Kantenfolge zu konstruieren.

Satz 3.12 Es sei $G = (E, K, \rho)$ ein nicht trivialer, zusammenhängender, bewerteter und nicht Eulerscher Graph mit $\rho(k) > 0$ für alle $k \in K$. Sind $a_1, ..., a_{2p}$ die Ecken ungeraden Grades von G, so berechne man die Längen $d_\rho(a_i, a_j)$ für $1 \leq i < j \leq 2p$ und setze

$$L = \min\left\{\sum_{i=1}^{p} d_\rho(x_i, x_i') \,\middle|\, \bigcup_{i=1}^{p}\{x_i, x_i'\} = \{a_1, ..., a_{2p}\}\right\}.$$

Fügt man die dem Minimum L entsprechenden p Wege zu G hinzu, so entsteht ein bewerteter Eulerscher Graph H, dessen Eulertour eine optimale Kantenfolge in G induziert.

Beweis. Nach Konstruktion ist der bewertete Graph H Eulersch. Nun sei $G' = (E, K')$ ein beliebiger Eulerscher Graph, der aus G durch Vervielfachung von Kanten (gleicher Bewertung) entstanden ist und $K^* = K' - K$. Da wir $\rho(H) \leq \rho(G')$ zu zeigen haben, genügt es $L \leq \rho(K^*)$ nachzuweisen. Setzen wir $G^* = G[K^*] = (E^*, K^*)$, so gilt für alle $x \in E^*$

$$d(x, G^*) = d(x, G') - d(x, G),$$

womit G^* nach Satz 3.1 genau die Ecken $a_1, ..., a_{2p}$ ungeraden Grades besitzt. Mit $G_1^*, ..., G_r^*$ bezeichnen wir alle Komponenten von G^*, in denen sich Ecken ungeraden Grades befinden. Nach Satz 3.3 lassen sich diese r Komponenten in p offene Kantenzüge $Z_1, ..., Z_p$ zerlegen, deren Anfangs- und Endpunkte die Ecken $a_1, ..., a_{2p}$ sind. Haben die Kantenzüge die Form $Z_i = (u_i, ..., v_i)$ für $1 \leq i \leq p$, so folgt

$$\rho(K^*) = \sum_{k \in K^*} \rho(k) \geq \sum_{i=1}^{p} \rho(Z_i) \geq \sum_{i=1}^{p} d_\rho(u_i, v_i) \geq L,$$

wobei sich die Abstände $d_\rho(u_i, v_i)$ auf den Ausgangsgraphen G beziehen. ||

Bemerkung 3.9 Benutzt man zur Lösung des chinesischen Briefträgerproblems die in Satz 3.12 vorgestellte Methode, so kann man zur Berechnung der Größen $d_\rho(a_i, a_j)$ den 2. Algorithmus von Dantzig und Dijkstra verwenden. Diesen muß man genau $\binom{2p}{2}$ mal anwenden, so daß der Rechenaufwand polynomial bleibt. Das Minimum L muß man aber unter $1 \cdot 3 \cdot 5 \cdot \ldots \cdot (2p-1)$ möglichen Kombinationen herausfinden, womit der gesamte Rechenaufwand nicht mehr polynomial in $n = n(G)$ ist.
Ein erster effektiver Algorithmus zur Lösung des chinesischen Briefträgerproblems wurde 1973 von Edmonds und Johnson [1] gegeben. Der an diesem schwierigen Algorithmus interessierte Leser vgl. z.B. Papadimitriou und Steiglitz [1], Lovász und Plummer [1] oder Jungnickel [1].

3.3 Hamiltonsche Graphen

Definition 3.4 Existiert in einem Graphen G ein Weg W mit der Eigenschaft $E(W) = E(G)$, so heißt G *semi-Hamiltonscher Graph* und W *Hamiltonscher Weg*. Existiert in G ein Kreis C mit $E(C) = E(G)$, so heißt C *Hamiltonkreis* und G *Hamiltonscher Graph*.
Existiert in einem Digraphen D ein orientierter Weg W mit der Eigenschaft $E(W) = E(D)$, so heißt D *semi-Hamiltonscher Digraph* und W *orientierter Hamiltonscher Weg*. Existiert in D ein orientierter Kreis C mit $E(C) = E(D)$, so heißt C *orientierter Hamiltonkreis* und D *Hamiltonscher Digraph*.

Bemerkung 3.10 Jeder Hamiltonsche Graph (Digraph) ist ein semi-Hamiltonscher Graph (Digraph).

Mit dem Satz 3.1 haben wir ein einfaches notwendiges und hinreichendes Kriterium für Eulersche Graphen gegeben. Obwohl die Definitionen der Eulerschen und Hamiltonschen Graphen gewisse Ähnlichkeiten aufweisen, führt die Frage nach einer befriedigenden Charakterisierung der Hamiltonschen Graphen auf eines der klassischen NP-vollständigen Probleme. Daher werden wir nur ein notwendiges und einige hinreichende Kriterien für Hamiltonsche Graphen herleiten.

Zunächst erwähnen wir zwei am meisten untersuchte Beispiele Hamiltonscher Graphen.

Beispiel 3.1 Im Jahre 1859 hat *Sir William Hamilton* (1805 – 1865), in der reinen Mathematik durch die Einführung der Quaternionen bekannt geworden, ein Spiel herausgegeben, das u. a. die Auffindung eines Hamiltonkreises für das skizzierte *Dodekaeder* verlangt (man vgl. Aufgabe 3.7).

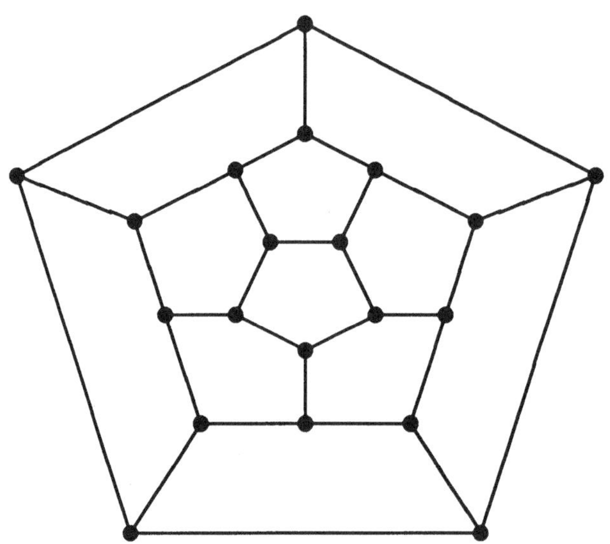

Beispiel 3.2 Auch das uralte und vielbehandelte *Problem des Rösselsprunges* auf dem Schachbrett ist gleichbedeutend mit dem Auffinden eines Hamiltonkreises in einem speziellen Graphen. Dabei handelt es sich um folgendes Problem. Man soll mit dem Springer alle Felder des Schachbretts genau einmal in einem kontinuierlichen Zuge erreichen und zum Anfangsfeld zurückkehren.
Wir definieren den *Rösselsprunggraphen* $R(8)$ wie folgt. Jedem der $8 \times 8 = 64$ Felder lassen wir eine Ecke von $R(8)$ entsprechen und verbinden zwei Ecken durch eine Kante genau dann, wenn zwischen den entsprechenden zwei Feldern ein Springerzug möglich ist. Das Rösselsprungproblem ist äquivalent damit, in $R(8)$ einen Hamiltonkreis zu finden. Eine von Euler stammende Lösung geben wir in gewohnter Darstellung und verzichten darauf, den Graphen $R(8)$ und einen Hamiltonkreis zu skizzieren, was wegen der 168 Kanten auch wenig durchsichtig wäre.

58	43	60	37	52	41	62	35
49	46	57	42	61	36	53	40
44	59	48	51	38	55	34	63
47	50	45	56	33	64	39	54
22	7	32	1	24	13	18	15
31	2	23	6	19	16	27	12
8	21	4	29	10	25	14	17
3	30	9	20	5	28	11	26

Satz 3.13 Ist G ein Hamiltonscher Graph, so gilt für alle $S \subseteq E(G)$ mit $S \neq \emptyset$

$$\kappa(G - S) \leq |S|. \tag{3.2}$$

Beweis. Es sei C ein Hamiltonkreis von G und $S = \{x_1, ..., x_p\}$. Dann ist $C - \{x_1\}$ ein Weg, und der Graph $C - \{x_1, x_2\}$ besteht aus höchstens zwei Wegen. Induktiv erkennt man, daß $C - \{x_1, ..., x_p\}$ aus höchstens p Wegen besteht, womit wir $\kappa(C - S) \leq |S|$ nachgewiesen haben. Unsere Behauptung folgt sofort aus der Ungleichung

$$\kappa(G - S) \leq \kappa(C - S) \leq |S|. \quad \|$$

Definition 3.5 Nach Chvátal [1] 1973 heißt ein Graph G *1-tough*, falls er für jede nicht leere Teilmenge $S \subseteq E(G)$ die Bedingung (3.2) erfüllt.

Bemerkung 3.11 Der K_2 und der im Abschnitt 11.1 skizzierte Petersensche Graph sind 1-tough, aber nicht Hamiltonsch.

Analog zum Satz 3.13 beweist man das entsprechende Ergebnis für semi-Hamiltonsche Graphen.

Satz 3.14 Ist G ein semi-Hamiltonscher Graph, so gilt für alle $S \subseteq E(G)$

$$\kappa(G - S) \leq |S| + 1.$$

Beispiel 3.3 Ist G der links skizzierte Graph, so hat der Teilgraph $G' = G - \{x, y, z\}$ die rechts skizzierte Gestalt. Nach Satz 3.13 ist G nicht Hamiltonsch, denn es gilt $\kappa(G') = 4 > 3 = |\{x, y, z\}|$.

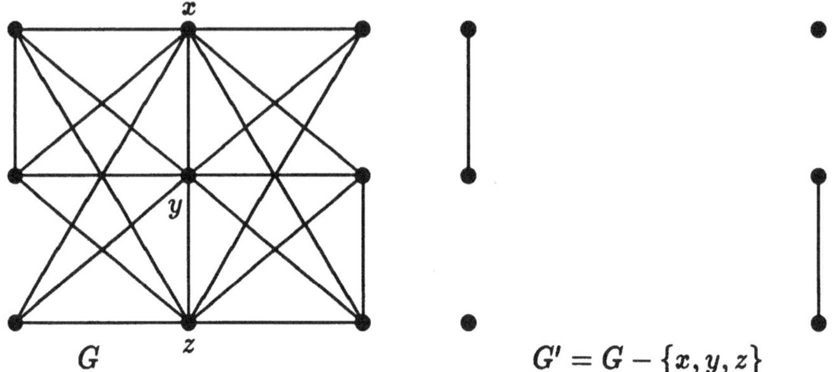

Das erste und wohl bekannteste hinreichende Kriterium für Hamiltonsche Graphen geht auf Dirac [2] 1952 zurück.

Satz 3.15 (Dirac [2] 1952) Ist G ein schlichter Graph mit $n(G) \geq 3$ und $2\delta(G) \geq n(G)$, so ist G Hamiltonsch.

Dieses Kriterium wurde 1960 von Ore [3] durch folgendes Resultat verallgemeinert.

Satz 3.16 (Ore [3] 1960) Ist G ein schlichter Graph der Ordnung $n(G) \geq 3$, und gilt für alle nicht adjazenten Ecken x, y die Ungleichung $d(x, G) + d(y, G) \geq n(G)$, so ist G Hamiltonsch.

Die Sätze von Dirac und Ore sind eine leichte Folgerung aus einem allgemeinen Prinzip von Bondy und Chvátal [1] 1976.

Satz 3.17 (Bondy, Chvátal [1] 1976) Ist G ein schlichter Graph, und erfüllen zwei nicht adjazente Ecken $a, b \in E(G)$ die Bedingung $d(a, G) + d(b, G) \geq n(G)$, so ist G genau dann Hamiltonsch, wenn $G + ab$ Hamiltonsch ist.

Beweis. Ist G Hamiltonsch, so ist natürlich auch $G + ab$ Hamiltonsch. Nun sei umgekehrt $G + ab$ Hamiltonsch, C ein Hamiltonkreis in $G + ab$ und $n = n(G)$. Ist $ab \notin K(C)$, so ist auch G Hamiltonsch. Ist $ab \in K(C)$, so besitzt G einen Hamiltonschen Weg $(a, x_1, ..., x_{n-2}, b)$. Mit der Voraussetzung $d(a, G) + d(b, G) \geq n$ folgt ohne Mühe die Existenz einer Zahl $p \in \{1, ..., n-3\}$ mit $ax_{p+1} \in K(G)$ und $bx_p \in K(G)$. Dann ist aber

$$(a, x_1, ..., x_p, b, x_{n-2}, x_{n-3}, ..., x_{p+1}, a)$$

ein Hamiltonkreis in G.
Wir weisen noch die Existenz einer solchen Zahl p nach. Dazu setzen wir

$$\begin{aligned} A &= \{i \mid 1 \leq i \leq n-3 \text{ mit } ax_{i+1} \in K(G)\}, \\ B &= \{i \mid 1 \leq i \leq n-3 \text{ mit } bx_i \in K(G)\}. \end{aligned}$$

Es gilt $|A| = d(a,G) - 1$ und $|B| = d(b,G) - 1$, also $|A| + |B| \geq n-2$. Wegen $A, B \subseteq \{1, ..., n-3\}$ ergibt sich daraus $A \cap B \neq \emptyset$. ||

Beweis von Satz 3.16. Wegen $d(x,G) + d(y,G) \geq n(G)$ für alle nicht adjazenten Ecken von G kann man nach Satz 3.17 diese Ecken paarweise miteinander durch eine Kante verbinden, ohne dabei die Eigenschaft, daß die Graphen Hamiltonsch sind, zu verändern. Da der vollständige Graph K_n natürlich Hamiltonsch ist, haben wir Satz 3.16 vollständig bewiesen. ||

Ohne Beweise geben wir noch einige Erweiterungen und Verbesserungen der Ergebnisse von Dirac und Ore an.

Satz 3.18 (Jung [2] 1978) Es sei G ein schlichter Graph mit $n(G) \geq 11$. Ist G 1-tough, und gilt für alle nicht adjazenten Ecken x, y die Ungleichung $d(x,G) + d(y,G) \geq n(G) - 4$, so ist G Hamiltonsch.

Satz 3.19 (Fan [1] 1984) Es sei G ein schlichter und 2-fach eckenzusammenhängender Graph (man vgl. Definition 12.1) mit $n(G) \geq 3$. Gilt für alle Ecken x, y mit $d_G(x,y) = 2$ die Bedingung

$$\max\{d(x,G), d(y,G)\} \geq \frac{1}{2} n(G),$$

so ist G Hamiltonsch.

Satz 3.20 (Broersma [1] 1988) Es sei G ein schlichter Graph mit $n(G) \geq 3$. Weiter sei G 1-tough, und es gelte für alle paarweise nicht adjazenten Ecken x, y, z die Ungleichung

$$d(x,G) + d(y,G) + d(z,G) \geq n(G).$$

Ist darüber hinaus für alle Ecken a, b mit $d_G(a,b) = 2$ die Bedingung

$$\max\{d(a,G), d(b,G)\} \geq \frac{1}{2}(n(G) - 4)$$

erfüllt, so ist G Hamiltonsch.

Im Jahre 1960 hat Ghouila-Houri [1] den Satz von Dirac auf Digraphen erweitert. Wir beweisen hier den folgenden Spezialfall dieses Resultats (man vgl. Bondy und Murty [1], S. 178).

Satz 3.21 (Ghouila-Houri [1] 1960) Ist D ein schlichter Digraph mit

$$\min\{\delta^+(D), \delta^-(D)\} \geq \frac{1}{2}n(D) > 1,$$

so ist D Hamiltonsch.

Beweis. Wir setzen $n = n(D)$ und nehmen an, daß D keinen orientierten Hamiltonkreis besitzt. Ist $C = (x_1, ..., x_t, x_1)$ ein längster orientierter Kreis der Länge $L(C) = t$ in D, so folgt aus Satz 1.16 und unseren Voraussetzungen $t > \frac{1}{2}n$. Nun sei $W = (y_1, ..., y_{r+1})$ ein längster orientierter Weg in $D - E(C)$ von $a = y_1$ nach $b = y_{r+1}$ der Länge $L(W) = r$. Dann gilt natürlich $t + r + 1 \leq n$ und $r < \frac{1}{2}n$. Setzen wir

$$A = \{i | (x_{i-1}, a) \in B(D)\} \quad \text{und} \quad B = \{i | (b, x_i) \in B(D)\}$$

(mit $x_0 = x_t$), so sind die Mengen A und B disjunkt. Denn läge ein i in A und B, so wäre der orientierte Kreis

$$(x_{i-1}, a, y_2, ..., y_r, b, x_i, x_{i+1}, ..., x_t, x_1, ..., x_{i-1})$$

länger als C, was unserer Annahme widerspricht.
Mit der Tatsache, daß W ein längster Weg in $D - E(C)$ ist, erhält man $N^-(a, D) \subseteq E(W) \cup E(C)$. Wegen der Schlichtheit von D ergibt sich daraus $d^-(a, D) \leq r + |A|$. Zusammen mit $d^-(a, D) \geq \frac{1}{2}n$ folgt dann die Ungleichung

$$|A| \geq \frac{1}{2}n - r. \tag{3.3}$$

Mit analogen Argumenten zeigt man

$$|B| \geq \frac{1}{2}n - r. \tag{3.4}$$

Addiert man (3.3) und (3.4), so erhält man zusammen mit $n \geq t+r+1$ und $A \cap B = \emptyset$

$$|A \cup B| = |A| + |B| \geq t - r + 1. \tag{3.5}$$

Da $r < \frac{1}{2}n$ gilt, zeigen uns (3.3) und (3.4), daß weder A noch B leer ist. Daher können wir zwei natürliche Zahlen i und j mit $i \in A$ und $i + j \in B$ so wählen, daß

$$i + s \notin A \cup B \text{ für } 1 \leq s < j \tag{3.6}$$

gilt, wobei die Additionen modulo t zu verstehen sind (der Fall $j = 1$ bedeutet $i \in A$ und $i + 1 \in B$). Aus $|A \cup B| \leq t$, (3.5) und (3.6) folgt $j \leq r$. Daher hat der orientierte Kreis

$$(x_{i+j}, x_{i+j+1}, ..., x_{i-1}, a, y_1, ..., y_r, b, x_{i+j})$$

die Länge $t - (j + 1) + r + 2 = t + r + 1 - j > L(C)$, was nach der Wahl von C aber nicht möglich ist. ||

Weitere Ergebnisse über Hamiltonsche Graphen befinden sich im Abschnitt 12.4.

3.4 Turniere

Definition 3.6 Eine beliebige Orientierung des vollständigen Graphen K_n heißt *n-Turnier* oder *Turnier*. Ein n-Turnier bezeichnen wir im allgemeinen mit T_n.

Satz 3.22 (Rédei [1] 1934) Jedes Turnier T_n besitzt einen orientierten Hamiltonschen Weg.

Beweis. Wir geben einen konstruktiven Beweis, der uns gleichzeitig einen guten Algorithmus zur Bestimmung eines orientierten Hamiltonschen Weges liefert. Ist $W = (a_1, ..., a_p)$ ein orientierter Weg in $T_n = (E, B)$, so heißt W *gesättigt*, wenn es für alle $b \in E - E(W)$ weder einen Bogen (b, a_1) noch einen Bogen (a_p, b) in T_n gibt. Es ist leicht, sich einen gesättigten orientierten Weg $W = (a_1, ..., a_p)$ in T_n zu beschaffen. Ist W kein orientierter Hamiltonscher Weg, so werden wir aus W einen gesättigten orientierten Weg W_1 konstruieren, dessen Länge um eins größer ist, als die Länge von W.
Ist W kein orientierter Hamiltonscher Weg, so existiert eine Ecke $b \in E - E(W)$. Da wir W als gesättigt vorausgesetzt haben, und T_n ein Turnier ist, gilt $(a_1, b) \in B$ und $(b, a_p) \in B$. Setzt man

$$j = \max_{1 \leq i < p} \{i | (a_i, b) \in B\},$$

so ist

$$W_1 = (a_1, ..., a_j, b, a_{j+1}, ..., a_p)$$

ein gesättigter orientierter Weg mit $L(W_1) = L(W) + 1$. ||

Ist $n > 2$, so gibt es eine Vielzahl nicht isomorpher n-Turniere, deren genaue Anzahl nur in Spezialfällen bekannt ist. Im Fall $n = 3$ existieren genau zwei nicht isomorphe 3-Turniere, die besonders ausgezeichnet werden.

Definition 3.7 Es gibt genau die beiden skizzierten nicht isomorphen 3-Turniere.

I. heißt *zyklisches 3-Turnier* oder *Dreikreis.*
II. heißt *transitives 3-Turnier.*
Ein Turnier T_n mit $n \geq 3$ heißt *transitiv*, wenn jedes 3-Unterturnier transitiv ist.

Satz 3.23 Ist $T_n = (E, B)$ ein Turnier mit $n \geq 3$, so sind folgende Aussagen äquivalent:

i) T_n besitzt keinen orientierten Kreis.

ii) T_n ist transitiv.

iii) Sind x und y zwei verschiedene Ecken des Turniers, so gilt

$$d^+(x, T_n) \neq d^+(y, T_n).$$

iv) Sind x und y zwei verschiedene Ecken des Turniers, so gilt

$$d^-(x, T_n) \neq d^-(y, T_n).$$

v) Es gibt eine eindeutige Numerierung $x_0, ..., x_{n-1}$ der Ecken von T_n mit

$$d^+(x_i, T_n) = i \quad \text{für} \quad 0 \leq i \leq n-1.$$

vi) T_n besitzt genau einen orientierten Hamiltonschen Weg.

Beweis. Aus i) folgt ii). Da T_n keinen orientierten Kreis besitzt, ist jedes 3-Unterturnier transitiv.
Aus ii) folgt iii). Es gelte o.B.d.A. $(x,y) \in B$, und es sei $d^+(y,T_n) = p$. Ist $p = 0$, so ist man fertig. Ist $p > 0$ und $N^+(y) = \{a_1,...,a_p\}$, so gilt wegen der Transitivität $(x,a_i) \in B$ für alle $i = 1,...,p$ und damit

$$d^+(x,T_n) \geq p+1 > p = d^+(y,T_n).$$

iii) ist äquivalent mit iv). Wegen $d^+(x,T_n) + d^-(x,T_n) = n-1$ für alle $x \in E$ ist iii) äquivalent mit iv).
Aus iii) folgt v). Wegen $0 \leq d^+(x,T_n) \leq n-1$ für alle Ecken x und iii) muß man den n Ecken von T_n genau n paarweise verschiedene ganze Zahlen zwischen 0 und $n-1$ zuordnen. Dies ist aber nur auf die in v) angegebene Art möglich.
Aus v) folgt vi). Wegen $d^+(x_{n-1},T_n) = n-1$ ergibt sich notwendig $(x_{n-1},x_i) \in B$ für alle $i = 0,...,n-2$. Wegen $d^+(x_{n-2},T_n) = n-2$ ergibt sich dann notwendig $(x_{n-2},x_i) \in B$ für alle $i = 0,...,n-3$ usw. Insgesamt erhalten wir dadurch $\frac{1}{2}n(n-1)$ Bogen des Turniers, womit wir aber alle Bogen von T_n bestimmt haben. Dies bedeutet, daß (x_i,x_j) kein Bogen des Turniers ist, wenn $i < j$ gilt. Somit ist $W = (x_{n-1},...,x_0)$ der einzige orientierte Hamiltonsche Weg von T_n.
Aus vi) folgt i). Es sei $W = (a_n,...,a_1)$ der eindeutige orientierte Hamiltonsche Weg des Turniers. Wir zeigen, daß es dann keinen Bogen (a_i,a_j) mit $i < j$ gibt.
Angenommen, dies ist nicht der Fall. Dann wählen wir eine Ecke a_j mit dem größten Index, zu der ein Bogen von einer Ecke mit kleinerem Index führt. Zu diesem fest gewähltem j wählen wir danach $i < j$ minimal mit der Eigenschaft $(a_i,a_j) \in B$. Durch die Wahl von j und i folgt $(a_{j+1},a_{j-1}) \in B$, falls $j \neq n$ und $(a_j,a_{i-1}) \in B$, falls $i \neq 1$. Daraus ergibt sich ein von W verschiedener orientierter Hamiltonscher Weg, der sich aus den folgenden orientierten Wegen zusammensetzt:

$$(a_n,...,a_{j+1}),\ (a_{j+1},a_{j-1}),\ (a_{j-1},...,a_i),\ (a_i,a_j),\ (a_j,a_{i-1}),\ (a_{i-1},...,a_1)$$

Im Fall $j = n$ fallen die ersten beiden und im Fall $i = 1$ die letzten beiden orientierten Wege weg.
Gäbe es in T_n einen orientierten Kreis, so müßte aber notwendig ein Bogen (a_i,a_j) in B existieren mit $i < j$. ||

Satz 3.24 (Moon [1] 1966) Es sei $T_n = (E, B)$ ein stark zusammenhängendes Turnier mit $n \geq 3$. Ist p eine natürliche Zahl mit $3 \leq p \leq n$, so liegt jede Ecke von T_n auf einem orientierten Kreis der Länge p.

Beweis. Wir führen den Beweis durch vollständige Induktion nach p. Ist $a \in E$, so zeigen wir zunächst, daß a auf einem Dreikreis liegt. Da T_n stark zusammenhängend ist, gilt $N^+(a), N^-(a) \neq \emptyset$. Darüber hinaus gibt es wegen des starken Zusammenhangs ein $x \in N^+(a)$ und ein $y \in N^-(a)$ mit $(x, y) \in B$. Damit ist aber $C = (a, x, y, a)$ ein Dreikreis durch die Ecke a.
Nun liege die Ecke a auf einem orientierten Kreis $C = (a_0, a_1, ..., a_p)$ mit $a_0 = a_p = a$ der Länge p mit $3 \leq p < n$. Wir werden zeigen, daß a dann auch auf einem orientierten Kreis der Länge $p + 1$ liegt. Dazu unterscheiden wir zwei Fälle.
1. Fall: Es existiert eine Ecke $b \in E - E(C)$ mit folgenden beiden Eigenschaften:

i) Es gibt eine Ecke (o.B.d.A. a_0) in $E(C)$ mit $(a_0, b) \in B$.
ii) Es gibt eine Ecke $a_j \neq a_0$ in $E(C)$ mit $(b, a_j) \in B$. (Dabei sei j der kleinste Index mit dieser Eigenschaft.)

In diesem Fall ist

$$(a_0, ..., a_{j-1}, b, a_j, ..., a_p)$$

ein orientierter Kreis der Länge $p + 1$ durch die Ecke a.
2. Fall: Es gibt keine Ecke $b \in E - E(C)$ mit den Eigenschaften i) und ii) aus dem 1. Fall. Dann zerfällt $E - E(C)$ wegen des starken Zusammenhangs in die beiden nicht leeren und disjunkten Teilmengen $M^+(C)$ und $M^-(C)$, die folgendermaßen definiert sind:
Von jeder Ecke aus $E(C)$ führt zu jeder Ecke von $M^+(C)$ ein Bogen des Turniers.
Von jeder Ecke aus $M^-(C)$ führt zu jeder Ecke von $E(C)$ ein Bogen des Turniers.
Da $M^+(C), M^-(C) \neq \emptyset$ gilt, existiert wegen des starken Zusammenhangs ein $x \in M^+(C)$ und ein $y \in M^-(C)$ mit $(x, y) \in B$. Daraus ergibt sich der folgende orientierte Kreis der Länge $p + 1$ durch die Ecke $a = a_0 = a_p$:

$$(a_0, x, y, a_2, a_3, ..., a_p) \quad ||$$

Folgerung 3.2 (Camion [1] 1959) Ein Turnier T_n mit $n \geq 3$ ist genau dann stark zusammenhängend, wenn es Hamiltonsch ist.

Weitere Resultate über Turniere kann man z.B. bei Beineke und Reid [1] 1978 oder Moon [2] 1968 nachlesen. Eine hochinteressante Verallgemeinerung des Turnierbegriffes hat kürzlich Bang-Jensen [1] 1990 entwickelt.

3.5 Aufgaben

Aufgabe 3.1 a) Kann ein Eulerscher Graph eine Brücke besitzen?
b) Kann ein schlichter, semi-Eulerscher Graph G mit $\delta(G) \geq 2$ eine Brücke besitzen?

Aufgabe 3.2 Es sei k eine Kante des vollständigen Graphen K_n. Für welche $n \geq 3$ ist der Graph $K_n - k$ semi-Eulersch?

Aufgabe 3.3 Man skizziere einen Eulerschen Graphen G mit minimaler Kanten- und Eckenzahl, der den Bedingungen $n(G)$ gerade und $m(G)$ ungerade genügt.

Aufgabe 3.4 Es sei G ein nicht trivialer und zusammenhängender Graph. Man zeige, daß G eine Orientierung D besitzt, die für alle $x \in E(D)$ die Bedingung $|d^+(x, D) - d^-(x, D)| \leq 1$ erfüllt.

Aufgabe 3.5 Es sei G ein Eulerscher Graph mit einer ungeraden Anzahl von Kanten $m(G)$, und die Menge $A \subseteq E(G)$ sei definiert durch

$$A = \{x | x \in E(G) \text{ mit } d(x, G)/2 \text{ ungerade}\}.$$

Man beweise, daß $|A|$ ungerade ist.

Aufgabe 3.6 Man bestimme alle nicht isomorphen, schlichten Graphen G mit $n(G) = 13$ und $m(G) = 14$, die aus drei Komponenten G_1, G_2 und G_3 bestehen, die den folgenden Bedingungen genügen:
i) G_1 ist Eulersch mit $\Delta(G_1) \geq 4$.
ii) $\mu(G_2) = 0$ und G_2 besitzt genau drei Endecken.
iii) $\nu(G_3) = 3$.

Aufgabe 3.7 Man gebe für das im Beispiel 3.1 skizzierte Dodekaeder einen Hamiltonschen Kreis an.

Aufgabe 3.8 Es sei G ein Graph der Ordnung $n \geq 8$ mit $\mu(G) = 6$. Für die Ecken $x_1, ..., x_8 \in E(G)$ gelte $d(x_1, G) = 6$, $d(x_2, G) = 4$ und $d(x_i, G) = 3$ $(i = 3, ..., 8)$. Erfüllen die restlichen Ecken, also die Ecken $x \in E(G) - \{x_1, ..., x_8\}$, die Bedingung $d(x, G) \leq 2$, so zeige man, daß G nicht Hamiltonsch ist.

Aufgabe 3.9 Man bestimme alle nicht isomorphen, schlichten Graphen G mit $m(G) = 19$, die aus drei Komponenten G_1, G_2 und G_3 bestehen, die den folgenden Bedingungen genügen:
i) $|\Gamma(G_1)| = 1$.
ii) $\nu(G_2) = 2$.
iii) G_3 ist Eulersch und Hamiltonsch mit $\Delta(G_3) \geq 3$.

Aufgabe 3.10 Es sei G ein schlichter Graph mit $n(G) = n \geq 6$, $m(G) \geq n + \frac{1}{4}n^2$ und $\delta(G) \geq \Delta(G) - 2$. Man zeige, daß G Hamiltonsch ist.

Aufgabe 3.11 Man beweise die Sätze 3.8 und 3.9.

Aufgabe 3.12 Man definiere und charakterisiere *gute Ecken* in Eulerschen Digraphen (man vgl. Definition 3.2 und die Sätze 3.5 - 3.7).

Aufgabe 3.13 Es sei T_n ein Turnier der Ordnung $n \geq 4$, das genau zwei starke Zusammenhangskomponenten D_1 und D_2 besitzt. Mit L_n bezeichnen wir die Länge des längsten Kreises von T_n.
a) Man zeige $L_n \geq \lceil \frac{n}{2} \rceil$.
b) Für alle $n \geq 6$ gebe man Beispiele mit $L_n = \lceil \frac{n}{2} \rceil$ an.
c) Man zeige, daß b) für $n = 4$ bzw. $n = 5$ nicht möglich ist.

Aufgabe 3.14 Es sei K_n ein vollständiger Graph mit $n \geq 7$ und k, l zwei verschiedene Kanten aus K_n. Welche Bedingungen muß man an k, l und n stellen, damit der Graph $K_n - \{k, l\}$ eine semi-Eulersche Orientierung besitzt?

Aufgabe 3.15 Es sei T_n ein Turnier der Ordnung $n \geq 3$. Man beweise oder widerlege:
a) Liegt jede Ecke von T_n auf einem orientierten Kreis, so ist das Turnier stark zusammenhängend.
b) Liegt jeder Bogen von T_n auf einem orientierten Kreis, so besitzt das Turnier einen orientierten Hamiltonkreis.

Aufgabe 3.16 Es sei T_n ein Turnier der Ordnung $n \geq 3$. Man beweise oder widerlege:
a) Liegt jede Ecke von T_n auf einem orientierten Kreis der Länge $> \frac{n}{2}$, so besitzt das Turnier einen orientierten Hamiltonschen Kreis.
b) Ist T_n nicht transitiv, und ist k ein Bogen von T_n, so besitzt der Digraph $T_n - k$ einen orientierten Hamiltonschen Weg.

Aufgabe 3.17 Für $n \in \mathbb{N}$ sei $R(n)$ der allgemeine *Rösselsprunggraph* (man vgl. Beispiel 3.2).
a) Für welche n ist $R(n)$ zusammenhängend?
b) Man beweise für die Anzahl m der Kanten von $R(n)$ die Identität $m = 4(n-1)(n-2)$.

Aufgabe 3.18 Bezeichnen wir die n^2 Ecken von $R(n)$ mit (i,j) für $1 \leq i,j \leq n$, so zeige man:
a) $R(3) - (2,2)$ ist Hamiltonsch.
b) $R(4)$ ist nicht semi-Hamiltonsch.
c) $R(5)$ ist nicht Hamiltonsch.
d) $R(5) - (1,1)$ ist Hamiltonsch.
e) $R(5)$ ist semi-Hamiltonsch.

Aufgabe 3.19 Im Zusammenhang mit Satz 3.12 zeige man, daß die p Wege, die man zu G hinzufügt, um eine optimale Kantenfolge zu erhalten, paarweise kantendisjunkt sind.

Aufgabe 3.20 Man beweise Bemerkung 3.11.

Aufgabe 3.21 Man beweise Satz 3.14.

Aufgabe 3.22 Man zeige, daß jeder Eulersche Graph das homomorphe Bild eines Kreises ist.

Aufgabe 3.23 Man beweise die Korrektheit des 7. Algorithmus.

Aufgabe 3.24 Sind G und G' zwei Graphen und $(f,F) : G' \longrightarrow G$ ein Homomorphismus mit f surjektiv und F injektiv, so zeige man, daß G Eulersch ist, falls G' Eulersch ist.

Aufgabe 3.25 Man zerlege den K_{2p+1} in p kantendisjunkte Hamiltonkreise.

Kapitel 4

Matchingtheorie

4.1 Gesättigte und maximale Matchings

Definition 4.1 Ist G ein Graph, so nennt man eine Kantenmenge $M \subseteq K(G)$ *Matching* von G, wenn M keine Schlingen enthält und keine zwei Kanten aus M inzident sind. Ein Matching M_0 von G heißt *gesättigt*, wenn es in G kein Matching M gibt mit $M_0 \subseteq M$ und $M_0 \neq M$. Ein Matching M^* von G nennt man *maximal*, wenn es in G kein Matching M gibt mit $|M^*| < |M|$. Ist $G[M] = (E(M), M)$ der von M erzeugte Teilgraph, so heißt das Matching M *perfekt* bzw. *fast-perfekt*, falls $E(M) = E(G)$ bzw. $|E(M)| = |E(G)| - 1$ gilt.

Beispiel 4.1

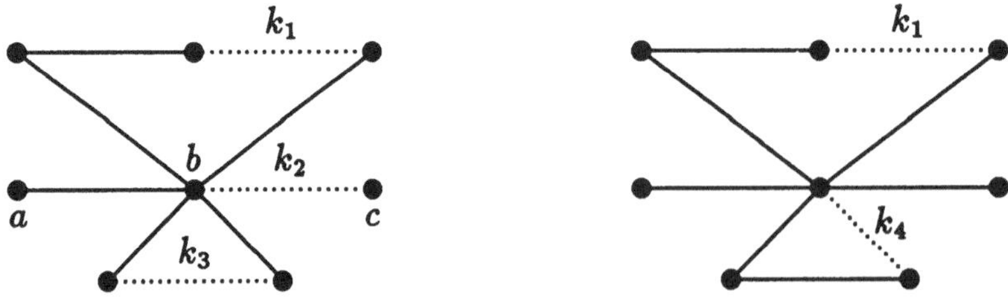

Das Matching $M^* = \{k_1, k_2, k_3\}$ ist maximal, denn betrachtet man die Ecken a, b und c, so erkennt man leicht, daß kein perfektes Matching existieren kann. Das Matching $M_0 = \{k_1, k_4\}$ ist gesättigt, aber nicht maximal.

Bemerkung 4.1 Für jeden Graphen G gilt:
i) Jedes maximale Matching ist gesättigt.

ii) Jedes perfekte bzw. fast-perfekte Matching ist maximal und gesättigt.
iii) Für jedes Matching M ist $|E(M)| = 2|M|$.
iv) Für ein perfektes Matching M von G gilt $2|M| = |E(G)|$. Für ein fast-perfektes Matching M von G gilt $2|M| = |E(G)| - 1$.

Satz 4.1 (Flach, Volkmann [1] 1987) Es sei G ein Graph und M_0 ein gesättigtes Matching von G. Ist M ein beliebiges Matching von G, so gilt $|M| \leq 2|M_0|$.

Beweis. Wir dürfen o.B.d.A. den Graphen als schlicht voraussetzen. Für eine Kante $k \in K(G)$ setzen wir

$$I(k) = \{k' \in K(G) | \, k' \text{ und } k \text{ sind inzident}\} \cup \{k\}.$$

Da M_0 ein gesättigtes Matching ist, gilt

$$K(G) = \bigcup_{k \in M_0} I(k)$$

und daher

$$M = M \cap K(G) = M \cap \Big(\bigcup_{k \in M_0} I(k) \Big) = \bigcup_{k \in M_0} (M \cap I(k)).$$

Aus der Tatsache, daß M ein Matching ist, folgt für $k \in K(G)$

$$|M \cap I(k)| \leq 2,$$

womit wir insgesamt die gewünschte Abschätzung

$$|M| \leq \sum_{k \in M_0} |M \cap I(k)| \leq 2|M_0|$$

erhalten. ||

Das folgende Beispiel zeigt, daß die Ungleichung in Satz 4.1 scharf ist.

Beispiel 4.2 Gegeben sei der skizzierte Baum G der Ordnung $2p$.

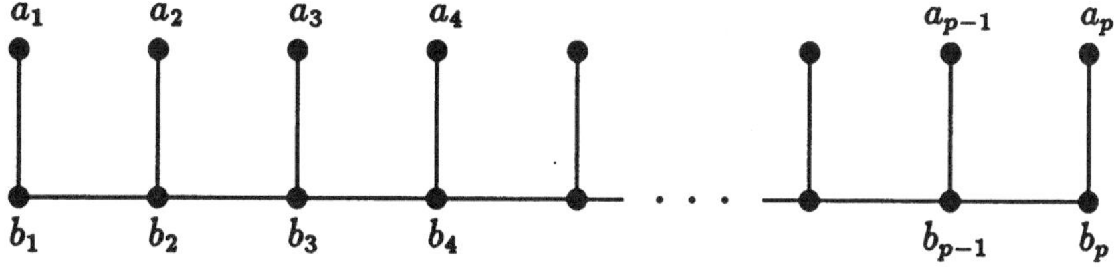

Das Matching $M^* = \{a_ib_i | i = 1, ..., p\}$ ist perfekt. Wenn p gerade ist, dann ist das Matching $M_0 = \{b_1b_2, b_3b_4, ..., b_{p-1}b_p\}$ gesättigt, und es gilt $|M^*| = 2|M_0|$.

Folgerung 4.1 Existiert in einem Graphen G ein gesättigtes Matching M_0 mit $4|M_0| < |E(G)|$, so besitzt G kein perfektes Matching.

Beweis. Angenommen, es gibt ein perfektes Matching M^* in G. Dann folgt aus Satz 4.1 und Bemerkung 4.1 iv)

$$|E(G)| = 2|M^*| \leq 4|M_0| < |E(G)|,$$

was ein offensichtlicher Widerspruch ist. ||

Folgerung 4.1 kann nützlich sein, um nachzuweisen, daß ein Graph kein perfektes Matching besitzt. Dazu betrachten wir

Beispiel 4.3 Gegeben sei der skizzierte Graph G der Ordnung 10.

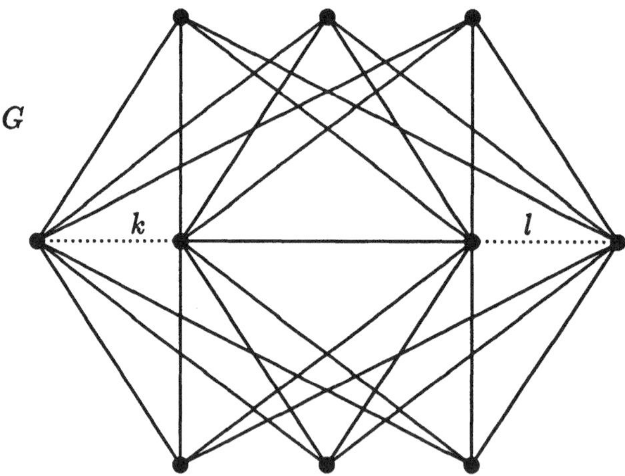

Das Matching $M_0 = \{k, l\}$ ist gesättigt mit $4|M_0| = 8 < 10$. Daher besitzt G nach Folgerung 4.1 kein perfektes Matching.

Definition 4.2 Es sei G ein Graph und M ein Matching von G. Ein Weg in G heißt *M-alternierend*, wenn die Kanten des Weges abwechselnd zu M und nicht zu M gehören. Ein M-alternierender Weg von G heißt *M-zunehmend* oder *M-erweiternd*, wenn die Endpunkte des Weges nicht mit M inzidieren, d.h. wenn die Endpunkte des Weges mit keiner Kante aus M inzidieren.

Die Bezeichnung M-zunehmender Weg begründet sich darin, daß man mit Hilfe der symmetrischen Differenz (man vgl. Definition 2.6) aus einem solchen Weg leicht ein Matching M' konstruieren kann mit $|M'| = |M| + 1$. Ist nämlich

$$W = (k_1, l_1, k_2, l_2, ..., k_{p-1}, l_{p-1}, k_p)$$

ein M-zunehmender Weg in einem Graphen G, also $k_i \in K(G) - M$ und $l_i \in M$, so ist

$$\begin{aligned} M' &= M \triangle K(W) = (M - K(W)) \cup (K(W) - M) \\ &= (M - \{l_1, l_2, ..., l_{p-1}) \cup \{k_1, k_2, ..., k_p\} \end{aligned}$$

ein Matching in G mit $|M'| = |M| + 1$. Damit haben wir bereits die eine Hälfte des nächsten Satzes bewiesen, der für die Matchingtheorie von fundamentaler Bedeutung ist.

Satz 4.2 (Berge [1] 1957) Ein Matching M^* in einem Graphen G ist genau dann maximal, wenn es keinen M^*-zunehmenden Weg in G gibt.

Beweis. Ist M^* ein maximales Matching von G, so entnehmen wir der Vorbetrachtung, daß es keinen M^*-zunehmenden Weg geben kann. Nun sei umgekehrt M^* ein Matching von G, und es gebe keinen M^*-zunehmenden Weg. Angenommen, das Matching M^* ist nicht maximal. Dann existiert aber ein Matching M in G mit $|M| > |M^*|$. Betrachten wir den Graphen

$$H = G[M^* \triangle M] = G[(M^* - M) \cup (M - M^*)],$$

so hat jede Ecke von H den Eckengrad 1 oder 2, denn jede Ecke von H inzidiert höchstens einmal mit einer Kante aus M^* oder M. Daher ist jede Komponente von H entweder ein Kreis oder ein Weg, wobei inzidente Kanten in H aus M^* und M sind. Wegen $|M| > |M^*|$ enthält H mehr Kanten aus M als aus M^*, denn aus M und M^* wurden nur solche Kanten entfernt, die in beiden Mengen liegen. Da jede Kreiskomponente von H gleich viele Kanten aus M und M^* besitzt, muß es in H eine Wegkomponente geben, die mit einer Kante aus M beginnt und einer Kante aus M endet. Diese Wegkomponente von H ist dann ein M^*-zunehmender Weg in G, was unserer Voraussetzung widerspricht. ||

Satz 4.3 (Folkman, Fulkerson [1] 1969) Sind M und N zwei kantendisjunkte Matchings in einem Graphen G mit $|M| > |N|$, so existieren zwei kantendisjunkte Matchings M' und N' mit

a) $M' \cup N' = M \cup N$,

b) $|M'| = |M| - 1$ und $|N'| = |N| + 1$.

Beweis. Betrachten wir analog zum Beweis vom Satz 4.2 den Graphen $H = G[M \triangle N]$, so besitzt H eine Wegkomponente, die genau eine Kante mehr aus M, als aus N besitzt. Tauschen wir in dieser Wegkomponente die Kanten von M und N aus, so erhalten wir Matchings M' und N' mit den Eigenschaften a) und b). ||

Definition 4.3 Ist G ein Multigraph, und sind $M_1, ..., M_p$ paarweise kantendisjunkte Matchings mit $M_1 \cup M_2 \cup ... \cup M_p = K(G)$, so sagt man, daß sich G in p kantendisjunkte Matchings zerlegen läßt. Es gilt natürlich notwendig $p \geq \Delta(G)$.

Satz 4.4 (Folkman, Fulkerson [1] 1969) Es sei G ein Multigraph, der sich in q kantendisjunkte Matchings zerlegen läßt. Ist p eine ganze Zahl mit $p \geq q$, so existiert eine Zerlegung von G in p kantendisjunkte Matchings $M_1, ..., M_p$ mit

$$\left\lfloor \frac{|K(G)|}{p} \right\rfloor \leq |M_i| \leq \left\lceil \frac{|K(G)|}{p} \right\rceil \quad (1 \leq i \leq p). \tag{4.1}$$

Beweis. Nach Voraussetzung läßt sich G in p kantendisjunkte Matchings $M'_1, ..., M'_p$ zerlegen, wenn man $M'_i = \emptyset$ zuläßt. Durch wiederholtes Anwenden von Satz 4.3 erhält man daraus eine Zerlegung von G in p kantendisjunkte Matchings $M_1, ..., M_p$ mit $||M_i| - |M_j|| \leq 1$ für $1 \leq i, j \leq p$. Ist $r = \min_{1 \leq i \leq p}\{|M_i|\}$, so gilt $|M_i| = r$ oder $|M_i| = r+1$. Bestehen t dieser Matchings aus r Kanten mit $1 \leq t \leq p$, so gilt

$$|K(G)| = tr + (p-t)(r+1) = pr + p - t,$$

also

$$\frac{|K(G)|}{p} = r + 1 - \frac{t}{p},$$

woraus sich ohne Mühe (4.1) ergibt. ||

Im Abschnitt 4.3 stellen wir Algorithmen zum Auffinden maximaler Matchings vor. Für eine bessere Effizienz werden wir folgende Beobachtung von Dörfler und Mühlbacher ausnutzen.

Satz 4.5 (Dörfler, Mühlbacher [1] 1974) Es sei M ein Matching des Graphen G. Weiter sei $a \in E(G)$ mit $a \notin E(M)$, und von a aus gebe es keinen M-zunehmenden Weg in G.
Ist W_{xy} ein M-zunehmender Weg von x nach y in G, und betrachtet man das Matching $M' = M \triangle K(W_{xy})$, so existiert von der Ecke a aus auch kein M'-zunehmender Weg in G.

Beweis. Angenommen, es gibt in G einen M'-zunehmenden Weg W_{ab} von a nach b.
Ist $E(W_{ab}) \cap E(W_{xy}) = \emptyset$, so ist W_{ab} auch ein M-zunehmender Weg, was unserer Voraussetzung widerspricht.
Ist $a = a_0$, $b = a_r$ und hat der Weg W_{ab} die Gestalt

$$W_{ab} = (a, k_1, a_1, ..., a_{i-1}, k_i, a_i, ..., b),$$

so sei i der kleinste Index mit $a_i \in E(W_{xy})$. Dann gehören die Kanten $k_1, ..., k_i$ gleichzeitig zu M und M' bzw. gleichzeitig nicht zu M und M'. Hat der M-zunehmende Weg W_{xy} die Form

$$W_{xy} = (x, h_1, x_1, l_1, y_1, h_2, ..., h_j, x_j, l_j, a_i, h_{j+1}, ..., h_p, y)$$

mit $h_j \in K(G) - M$ und $l_j \in M$, so unterscheiden wir die beiden Fälle i gerade oder i ungerade.
Ist i gerade, so gilt $k_i \in M$. Da k_i und l_j mit der Ecke a_i inzidieren, sind k_i und l_j inzident, was der Tatsache widerspricht, daß M ein Matching ist.
Ist i ungerade, so gilt $k_i \in K(G) - M$ und

$$W_{ax} = (a, k_1, a_1, ..., a_{i-1}, k_i, a_i, l_j, x_j, h_j, ..., h_1, x)$$

ist ein M-zunehmender Weg von a aus. Das widerspricht unserer Voraussetzung. Der Fall, daß W_{xy} die Form

$$W_{xy} = (x, h_1, x_1, l_1, y_1, h_2, ..., h_j, a_i, l_j, y_j, h_{j+1}, ..., h_p, y)$$

hat, wird analog behandelt. ||

4.2 Matchings in bipartiten Graphen

Definition 4.4 Ein Graph G heißt *bipartit*, wenn man $E(G)$ in zwei paarweise disjunkte Eckenmengen A, B zerlegen kann (d.h. $A \cup B = E(G)$ und $A \cap B = \emptyset$), so daß die induzierten Graphen $G[A]$ und $G[B]$ Nullgraphen sind. Man nennt A, B eine *Bipartition* oder *Partition* von G.
Ist G zusätzlich schlicht, und ist jede Ecke aus A mit jeder Ecke aus B adjazent, so heißt G *vollständiger bipartiter Graph*. Ist $|A| = p$ und $|B| = q$, so wird der vollständige bipartite Graph mit $K_{p,q}$ bezeichnet.

Bemerkung 4.2 Ein bipartiter Graph besitzt keine Schlingen.
Ist G ein bipartiter Graph mit κ Komponenten, so gibt es 2^κ Bipartitionen A, B, wenn man die Reihenfolge der Partitionsmengen A und B mitberücksichtigt.

Satz 4.6 (König [1] 1916) Ist $G = (E, K, h)$ ein nicht trivialer Graph, so sind folgende Aussagen äquivalent:

i) G ist bipartit.

ii) G besitzt keine Kreise ungerader Länge.

iii) $\text{Hom}(G, J_1) \neq \emptyset$ (man vgl. die Definitionen 1.5 und 1.9).

Beweis. Aus i) folgt iii). Nach Definition 1.9 ist $E(J_1) = \{0, 1\}$ und $K(J_1) = \{l_1\}$ mit $g(l_1) = \{0, 1\}$. Ist A, B eine Bipartition von G, so definieren wir $f : E \longrightarrow E(J_1)$ durch $f(a) = 0$ für alle $a \in A$ und $f(b) = 1$ für alle $b \in B$ und $F : K \longrightarrow K(J_1)$ durch $F(k) = l_1$ für alle $k \in K$. Ist nun $k \in K$ mit $h(k) = \{a, b\}$, $a \in A$ und $b \in B$, so gilt

$$g(F(k)) = g(l_1) = \{0, 1\} = \{f(a), f(b)\},$$

womit $(f, F) : G \longrightarrow J_1$ nach Definition 1.5 ein Homomorphismus von G nach J_1 ist, also $\text{Hom}(G, J_1) \neq \emptyset$ gilt.
Aus iii) folgt ii). Es sei $(f, F) : G \longrightarrow J_1$ ein Homomorphismus. Angenommen, es existiert ein Kreis

$$C = (a_0, k_1, a_1, k_2, ..., a_{2p}, k_{2p+1}, a_0)$$

ungerader Länge. Gilt o.B.d.A. $f(a_0) = 0$, so folgt aus der Tatsache, daß (f, F) ein Homomorphismus ist

$$f(a_1) = 1, \;\; f(a_2) = 0, \;\; f(a_3) = 1, ..., f(a_{2p}) = 0, \;\; f(a_0) = 1,$$

was ein offensichtlicher Widerspruch ist.
Aus ii) folgt i). Nun besitze G keine Kreise ungerader Länge. Wir setzen o.B.d.A. G als zusammenhängend voraus, denn ein Graph ist genau dann bipartit, wenn seine Komponenten bipartit sind. Ist $a \in E(G)$ eine fest gewählte Ecke, so setzen wir

$$\begin{aligned} A &= \{x \in E(G) | d_G(a,x) \text{ ist gerade}\}, \\ B &= \{x \in E(G) | d_G(a,x) \text{ ist ungerade}\}. \end{aligned}$$

Im folgenden wird sich herausstellen, daß A, B eine Bipartition von G ist. Dabei ergeben sich die Eigenschaften $A \cup B = E(G)$ und $A \cap B = \emptyset$ sofort aus der Definition der Eckenmengen A und B. Zu zeigen bleibt, daß es keine Kante $k \in K(G)$ gibt mit $k = uv$, wobei $u, v \in A$ oder $u, v \in B$ gilt. Wir nehmen einmal an, daß eine Kante $k = uv$ existiert mit $u, v \in A$.
Im Fall $u = v$ wäre k eine Schlinge, also ein Kreis der Länge 1, was nach Voraussetzung nicht möglich ist. Ist $u \neq v$, so seien P_{au} bzw. W_{av} zwei kürzeste Wege von a nach u bzw. von a nach v in G. Von a aus betrachtet sei y die letzte gemeinsame Ecke dieser beiden Wege. Die Teile des Weges P_{au}, die von a nach y bzw. von y nach u führen, bezeichnen wir mit P_{ay} bzw. P_{yu}. Entsprechend sei $W_{av} = W_{ay} \cup W_{yv}$. Da P_{au} und W_{av} kürzeste Wege sind, gilt $L(P_{ay}) = L(W_{ay})$ und daher für die Gesamtlänge der Wege P_{au} und W_{av}

$$L(P_{au}) + L(W_{av}) = 2L(P_{ay}) + L(P_{yu}) + L(W_{yv}).$$

Da nach Definition der Eckenmenge A die linke Seite dieser Gleichung eine gerade Zahl ist, muß $L(P_{yu}) + L(W_{yv})$ notwendig gerade sein. Damit würden die beiden Wege P_{yu} und W_{yv} zusammen mit der Kante k einen Kreis ungerader Länge bilden, was einen Widerspruch zur Voraussetzung bedeutet.
Den Fall $u, v \in B$ erledigt man völlig analog. ||

Folgerung 4.2 Jeder Wald ist ein bipartiter Graph.

Folgerung 4.3 Ist G ein bipartiter, Hamiltonscher Graph mit der Bipartition A, B, so gilt $|A| = |B|$, womit $|E(G)|$ notwendig gerade ist.

Beweis. Ist $C = (a_0, a_1, ..., a_p, a_0)$ ein Hamiltonkreis des Graphen G und o.B.d.A. $a_0 \in A$, so gilt $a_1 \in B$, $a_2 \in A$,...,$a_p \in B$. Daraus folgt unmittelbar $|A| = |B|$. ||

Beispiel 4.4 Mit Hilfe von Folgerung 4.3 können wir zeigen, daß der Satz 3.15 von Dirac bestmöglich ist. Denn im Fall $n(G) = 2q + 1$ ist der $K_{q,q+1}$ nicht Hamiltonsch, und im Fall $n(G) = 2q$ ist der $K_{q-1,q+1}$ nicht Hamiltonsch.

Der nächste Satz, der 1931 von König [2] und unabhängig 1935 von Hall [1] gefunden wurde, ist für die gesamte Graphentheorie von zentraler Bedeutung.

Satz 4.7 (König-Hall, König [2] 1931, Hall [1] 1935) Es sei G ein bipartiter Graph mit der Bipartition A, B. Es gibt genau dann ein Matching M in G mit $E(M) \cap A = A$, wenn für alle $S \subseteq A$ gilt:

$$|S| \leq |N(S,G)|$$

Beweis. Es gebe ein Matching $M = \{k_1, ..., k_p\}$ mit $E(M) \cap A = A$. Ist $k_i = a_i b_i$ mit $a_i \in A$, so gilt notwendig $b_i \in B$ für jedes $i = 1, ..., p$, und die Ecken $b_1, ..., b_p$ sind paarweise verschieden. Daraus folgt für alle $S \subseteq A$ mit $S = \{a_{j_1}, ..., a_{j_q}\}$

$$|S| = q = |\{b_{j_1}, ..., b_{j_q}\}| \leq |N(S,G)|.$$

Nun gelte umgekehrt $|S| \leq |N(S,G)|$ für alle $S \subseteq A$. Es sei M ein maximales Matching von G, und wir nehmen an, daß $E(M) \cap A \neq A$ gilt. Dann wählen wir eine feste Ecke $a \in A - E(M)$ und bezeichnen mit $U(a)$ die Menge aller Ecken von G, die man durch einen M-alternierenden Weg mit a verbinden kann. Weiter sei $Z = U(a) \cup \{a\}$. Da M maximal ist, gilt nach dem Satz von Berge (Satz 4.2)

$$Z - \{a\} \subseteq E(M). \tag{4.2}$$

Setzt man

$$S = Z \cap A \quad \text{und} \quad I = Z \cap B,$$

so folgt mit (4.2), daß jede Ecke aus $S - \{a\}$ mit genau einer Ecke von I durch eine Kante aus M verbunden ist und umgekehrt. Daraus ergibt sich

$$|I| = |S| - 1 \tag{4.3}$$

und $I \subseteq N(S,G)$. Es gilt sogar

$$I = N(S,G), \tag{4.4}$$

denn gäbe es eine Ecke $u \in N(S,G)$ mit $u \notin I$, so würde ein M-alternierender Weg von a nach u existieren, was aber nicht möglich ist. Die Identitäten (4.3) und (4.4) liefern uns die Ungleichung

$$|S| = |I| + 1 = |N(S,G)| + 1 > |N(S,G)|,$$

die unserer Voraussetzung widerspricht. ||

Im Jahre 1955 fand Ore [2] folgende interessante Verallgemeinerung des Satzes von König-Hall.

Satz 4.8 (König-Ore, Ore [2] 1955) Ist G ein bipartiter Graph mit der Bipartition A, B, und ist M ein maximales Matching in G, so gilt

$$|A| - |M| = \max_{S \subseteq A}\{|S| - |N(S,G)|\}. \tag{4.5}$$

Beweis. Setzen wir die linke Seite von (4.5) gleich q, so gilt natürlich $q \geq 0$. Setzen wir die rechte Seite von (4.5) gleich p, so liefert $S = \emptyset$ die Ungleichung $p \geq 0$.
Um $p \geq q$ zu zeigen, fügen wir p neue Ecken zur Menge B hinzu und verbinden jede neue Ecke mit allen Ecken aus A durch eine Kante. Der dadurch entstandene bipartite Graph H besitzt eine Bipartition A, Y, wobei Y aus den Ecken von B und den p neuen Ecken besteht. Für eine nicht leere Menge $S \subseteq A$ ist $|N(S,H)| = |N(S,G)| + p$. Daraus ergibt sich zusammen mit der Voraussetzung $|S| - |N(S,G)| \leq p$

$$|S| \leq |N(S,H)|.$$

Da diese Ungleichung auch für $S = \emptyset$ gilt, existiert nach dem Satz von König-Hall in H ein Matching M^* mit $|M^*| = |A|$. Da M^* höchstens p Kanten enthält, die nicht zu G gehören, gibt es in G ein Matching M' mit $|M'| \geq |M^*| - p$. Daher gilt für das maximale Matching M die Abschätzung $|M| \geq |M'| \geq |A| - p$, also $p \geq q$.
Um $q \geq p$ zu zeigen, fügen wir q neue Ecken zur Menge B hinzu und verbinden jede neue Ecke mit allen Ecken aus A durch eine Kante. In dem neuen Graphen H kann man das Matching M zu einem Matching M^* ergänzen mit $|M^*| = |M| + q = |A|$. Daher gilt nach dem Satz von König-Hall

$$|S| \leq |N(S,H)| \leq |N(S,G)| + q$$

für alle $S \subseteq A$, woraus sich sofort die gewünschte Ungleichung $p \leq q$ ergibt. ||

Satz 4.9 (König [1] 1916) Ist G ein r-regulärer ($r > 0$), bipartiter Graph, so besitzt G ein perfektes Matching.

Beweis. Ist A, B eine Bipartition von G, so inzidiert jede Kante von G mit einer Ecke aus A und einer Ecke aus B. Daraus ergibt sich $r|A| = |K(G)| = r|B|$, also $|A| = |B|$. Ist $S \subseteq A$ und inzidiert eine Kante k mit einer Ecke aus S, so inzidiert k auch mit einer Ecke aus $N(S,G)$. Sind K' bzw. K'' die Kantenmengen, die mit S bzw. mit $N(S,G)$ inzidieren, so folgt $K' \subseteq K''$. Diesen Überlegungen entnehmen wir

$$r|S| = |K'| \leq |K''| = r|N(S,G)|,$$

womit $|S| \leq |N(S,G)|$ für alle $S \subseteq A$ gilt. Daher existiert nach dem Satz von König-Hall ein Matching, das mit jeder Ecke aus A inzidiert und somit wegen $|A| = |B|$ perfekt ist. ||

Aus Satz 4.9 ergibt sich ohne Mühe das nächste Resultat.

Satz 4.10 (König [1] 1916) Ein r-regulärer, bipartiter Graph G läßt sich in r kantendisjunkte perfekte Matchings zerlegen.

Das folgende Ergebnis von König ist eine wichtige Anwendung von Satz 4.10.

Satz 4.11 (König [1] 1916) Ist G ein bipartiter Graph, so kann man G in $\Delta(G)$ kantendisjunkte Matchings zerlegen.

Beweis. Ist A, B eine Bipartition von G mit $A = \{a_1, ..., a_p\}$ und $B = \{b_1, ..., b_q\}$, so gelte o.B.d.A. $q \leq p$. Nun konstruieren wir aus G einen bipartiten und $\Delta(G)$-regulären Graphen H mit $2p$ Ecken und wenden auf H den Satz 4.10 an. Zu B fügen wir $p - q$ neue Ecken $b_{q+1}, ..., b_p$ hinzu und setzen $Y = \{b_1, ..., b_p\}$. Nun verbinden wir die Ecken aus A mit denen aus Y durch

$$p\Delta(G) - \sum_{x \in A} d(x,G)$$

neue Kanten, so daß in dem neuen Graphen H die Bedingung $\Delta(H) = \Delta(G)$ erfüllt ist. Nach Konstruktion ist H wieder bipartit und zusätzlich $\Delta(G)$-regulär. Wegen Satz 4.10 läßt sich H in $\Delta(G)$ kantendisjunkte perfekte Matchings zerlegen. Entfernt man aus diesen Matchings die neu hinzugefügten Kanten, so erhält man eine Zerlegung von G in $\Delta(G)$ kantendisjunkte Matchings. ||

Bemerkung 4.3 Mit Satz 4.11 lassen sich optimale Stundenpläne erstellen. Denn gibt es an einer Schule p Lehrer $A_1, ..., A_p$ und q Klassen $B_1, ..., B_q$, so unterrichte der Lehrer A_i die Klasse B_j für t_{ij} Stunden. Gesucht wird ein Stundenplan, der in kürzester Zeit alle Unterrichtsstunden abdeckt.
Zur Lösung dieses Problems konstruieren wir uns einen bipartiten Graphen G mit der Bipartition

$$A = \{a_1, ..., a_p\} \text{ und } B = \{b_1, ..., b_q\},$$

wobei A den Lehrern und B den Klassen entspricht. Dann werden die Ecken a_i und b_j durch t_{ij} parallele Kanten verbunden.
In jeder Zeiteinheit (z.B. von 8.00 - 9.00 Uhr, 9.00 - 10.00 Uhr usw.) kann ein Lehrer höchstens eine Klasse unterrichten, und jede Klasse kann in einer Zeiteinheit von höchstens einem Lehrer unterrichtet werden. Somit entspricht während einer Zeiteinheit die Zuordnung der Lehrer zu den Klassen einem Matching in G und umgekehrt entspricht jedes Matching einer möglichen Zuordnung. Daher ist das Stundenplanproblem gleichbedeutend damit, den Graphen G in möglichst wenig kantendisjunkte Matchings zu zerlegen. Nach Satz 4.11 besteht also ein optimaler Stundenplan aus $\Delta(G)$ Zeiteinheiten.

Aus den Sätzen 4.4 und 4.11 ergibt sich unmittelbar

Folgerung 4.4 Ist G ein bipartiter Graph und p eine ganze Zahl mit $p \geq \Delta(G)$, so kann man G in p kantendisjunkte Matchings $M_1, ..., M_p$ zerlegen mit

$$\left\lfloor \frac{|K(G)|}{p} \right\rfloor \leq |M_i| \leq \left\lceil \frac{|K(G)|}{p} \right\rceil \quad (1 \leq i \leq p).$$

Bemerkung 4.4 Mit Hilfe von Folgerung 4.4 kann man das Stundenplanproblem auch dann lösen, wenn man zusätzlich noch voraussetzt, daß nur eine bestimmte Anzahl von Klassenräumen zur Vefügung steht.
Ist G der dem Stundenplan zugeordnete bipartite Graph, so werden insgesamt $m = K(G)$ Stunden unterrichtet.

a) Stehen r Räume zur Verfügung, so gibt es einen Stundenplan, der mit $\max\{\Delta(G), \lceil \frac{m}{r} \rceil\}$ Zeiteinheiten auskommt.

b) Bei $t \geq \Delta(G)$ vorgegebenen Zeiteinheiten gibt es einen Stundenplan, bei dem nur $\lceil \frac{m}{t} \rceil$ Räume benötigt werden.

Für weitere Einzelheiten zum Stundenplanproblem vgl. man z.B. Dempster [1] 1971 und de Werra [1] 1970.

4.3 Matching-Algorithmen

Die praktische Bedeutung der Matchingtheorie kann auch durch das Personal-Zuteilungsproblem belegt werden.

In einer Firma seien p Arbeitnehmer $A_1, ..., A_p$ beschäftigt, und es seien p Arbeitsplätze $B_1, ..., B_p$ vorhanden. Jeder Arbeitnehmer sei für einen oder mehrere Arbeitsplätze qualifiziert. Nun stellt sich die natürliche Frage, ob man allen Arbeitnehmern einen geeigneten Arbeitsplatz zuweisen kann.

Graphentheoretisch gesehen hat dieses Problem folgende Gestalt. Gegeben sei ein bipartiter Graph G mit der Bipartition

$$A = \{a_1, ..., a_p\} \text{ und } B = \{b_1, ..., b_p\},$$

wobei A den Arbeitnehmern und B den Arbeitsplätzen entspricht. Dabei wird eine Ecke a_i mit einer Ecke b_j durch eine Kante verbunden, wenn der Arbeitnehmer A_i für den Arbeitsplatz B_j qualifiziert ist. Man kann jedem Arbeitnehmer genau dann einen geeigneten Arbeitsplatz geben, wenn der Graph G ein perfektes Matching besitzt. Im Fall, daß in G kein perfektes Matching existiert, kann ein maximales Matching auch noch von Interesse sein.

Wir wenden uns nun Verfahren zu, mit denen man maximale Matchings konstruieren kann. Dabei legen uns die Untersuchungen aus dem Abschnitt 4.1 folgende prinzipielle Vorgehensweise nahe.

Da das Aufsuchen eines gesättigten Matchings M keine Mühe macht, sollte man jeden Matching-Algorithmus mit einem solchen Matching starten, zumal $|M|$ nach Satz 4.1 mindestens halb so groß ist, wie ein maximales Matching. Ist M perfekt oder fast-perfekt, so ist M maximal. Ist das nicht der Fall, so wähle man eine Ecke a, die nicht mit M inzidiert und suche systematisch nach einem M-zunehmenden Weg mit der Anfangsecke a.
Gibt es einen solchen Weg W, so liefert das im Satz von Berge (Satz 4.2) beschriebene Kantenaustauschverfahren ein Matching

$$M' = M \triangle K(W)$$

mit $|M'| = |M| + 1$. Mit dem Matching M', das eine Kante mehr als unser Ausgangsmatching besitzt, beginne man das beschriebene

Verfahren von neuem.
Gibt es keinen M-zunehmenden Weg von a aus, so kann man wegen Satz 4.5 die Ecke a aus G entfernen und sich auf den Graphen $G - a$ beschränken.

Die Schwierigkeit der oben beschriebenen Methode liegt in der systematischen Suche nach M-zunehmenden Wegen. Für den bipartiten Fall wollen wir ausführlich einen Algorithmus vorstellen, der uns dieses Problem effizient löst. An der Entwicklung dieses Verfahrens, das heute unter dem Namen *Ungarische Methode* bekannt ist, haben neben dem schon genannten Personenkreis auch Kuhn [1] 1955, Munkres [1] 1957 und Edmonds [1] 1965 mitgewirkt.

Definition 4.5 Es sei M ein Matching in einem Graphen G. Ist $a \in E(G)$ eine Ecke, die nicht mit M inzidiert, so heißt ein Baum $T \subseteq G$ ein *M-alternierender Wurzelbaum* mit der *Wurzel a*, wenn die beiden folgenden Bedingungen erfüllt sind:

i) $a \in E(T)$.

ii) Jede Ecke aus T ist mit der Ecke a durch einen (eindeutigen) M-alternierenden Weg in T verbunden.

Ein solcher M-alternierender Wurzelbaum T heißt *gesättigt*, wenn man T durch keine Kante aus G vergrößern kann.

Die systematische Suche nach M-zunehmenden Wegen mit der Anfangsecke a erfolgt in bipartiten Graphen durch sukzessives Aufbauen eines M-alternierenden Wurzelbaumes T mit der Wurzel a. Der folgende Satz zeigt, daß es in bipartiten Graphen genügt, einen einzigen M-alternierenden Wurzelbaum mit der Wurzel a wachsen zu lassen, um zu entscheiden, ob es einen M-zunehmenden Weg mit der Anfangsecke a gibt.

Satz 4.12 Es sei G ein bipartiter Graph, M ein Matching von G und $a \in E(G)$ eine Ecke, die nicht mit M inzidiert. Weiter sei $T \subseteq G$ ein M-alternierender Wurzelbaum mit der Wurzel a.
a) Ist W ein M-zunehmender Weg in T mit der Anfangsecke a, den man in G durch keine Kante aus M verlängern kann, so ist W ein M-zunehmender Weg in G.
b) Ist T gesättigt, und gibt es in T keinen M-zunehmenden Weg von a aus, so gibt es auch in G keinen M-zunehmenden Weg mit der Anfangsecke a.

Beweis. Der Teil a) des Satzes ist sofort ersichtlich, und diese Aussage gilt sogar für nicht bipartite Graphen.
Nun wollen wir b) bestätigen. Ist A, B eine Bipartition von G, so gelte o.B.d.A. $a \in A$. Wir setzen $K_M(T) = M \cap K(T)$ und analog zum Beweis von Satz 4.7

$$S = E(T) \cap A \quad \text{und} \quad I = E(T) \cap B.$$

Wie beim Beweis von Satz 4.7 erkennt man $I \subseteq N(S, G)$, und da T gesättigt ist, gilt sogar $I = N(S, G)$. Angenommen, es gibt in G einen M-zunehmenden Weg

$$W = (a, k_1, y_1, l_1, x_1, ..., x_j, k_{j+1}, y_{j+1}, l_{j+1}, x_{j+1}, ..., x_{p-1}, k_p, y_p)$$

mit $x_i \in A$, $y_i \in B$, $l_i \in M$ und $k_i \in K(G) - M$. Da nach Voraussetzung alle Ecken $x \in E(T)$, die von a verschieden sind, mit einer Kante aus $K_M(T)$ inzidieren, folgt mit $x_0 = a$ für alle $j \geq 0$:
Ist $x_j \in E(T)$, so gehört x_j zu der Menge S. Damit gilt natürlich $y_{j+1} \in N(S, G) = I$, also $l_{j+1} \in K_M(T)$ und daher $x_{j+1} \in E(T)$. Daraus schließen wir induktiv, daß die Endecke y_p des M-zunehmenden Weges W zur Menge $E(T)$ gehört. Das ist ein Widerspruch dazu, daß y_p mit einer Kante aus $K_M(T)$ inzidiert. ||

Zusammenfassend ergibt sich für bipartite Graphen der folgende effiziente Algorithmus zur Bestimmung maximaler Matchings.

8. Algorithmus

Ungarische Methode

Es sei G ein bipartiter Graph mit einer Bipartition A, B, und es gelte o.B.d.A. $|A| \leq |B|$.

1. Man starte mit einem gesättigten Matching M.

2. Ist $E(M) \cap A = A$, so stoppe man den Algorithmus.
   Ist $E(M) \cap A \neq A$, so wähle man eine Ecke $a \in A - E(M)$ und setze
   $$S = \{a\}, \quad I = \emptyset \quad \text{und} \quad T = \{a\}.$$

3. Ist $I = N(S, G)$, so setze man $A = A - \{a\}$ und gehe zu 2.
   Ist $I \neq N(S, G)$, so wähle man ein $y \in N(S, G) - I$ und eine Kante $k = xy$ mit $x \in E(T)$ und gehe zu 4.

4. Inzidiert y mit M, so existiert eine Kante $l \in M$ mit $l = yz$, wobei z nicht in $E(T)$ liegt. Man setze

$$S = S \cup \{z\} \text{ und } I = I \cup \{y\},$$

erweitere den M-alternierenden Wurzelbaum T durch die Ecken y, z sowie durch die Kanten k, l und gehe mit dem neuen Baum zu 3.
Inzidiert y nicht mit M, so ist der im Baum T eindeutig bestimmte Weg von a nach x, zusammen mit der Ecke y und der Kante k, ein M-zunehmender Weg W in G. Nun setze man $M = M \triangle K(W)$ und gehe zu 2.

Definition 4.6 Es sei G ein bipartiter Graph mit der Bipartition

$$A = \{a_1, ..., a_p\} \text{ und } B = \{b_1, ..., b_q\}.$$

Die $p \times q$ Matrix $(m_G(a_i, b_j)) = (m(a_i, b_j))$ heißt *Partitionsmatrix.*

Bemerkung 4.5 Bipartite Graphen werden durch Partitionsmatrizen übersichtlich dargestellt, und sie sind durch ihre Partitionsmatrizen eindeutig bestimmt.

Beispiel 4.5 Ein bipartiter Graph G sei durch folgende Partitionsmatrix gegeben.

	b_1	b_2	b_3	b_4	b_5	b_6	b_7	b_8
a_1	1	1						
a_2	1	1						
a_3		1			1			
a_4	1	1						
a_5		1	1	1		1	1	1
a_6			1	1	1	1		1
a_7					1		1	

Mit Hilfe der Ungarischen Methode wollen wir ein maximales Matching von G bestimmen. Dabei starten wir z.B. mit dem gesättigten Matching

$$M_0 = \{a_2b_1, a_4b_2, a_5b_7, a_6b_5\}.$$

Die Ecke a_1 inzidiert nicht mit M_0, und der skizzierte M_0-alternierende Wurzelbaum T_0 mit der Wurzel a_1 ist gesättigt.

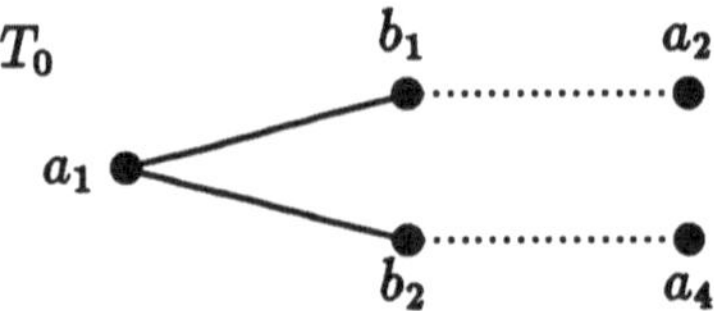

Da es in T_0 offensichtlich keinen M_0-zunehmenden Weg von a_1 aus gibt, können wir die Ecke a_1 aus G entfernen.
Die Ecke a_3 inzidiert auch nicht mit M_0, und wir betrachten z.B. den skizzierten M_0-alternierenden Wurzelbaum T_1 mit der Wurzel a_3.

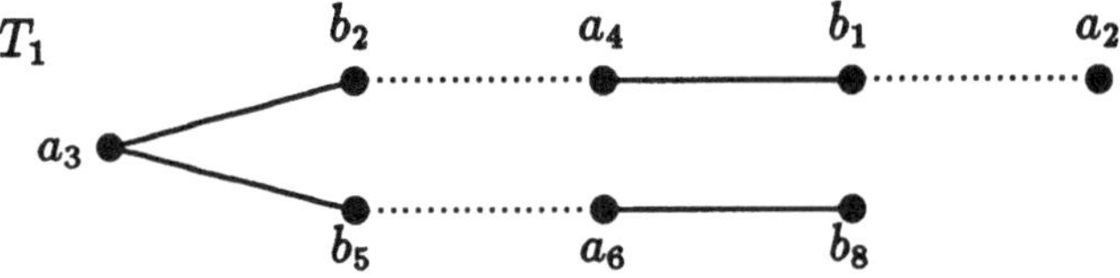

Da die Ecke b_8 nicht mit M_0 inzidiert, ist (a_3, b_5, a_6, b_8) ein M_0-zunehmender Weg, und das Kantenaustauschverfahren liefert uns das Matching

$$M_1 = \{a_2b_1, a_3b_5, a_4b_2, a_5b_7, a_6b_8\}.$$

Die Ecke a_7 inzidiert nicht mit M_1, und wir betrachten z.B. den skizzierten M_1-alternierenden Wurzelbaum T_2 mit der Wurzel a_7.

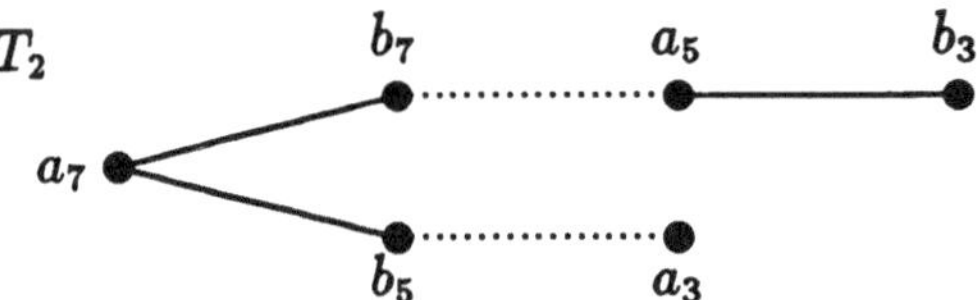

Da die Ecke b_3 nicht mit M_1 inzidiert, ist (a_7, b_7, a_5, b_3) ein M_1-zunehmender Weg, und das Kantenaustauschverfahren liefert uns das Matching

$$M_2 = \{a_2b_1, a_3b_5, a_4b_2, a_5b_3, a_6b_8, a_7b_7\},$$

welches notwendig maximal in G ist.

Das nächste Beispiel wird zeigen, daß der 8. Algorithmus nicht anwendbar ist, wenn der gegebene Graph Kreise ungerader Länge besitzt. Dies liegt daran, daß Teil b) des Satzes 4.12 für solche Graphen keine Gültigkeit hat.

Beispiel 4.6 Gegeben sei der skizzierte Graph G mit dem gesättigten Matching $M_0 = \{x_2x_4, x_3x_5\}$.

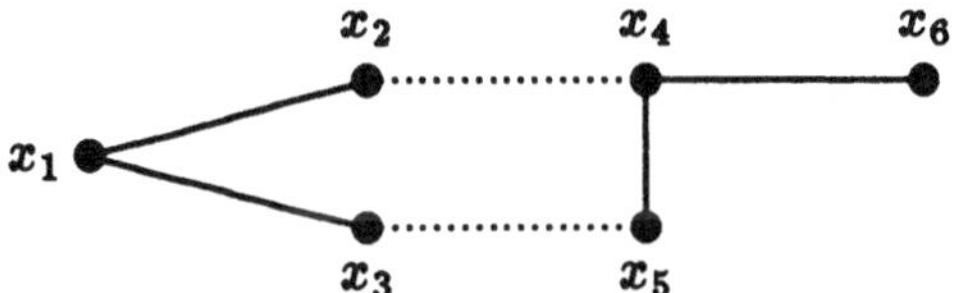

Die Ecke x_1 inzidiert nicht mit M_0, und wir betrachten z.B. den skizzierten M_0-alternierenden Wurzelbaum T mit der Wurzel x_1.

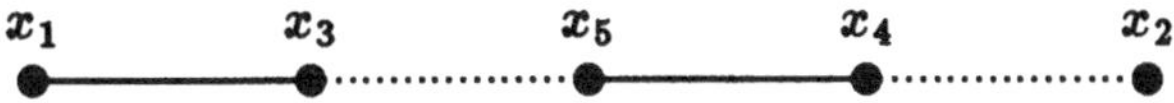

Offensichtlich ist T gesättigt, aber in G existiert der M_0-zunehmende Weg (x_1, x_2, x_4, x_6).

Zum Schluß dieses Kapitels wollen wir einen allgemeinen Matching-Algorithmus beschreiben, der auf Edmonds [1] 1965 zurückgeht (man vgl. dazu auch das Buch von Lovász und Plummer [1], S. 358). Als erstes zeigen wir, daß man die Größe eines Graphen reduzieren kann, falls Kreise auftreten, die eine Gestalt wie im Beispiel 4.6 haben.

Satz 4.13 (Edmonds [1] 1965) Es sei G ein Multigraph und M ein Matching von G. Weiter sei C ein Kreis von G der Länge $2p+1$, der p Kanten von M enthält, und C besitze genau eine Ecke a, die nicht zu $E(M)$ gehört. Entsteht der Graph G' aus G durch Zusammenziehen des Kreises C zu einer Ecke u und durch Löschung aller dabei auftretenden Schlingen, so ist $M' = M - K(C)$ genau dann ein maximales Matching von G', wenn M ein maximales Matching von G ist.

Beweis. Ist M kein maximales Matching von G, so existiert nach dem Satz von Berge (Satz 4.2) ein M-zunehmender Weg W in G. Ist $E(W) \cap E(C) = \emptyset$, so ist W auch ein M'-zunehmender Weg in G' und folglich M' nicht maximal in G'. Daher gelte nun $E(W) \cap E(C) \neq \emptyset$. Wenigstens einer der beiden Endpunkte von W, den wir mit x bezeichnen wollen, gehört nicht zum Kreis C. Von x aus gesehen sei y die erste Ecke, die zu C und zu W gehört. Ist $y = a$ oder $y \neq a$, so ist der Teil W_{xy} des Weges W von x nach y, der in G' die Gestalt W_{xu} hat, notwendig ein M'-zunehmender Weg in G', womit M' auch in diesem Fall nicht maximal ist.
Nun sei umgekehrt M' kein maximales Matching von G' und N' ein Matching von G' mit $|N'| > |M'|$. Dieses Matching N' entspricht in G einem Matching N mit $|E(N) \cap E(C)| \leq 1$. Daher kann N durch

p Kanten des Kreises C zu einem Matching N^* in G ergänzt werden, so daß

$$|N^*| = |N| + p = |N'| + p > |M'| + p = |M|$$

gilt. Daher ist M kein maximales Matching von G. ||

Benutzen wir die Bezeichnungen aus Satz 4.13, so liefert uns der Beweis dieses Satzes auch eine Methode, um in G ein größeres Matching als M zu konstruieren, falls wir in G' ein Matching gefunden haben, welches mehr Kanten als M' besitzt.
Nun wenden wir uns der Beschreibung des allgemeinen Matching-Algorithmus von Edmonds [1] aus dem Jahre 1965 zu.

9. Algorithmus

Algorithmus von Edmonds

Es sei M ein Matching eines Graphen G. Ist M perfekt oder fastperfekt, so sind wir fertig. Daher gelte für die Eckenmenge $S = E(G) - E(M)$ die Ungleichung $|S| \geq 2$. Ausgehend von S konstruieren wir einen *M-alternierenden Wald* $H \subseteq G$ mit folgenden Eigenschaften. Jede Komponente von H enthält genau eine Ecke aus S, jede Ecke aus S gehört zu genau einer Komponente von H, und jede Komponente von H ist ein M-alternierender Wurzelbaum mit einer Wurzel aus S. Darüber hinaus soll jede Ecke aus H, die nicht in S liegt, mit einer Kante aus $M \cap K(H)$ inzidieren. Unter diesen Voraussetzungen haben alle Ecken von H, die eine ungerade Entfernung von S besitzen, den Eckengrad 2 in H, und man nennt sie *innere Ecken* von H, während die verbleibenden Ecken *äußere Ecken* von H heißen. Der Nullgraph, der aus der Eckenmenge S besteht, ist ein solcher M-alternierender Wald.
Gibt es in H eine äußere Ecke x, die zu einer Ecke y adjazent ist, die nicht zu H gehört, so gilt $y \notin S$. Daher existiert eine Kante $l \in M$ mit $l = yz$, und es gilt $z \notin E(H)$. Ist $k = xy$, so können wir den Wald H durch Hinzufügen der Ecken y, z und der Kanten l, k vergrößern.
Gibt es in H zwei äußere Ecken x und y, die zu zwei verschiedenen Komponenten von H gehören und adjazent sind, so sind die beiden Wurzeln dieser Komponenten durch einen M-zunehmenden Weg verbunden. Daraus gewinnen wir auf die übliche Weise ein Matching M^* mit $|M^*| = |M|+1$. Mit dem Matching M^* beginne man die Prozedur

von neuem.
Existieren in einer Komponente T von H mit der Wurzel a zwei äußere Ecken x und y, die durch eine Kante k verbunden sind, so sei C der Kreis, der sich aus dem eindeutigen Weg von x nach y in T und der Kante k zusammensetzt. Ist W der (eindeutige) kürzeste Weg in T von a nach $E(C)$, so ist W M-alternierend. Darüber hinaus beginnt W mit einer Kante aus $K(G) - M$ und endet mit einer Kante aus M, oder W ist der Nullweg. Tauscht man in W die Kanten von M gegen die Kanten von $K(G) - M$ aus, so erhält man erneut ein Matching M_1 mit $|M_1| = |M|$. Das neue Matching M_1 und der Kreis C erfüllen die Voraussetzungen von Satz 4.13. Daher genügt es nun, in dem kleineren Graphen G' nach einem Matching zu suchen, das größer ist als $M_1 - K(C)$.
Als letzte Möglichkeit setzen wir voraus, daß jede äußere Ecke von H nur Nachbarn in G hat, die innere Ecken von H sind. In diesem Fall wird sich herausstellen, daß M ein maximales Matching von G ist. Denn gibt es r innere Ecken $\{u_1, ..., u_r\} = A$ und p äußere Ecken $\{v_1, ..., v_p\} = B$ von H, so gilt $p - r = |S|$. Darüber hinaus sind alle Ecken aus B isolierte Ecken im Graphen $G - A$. Bezeichnet man mit $q(G-A)$ die Anzahl der Komponenten ungerader Ordnung von $G-A$, so folgt daraus

$$n(G) - 2|M| = |S| = p - r \leq q(G - A) - |A|.$$

Aus dieser Ungleichung ergibt sich zusammen mit Folgerung 5.1 (man vgl. Abschnitt 5.1), daß M ein maximales Matching von G ist.

Zusammenfassend wird bei dem Algorithmus von Edmonds immer einer der folgenden Schritte durchgeführt:

1. Der M-alternierende Wald H wird vergrößert.

2. Das Matching M wird vergrößert.

3. Die Anzahl $|E(G)|$ der Ecken von G wird verkleinert.

4. Der Algorithmus stoppt mit einem maximalen Matching.

Von daher kann man sich überlegen, daß auch dieser Algorithmus effizient ist.

Für Verallgemeinerungen, Verfeinerungen und Erweiterungen dieses Verfahrens vgl. man z.B. Jungnickel [1] 1987, Lovász und Plummer [1] 1986 oder Papadimitriou und Steiglitz [1] 1982.

4.4 Aufgaben

Aufgabe 4.1 Ein Graph G bestehe aus zwei Komponenten G_1 und G_2. Dabei sei G_1 vollständig und G_2 r-regulär und vollständig bipartit. Im Fall $|K(G)| = 19$ gebe man alle nicht isomorphen Möglichkeiten für G an.

Aufgabe 4.2 Es sei G ein schlichter Graph und M ein gesättigtes Matching von G. Man beweise $\delta(G) \leq 2|M|$.

Aufgabe 4.3 Ist G ein Graph, und sind M_1, M_2, M_3 drei Matchings von G, so zeige man:
i) Für jede Ecke x des Graphen $H = G[M_1 \cup M_2 \cup M_3]$ gilt notwendig $1 \leq d(x, H) \leq 3$.
ii) Sind M_1 und M_2 maximale Matchings, so hat jede Komponente von $G[M_1 \triangle M_2]$ eine gerade Anzahl von Kanten.
iii) Sind M_1 und M_2 perfekt, so ist $G[M_1 \triangle M_2]$ 2-regulär.

Aufgabe 4.4 Man bestimme alle nicht isomorphen, schlichten Graphen G ohne isolierte Ecken mit $n(G) = 11$, die aus drei Komponenten G_1, G_2 und G_3 bestehen, die den folgenden Bedingungen genügen:
i) G_1 ist bipartit und besitzt genau einen Kreis.
ii) G_2 ist 3-regulär.
iii) G_3 ist ein Baum.

Aufgabe 4.5 Besitzt ein schlichter Graph G vier paarweise kantendisjunkte perfekte Matchings, so zeige man $6\kappa(G) \leq n(G)$.

Aufgabe 4.6 Man bestimme alle nicht isomorphen, schlichten Graphen G mit $n(G) = 11$, die aus drei Komponenten G_1, G_2 und G_3 bestehen, die den folgenden Bedingungen genügen:
i) G_1 ist Eulersch und regulär.
ii) G_2 besitzt genau eine Brücke.
iii) G_3 ist in zwei kantendisjunkte perfekte Matchings zerlegbar.

Aufgabe 4.7 Man beweise Bemerkung 4.2.

Aufgabe 4.8 Es sei M ein beliebiges und M_0 ein gesättigtes Matching eines Graphen. Man beweise oder widerlege die Ungleichung $|E(M) \cap E(M_0)| \geq |M|$.

Aufgabe 4.9 Es sei G ein schlichter Graph gerader Ordnung, M ein nicht perfektes Matching von G und $H = G - E(M)$. Unter der Voraussetzung $2\delta(H) \geq |E(H)|$ zeige man, daß in G ein perfektes Matching M^* existiert mit $M \subseteq M^*$.

Aufgabe 4.10 Man beweise Bemerkung 4.4.

Aufgabe 4.11 Man bestimme alle nicht isomorphen, schlichten Graphen G mit $n(G) = 14$, die aus drei Komponenten G_1, G_2 und G_3 bestehen, die den folgenden Bedingungen genügen:
i) G_1 ist Eulersch und besitzt ein perfektes Matching.
ii) $\mu(G_2) = 0$ und $|\Gamma(G_2)| = 4$.
iii) G_3 ist Hamiltonsch mit $\nu(G_3) = 6$.

Aufgabe 4.12 Man bestimme alle nicht isomorphen Graphen G mit $n(G) = 14$ und $\mu(G) = 5$, die aus drei Komponenten G_1, G_2 und G_3 bestehen, die den folgenden Bedingungen genügen:
i) G_1 ist ein schlichter, Eulerscher Graph mit einer guten Ecke a.
ii) $G_2 \cong G_1 - a$ und $\Delta(G_2) \geq 4$.
iii) G_3 ist bipartit mit $\delta(G_3) \geq 2$.

Aufgabe 4.13 Man beweise, daß der Rösselsprunggraph $R(n)$ bipartit ist.

Aufgabe 4.14 Zwei Spieler "spielen auf einem Graphen G" auf folgende Weise. Die Spieler wählen abwechselnd verschiedene Ecken $a_0, a_1, \ldots$ ($a_i \neq a_j$ für $i \neq j$) des Graphen, und zwar so, daß a_{i+1} und a_i ($i \geq 0$) adjazent sind. Derjenige Spieler gewinnt, der in der Lage ist, die letzte Ecke zu wählen.
Man zeige, daß derjenige Spieler, der die erste Ecke wählt, genau dann eine Gewinnstrategie hat, wenn G kein perfektes Matching besitzt.

Aufgabe 4.15 Man zeige, daß ein Baum höchstens ein perfektes Matching besitzt.

Aufgabe 4.16 Beim Zusammentreffen von 6 Personen gibt es immer 3 Personen, die sich untereinander kennen oder 3 Personen, die sich gegenseitig nicht kennen.

Aufgabe 4.17 Es sei M ein gesättigtes Matching im Graphen G und W ein M-zunehmender Weg. Man zeige, daß auch das Matching $M' = M \Delta K(W)$ in G gesättigt ist.

Kapitel 5

Faktortheorie

5.1 Faktorsätze von Tutte

Definition 5.1 Ein Teilgraph H eines Graphen G mit $E(H) = E(G)$ heißt *Faktor* von G. Ist $f : E(G) \longrightarrow \mathbb{N}_0$ eine Funktion und H ein Faktor von G mit $d(x, H) = f(x)$ für alle $x \in E(G)$, so nennen wir H einen *f-Faktor* von G. Im Fall $f(x) \equiv r$ heißt H auch *r-Faktor*.
G heißt *faktorisierbar* durch die Faktoren $H_1, ..., H_q$, wenn $K(G) = \bigcup_{i=1}^{q} K(H_i)$ und $K(H_i) \cap K(H_j) = \emptyset$ für $1 \leq i < j \leq q$ gilt. Sind dabei alle H_i r-Faktoren, so nennt man G auch *r-faktorisierbar*.

Im Zusammenhang mit dieser Definition geben wir ein paar einfache Beispiele.

Beispiel 5.1 i) Jeder Kreis gerader Länge ist 1-faktorisierbar.
ii) Jeder Hamiltonsche Graph besitzt per Definition einen "Kreisfaktor" und damit einen 2-Faktor.
iii) Der vollständige Graph K_5 ist 2-faktorisierbar.
iv) Da jeder 3-reguläre, Hamiltonsche Graph G eine gerade Anzahl von Ecken besitzt, erkennt man zusammen mit i), daß G 1-faktorisierbar ist.

Da jeder 1-Faktor einem perfekten Matching entspricht und umgekehrt, kann man die Faktortheorie als eine Fortführung der Matchingtheorie ansehen. Einige interessante Ergebnisse über Faktoren haben wir in den vorangegangenen Kapiteln schon kennengelernt, z.B.

Satz 2.13 Jeder zusammenhängende Graph besitzt einen "Baumfaktor" (Gerüst).

Satz 4.9 (König) Jeder r-reguläre, bipartite Graph ($r > 0$) besitzt einen 1-Faktor.

Satz 4.10 (König) Jeder r-reguläre, bipartite Graph ($r > 0$) ist 1-faktorisierbar.

Beim Beweis von Satz 4.9 spielte der Satz 4.7 von König-Hall für bipartite Graphen, und dabei die bekannte König-Hall Bedingung $|N(S)| \geq |S|$ für alle $S \subseteq A$, eine zentrale Rolle, wenn A, B eine Bipartition des Graphen ist. Die Bedeutung der König-Hall Bedingung für beliebige Graphen wurde 1953 von Tutte [3] geklärt.

Definition 5.2 Es sei G ein Graph und $g, f : E(G) \longrightarrow \mathbb{N}_0$ zwei Abbildungen mit $0 \leq g(x) \leq f(x)$ für alle $x \in E(G)$. Ist H ein Faktor von G, der für alle $x \in E(G)$ die Bedingungen $g(x) \leq d(x, H) \leq f(x)$ erfüllt, so spricht man von einem *(g, f)-Faktor* von G. Den Spezialfall $g(x) \equiv a$ und $f(x) \equiv b$ nennt man *$[a, b]$-Faktor*.
Ein $[a, a+1]$-Faktor H von G heißt *perfekt,* wenn seine Komponenten entweder a- oder $(a+1)$-regulär sind.

Satz 5.1 (Tutte [3] 1953) Ein Multigraph $G = (E, K)$ besitzt genau dann einen perfekten $[1, 2]$-Faktor, wenn für alle $S \subseteq E$ die Bedingung $|S| \leq |N(S, G)|$ erfüllt ist.

Beweis. **(Mader [7] 1988, Niessen [1] 1988)** i) Es sei H ein perfekter $[1, 2]$-Faktor von G und $S \subseteq E$. Setzt man

$$S_1 = \{x \in S | d(x, H) = 1\} \quad \text{und} \quad S_2 = \{x \in S | d(x, H) = 2\},$$

so ist natürlich $|S_1| = |N(S_1, H)|$. Ferner gilt $|S_2| \leq |N(S_2, H)|$, denn ist C eine Kreiskomponente von H, so gebe man dem Kreis C eine Orientierung. Ist $S_2' \subseteq E(C)$, so gehören alle "Vorgänger" V_2' von S_2' zur Nachbarschaft von S_2' mit $|V_2'| = |S_2'|$. Aus diesen Überlegungen folgt schließlich die Ungleichung $|S_2| \leq |N(S_2, H)|$. Da $N(S_1, H)$ und $N(S_2, H)$ disjunkt sind, ergibt sich die gewünschte Bedingung

$$|S| = |S_1| + |S_2| \leq |N(S_1, H)| + |N(S_2, H)| = |N(S, H)| \leq |N(S, G)|.$$

ii) Es gelte nun $|S| \leq |N(S,G)|$ für alle $S \subseteq E = \{x_1, ..., x_n\}$. Wir setzen

$$E' = \{x'_1, ..., x'_n\} \text{ und } E'' = \{x''_1, ..., x''_n\}$$

mit $E' \cap E'' = \emptyset$ und $K' = \{x'_i x''_j | x_i x_j \in K\}$, womit der neue Graph $G' = (E' \cup E'', K')$ bipartit ist. Ist $S' \subseteq E'$ und $S = \{x_i | x'_i \in S'\}$, so gilt $N(S', G') = \{x''_i | x_i \in N(S,G)\}$ und damit

$$|S'| = |S| \leq |N(S,G)| = |N(S',G')|.$$

Daher besitzt G' wegen $|E'| = |E''|$ nach dem Satz von König-Hall (Satz 4.7) einen 1-Faktor H'. Setzen wir

$$M = \{x_i x_j | x'_i x''_j \in K(H')\},$$

so werden wir zeigen, daß die Komponenten des schlichten Faktors $H = (E, M)$ entweder 1- oder 2-regulär sind.
Es gilt natürlich $1 \leq d(x_i, H) \leq 2$ für alle $1 \leq i \leq n$. Daher genügt es zu zeigen: Ist $d(x_i, H) = 1$ für ein $x_i \in E$ und $x_i x_j \in M$, so gilt $d(x_j, H) = 1$.
Nach Voraussetzung existieren $j, k \in \{1, ..., n\}$ mit $x'_i x''_j, x'_k x''_i \in K(H')$. Da $d(x_i, H) = 1$ ist, gilt notwendig $j = k$, womit wir $d(x_j, H) = 1$ gezeigt haben. ||

Mit einer völlig neuen Idee konnte Tutte 1947 durch eine bemerkenswerte Bedingung alle Graphen charakterisieren, die einen 1-Faktor besitzen.

Definition 5.3 Ist G ein Graph und $A \subseteq E(G)$, so bezeichnen wir mit $q(G - A)$ die Anzahl der Komponenten ungerader Ordnung des Graphen $G - A$ (kurz: die Anzahl der ungeraden Komponenten von $G - A$).

Satz 5.2 (1-Faktorsatz, Tutte [1] 1947) Ein Graph $G = (E, K)$ besitzt genau dann einen 1-Faktor, wenn für alle $A \subseteq E$ gilt:

$$q(G - A) \leq |A| \tag{5.1}$$

Beweis. **(Anderson [1] 1971)** i) Besitzt G einen 1-Faktor H, und ist $A \subseteq E$, so bezeichnen wir mit $U_1, ..., U_p$ die ungeraden Komponenten von $G - A$. Da jede Komponente U_i eine ungerade Anzahl von Ecken besitzt, muß zu jeder Komponente U_i eine Kante des Faktors existieren, die mit einer Ecke $a_i \in A$ und einer Ecke $u_i \in E(U_i)$ inzidiert.

Da H ein 1-Faktor ist, sind diese Ecken $a_i \in A$ paarweise verschieden, womit

$$q(G - A) = p = |\{a_1, ..., a_p\}| \leq |A|$$

gilt, und daher die Bedingung (5.1) erfüllt ist.
ii) Wir setzen umgekehrt (5.1) voraus und beweisen die Existenz eines 1-Faktors durch Induktion nach $|E| = n \geq 2$.
Für $A = \emptyset$ ergibt sich sofort, daß G keine ungeraden Komponenten besitzt, also n gerade ist.
Daher muß G im Fall $n = 2$ zusammenhängend sein und somit einen 1-Faktor enthalten.
Es sei nun $n \geq 4$. Ist $x \in E$, so besteht $G - x$ aus einer ungeraden Anzahl von Ecken und besitzt daher mindestens eine ungerade Komponente. Setzt man in (5.1) $A = \{x\}$, so folgt insgesamt

$$q(G - x) = |\{x\}| = 1. \tag{5.2}$$

Nun wählen wir $|A|$ maximal mit $A \subseteq E$ und

$$q(G - A) = |A|. \tag{5.3}$$

Aus den folgenden Überlegungen wird die Existenz eines 1-Faktors von G unmittelbar folgen.
a) Wir zeigen, daß $G - A$ keine geraden Komponenten enthält.
Gäbe es eine gerade Komponente V, und ist $a \in V$, so folgt aus (5.1) und (5.3)

$$|A| + 1 = 1 + q(G - A) \leq q(G - (A \cup \{a\})) \leq |A \cup \{a\}| = |A| + 1,$$

was ein Widerspruch zur Maximalität von $|A|$ ist.
b) Es seien $U_1, ..., U_p$ die ungeraden Komponenten von $G - A$. Ist $x \in E(U_i)$, so zeigen wir, daß $H = U_i - x$ einen 1-Faktor besitzt.
Wir nehmen an, dies sei falsch. Dann existiert nach Induktionsvoraussetzung eine Menge $S \subseteq E(H)$ mit

$$q(H - S) > |S|. \tag{5.4}$$

Da $|E(H)|$ gerade ist, muß $q(H - S) - |S|$ ebenfalls gerade sein, denn ist $|S|$ ungerade, so auch $|E(H) - S|$ und damit $q(H - S)$ ungerade, ist $|S|$ gerade, so auch $|E(H) - S|$ und damit $q(H - S)$ gerade. Daher liefert (5.4) sogar

$$q(H - S) \geq |S| + 2. \tag{5.5}$$

Zusammen mit (5.1) und (5.3) ergibt sich daraus

$$\begin{aligned}|A|+|S|+1 &= |A\cup S\cup\{x\}| \geq q(G-(A\cup S\cup\{x\}))\\ &= q(G-A)-1+q(H-S)\\ &\geq |A|-1+|S|+2 = |A|+|S|+1,\end{aligned}$$

im Widerspruch zur Maximalität von $|A|$.
c) Wegen $|A| = p$ genügt es zu zeigen, daß es p nicht inzidente Kanten gibt, die alle Komponenten $U_1, ..., U_p$ mit A verbinden. Denn sind $y_i \in E(U_i)$ die p Ecken, die mit diesen p Kanten inzidieren, so existiert nach b) in jedem Graphen $U_i - y_i$ ein 1-Faktor, womit wir dann insgesamt einen 1-Faktor von G gefunden haben.
Um diese gewünschten p Kanten zu finden, konstruieren wir einen bipartiten Graphen B auf der Eckenmenge $U = \{U_1, ..., U_p\}$ und A, wobei die Ecken U_i und $a_j \in A$ genau dann durch eine Kante verbunden werden, wenn in G mindestens eine Kante von a_j in die Komponente U_i führt. Unsere Behauptung ist gleichbedeutend mit der Existenz eines perfekten Matchings in B. Dies zeigen wir wieder mit dem Satz von König-Hall.
Für $X \subseteq U$ gilt natürlich $R = N(X, B) \subseteq A$. Ist $X = \{U'_1, ..., U'_r\}$, so besitzt $G - R$ mindestens die Komponenten $U'_1, ..., U'_r$, womit $|X| \leq q(G-R)$ gilt. Zusammen mit unserer Voraussetzung (5.1) folgt daher für alle $X \subseteq U$

$$|X| \leq q(G-R) \leq |R| = |N(X,B)|,$$

womit die bekannte Bedingung des König-Hallschen Satzes erfüllt ist, und B ein perfektes Matching besitzt. ||

Das folgende Beispiel dient als kleine Anwendung des 1-Faktorsatzes.

Beispiel 5.2 Ist G ein schlichter Graph mit $|E(G)| = 8$, $|K(G)| \geq 15$ und $2 = \delta(G) \leq \Delta(G) \leq 5$, so besitzt G einen 1-Faktor.

Beweis. Für alle $A \subseteq E(G)$ zeigen wir $q(G-A) \leq |A|$. Im folgenden bedeute $G' = G - A$.
i) $|A| = 0$. Besitzt G ungerade Komponenten, so muß G wegen $\delta(G) = 2$ ein Teilgraph der disjunkten Vereinigung der beiden vollständigen Graphen K_3 und K_5 sein. Das liefert aber einen Widerspruch zur Voraussetzung $|K(G)| \geq 15$.

ii) $|A| = 1$. Wegen $\delta(G') \geq 1$ hat jede ungerade Komponente mindestens 3 Ecken. Daher ergibt sich mit $|E(G')| = 7$ sofort die Ungleichung $q(G - A) \leq 1 = |A|$.
iii) $|A| = 2$. Es gilt $|E(G')| = 6$. Im Fall $q(G') \geq 3$ hätte man die folgenden drei Möglichkeiten für die Anzahl der Ecken der Komponenten von G': a) 3 1 1 1, b) 2 1 1 1 1, c) 1 1 1 1 1 1. In allen drei Fällen erhält man einen Widerspruch zu $\Delta(G) \leq 5$ und $|K(G)| \geq 15$.
iv) $|A| = 3$. Im Fall $q(G') \geq 4$ muß G' notwendig aus 5 isolierten Ecken bestehen. Ist $A = \{a, b, c\}$, so folgt aus $|K(G)| \geq 15$ und $\Delta(G) \leq 5$ sofort $d(a, G) = d(b, G) = d(c, G) = 5$, und die Ecken a, b, c sind paarweise nicht adjazent. Das bedeutet aber $G \cong K_{3,5}$, was wegen $\delta(G) = 2$ nicht möglich ist.
v) Im Fall $|A| \geq 4$ gilt $|E(G')| \leq 4$ und damit $q(G - A) \leq |A|$. ||

Definition 5.4 Es sei G ein Graph und $p \in \mathbb{N}$. G heißt *p-partit*, wenn man $E(G)$ in p paarweise disjunkte Eckenmengen $E_1, ..., E_p$ zerlegen kann, so daß $G[E_i]$ für alle $1 \leq i \leq p$ Nullgraphen sind. Analog zum bipartiten Fall nennen wir $E_1, ..., E_p$ eine *Partition* des p-partiten Graphen G. Ist der p-partite Graph G schlicht und gilt $xy \in K(G)$ für alle $x \in E_i$ und $y \in E_j$ mit $1 \leq i < j \leq p$, so heißt G *vollständig p-partit*, und wir schreiben dafür $K_{r_1,...,r_p}$ mit $r_i = |E_i|$.

Als weitere Anwendung des 1-Faktorsatzes läßt sich auch das folgende Resultat beweisen (man vgl. Aufgabe 5.5).

Satz 5.3 Es sei G der vollständige p-partite Graph $K_{r_1,...,r_p}$ mit $p \geq 2$, und es gelte o.B.d.A. $r_1 \leq ... \leq r_p$.
Der Graph G besitzt genau dann einen 1-Faktor, wenn $n(G)$ gerade ist und $\sum_{i=1}^{p-1} r_i \geq r_p$ gilt.

In dem Sinne, wie Ore 1955 den Satz von König-Hall erweitert hat (Satz 4.8), gelang es Berge 1958 den 1-Faktorsatz von Tutte zu verallgemeinern.

Definition 5.5 Sind G und H zwei disjunkte Graphen, so besteht die *Summe* $G + H$ aus $G \cup H$ und den Kanten, die alle Ecken von G mit allen Ecken von H verbinden.

Satz 5.4 (Tutte-Berge, Berge [2] 1958) Ist G ein Graph der Ordnung n und M ein maximales Matching von G, so gilt

$$n - 2|M| = \max_{A \subseteq E(G)} \{q(G - A) - |A|\}. \qquad (5.6)$$

Beweis. **(McCarthy [1] 1973)** Wir setzen $n - 2|M| = t \geq 0$, und die rechte Seite von (5.6) bezeichnen wir mit s. Mit $A = \emptyset$ ergibt sich $s \geq 0$. Zu zeigen ist: $s = t$.
i) Um $s \leq t$ zu beweisen, betrachten wir den Graphen $H = G + K_t$. Der Graph H besitzt ein perfektes Matching, denn die t Ecken in G, die nicht mit dem maximalen Matching M inzidieren, kann man in H mit den Ecken des vollständigen Graphen durch t paarweise nicht inzidente Kanten verbinden. Damit gilt in H die Ungleichung (5.1) für alle $B \subseteq E(H)$. Wählt man speziell $B = A \cup E(K_t)$ mit $A \subseteq E(G)$, so ergibt sich zusammen mit (5.1)

$$q(G - A) = q(H - B) \leq |B| = |A| + t$$

und daher

$$s = \max_{A \subseteq E(G)} \{q(G - A) - |A|\} \leq t.$$

ii) Um $t \leq s$ nachzuweisen, betrachten wir den Graphen $T = G + K_s$. Wir zeigen $q(T - S) \leq |S|$ für alle $S \subseteq E(T)$.
a) Ist $S = A \cup E(K_s)$ mit $A \subseteq E(G)$, so gilt

$$q(T - S) = q(G - A) \leq |A| + s = |S|.$$

b) Ist $S \cap E(K_s) \neq E(K_s)$ und $S \neq \emptyset$, so besteht $T - S$ aus einer Komponente, und es gilt $q(T - S) \leq 1 \leq |S|$.
c) Es verbleibt der Fall $S = \emptyset$. Ist n gerade, so ist $q(G-A)-|A|$ gerade für alle $A \subseteq E(G)$ (man vgl. Teil b) des Beweises vom 1-Faktorsatz). Daher muß notwendig s gerade, also $|E(T)| = n+s$ gerade sein, womit $q(T) = 0$ gilt. Analog behandelt man den Fall n ungerade.
Da für den Graphen T die Bedingung (5.1) erfüllt ist, besitzt T einen 1-Faktor. Dieser 1-Faktor hat maximal s Kanten, die nicht in G liegen, und deshalb gilt für jedes maximale Matching M in G die Ungleichung $2|M| \geq n - s$, also $s \geq n - 2|M| = t$. ||

Folgerung 5.1 Es sei G ein Graph der Ordnung n. Ist M ein Matching von G und $S \subseteq E(G)$ mit

$$n - 2|M| \leq q(G - S) - |S|,$$

so ist M ein maximales Matching von G.

Beweis. Ist M^* ein maximales Matching von G, so folgt aus (5.6) und der Voraussetzung

$$n - 2|M| \leq q(G - S) - |S| \leq n - 2|M^*|,$$

also $|M^*| \leq |M|$, womit M maximal ist. ||

Andere elegante Beweise der Sätze 5.2 bzw. 5.4 gaben Lovász [2] 1975, Mader [2] 1973 und Woodall [1] 1973.

Das allgemeine f-Faktorproblem kann man mit Hilfe einer geschickten Konstruktion, die auch auf Tutte zurückgeht, in ein 1-Faktorproblem überführen.

Definition 5.6 Es sei G ein Multigraph ohne isolierte Ecken, $f: E(G) \to \mathbf{N}_0$ eine Abbildung mit $f(x) \leq d(x,G)$ für alle $x \in E(G)$ und $s(x) = d(x,G) - f(x)$. Jeder Ecke $x \in E(G)$ ordnen wir nun zwei disjunkte Mengen zu:

$$\begin{aligned} D(x) &= \{x_k | k \in K(G) \text{ und } k \text{ inzidiert mit } x\} \\ S(x) &= \{x(i) | 1 \leq i \leq s(x)\} \end{aligned}$$

Es gilt $|D(x)| = d(x,G)$ und $|S(x)| = s(x)$. Mit Hilfe dieser beiden Mengen definieren wir einen neuen Graphen $G^* = G^*_f = (E^*, K^*)$ mit

$$E^* = D^* \cup S^*, \quad K^* = L^* \cup M^*,$$

wobei folgendes festgesetzt wird:

$$\begin{aligned} D^* &= \bigcup_{x \in E(G)} D(x), \quad S^* = \bigcup_{x \in E(G)} S(x) \\ L^* &= \{x_k y_k | k = xy \in K(G)\} \\ M^* &= \{uv | u \in D(x) \text{ und } v \in S(x)\} \end{aligned}$$

Um die in Definition 5.6 beschriebene Konstruktion besser zu verstehen, betrachten wir

Beispiel 5.3 Die Zahlen an den Ecken des Graphen G bedeuten $f(x)$.

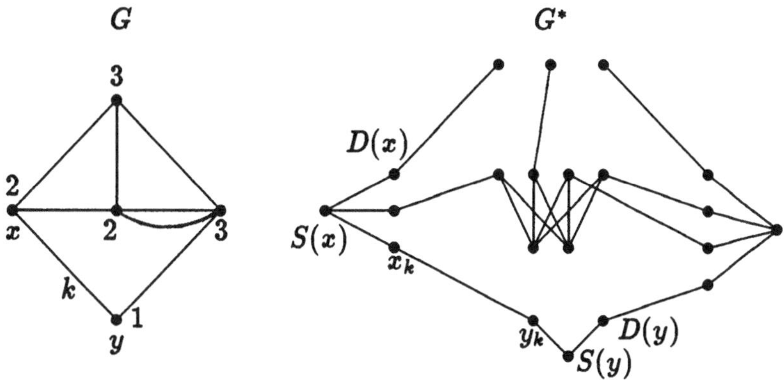

Bemerkung 5.1 Die Abbildung $F : K(G) \rightarrow L^*$ mit $F(k) = x_k y_k$, wobei $k = xy$ gilt, ist bijektiv, so daß L^* genau den Kanten von G entspricht. Darüber hinaus ist L^* nach Konstruktion ein Matching von G^*. Identifiziert man in $G^*[D^*]$ jeweils alle Ecken aus $D(x)$ zu einer Ecke, so erhält man einen zu G isomorphen Graphen. Für jede Ecke $x \in E(G)$ ist $G^*[D(x) \cup S(x)]$ ein vollständiger bipartiter Graph.

Satz 5.5 (Tutte [4] 1954) Ein Multigraph G ohne isolierte Ecken hat genau dann einen f-Faktor, wenn G_f^* einen 1-Faktor besitzt.

Beweis. i) Hat G einen f-Faktor H, so ist nach Bemerkung 5.1 $F(K(H))$ ein Matching in G_f^*, und in jeder Eckenmenge $D(x)$ inzidieren genau $s(x)$ Ecken nicht mit den Kanten aus $F(K(H))$. Diese $s(x)$ Ecken lassen sich nun leicht durch $s(x)$ paarweise nicht inzidente Kanten mit $S(x)$ verbinden, womit wir insgesamt in G^* einen 1-Faktor erzeugt haben.
ii) Besitzt umgekehrt G^* einen 1-Faktor mit der Kantenmenge $J \subseteq K^*$, so bilden die Kanten $F^{-1}(J \cap L^*)$ zusammen mit $E(G)$ einen f-Faktor von G. ||

Bemerkung 5.2 Damit ein Graph G einen f-Faktor besitzt, muß nach dem Handschlaglemma notwendig $\sum_{x \in E(G)} f(x) \equiv 0 \pmod 2$ gelten.

Bemerkung 5.3 Benutzt man Satz 5.5 und den Algorithmus von Edmonds (9. Algorithmus), so läßt sich das allgemeine f-Faktorproblem effizient lösen.

Definition 5.7 Ist G ein Graph und sind X und Y zwei disjunkte Teilmengen aus $E(G)$, so bezeichnen wir mit $m_G(X, Y) = m(X, Y)$ die Anzahl der Kanten, die mit einer Ecke aus X und einer Ecke aus Y inzidieren. Im Fall $X = \{x\}$ schreiben wir auch $m_G(x, Y) = m(x, Y)$, und ist zusätzlich noch $Y = \{y\}$, so benutzen wir die Schreibweise $m_G(x, y) = m(x, y)$ (man vgl. Definition 1.6).

Mit Hilfe des Graphen G^* aus Definition 5.6 konnte Tutte [4] 1954 seinen allgemeinen f-Faktorsatz aus dem Jahre 1952 herleiten.

Satz 5.6 (f-Faktorsatz, Tutte [2] 1952) Es sei G ein Graph und $f : E(G) \longrightarrow \mathbb{N}_0$ eine Abbildung. Der Graph G besitzt genau dann einen f-Faktor, wenn für alle disjunkten Teilmengen X und Y von $E(G)$ gilt:

$$\sum_{x\in X} f(x) + \sum_{y\in Y}(d(y, G-X) - f(y)) - w(X,Y) \geq 0$$

Dabei bedeutet $w(X,Y)$ die Anzahl der Komponenten U des Graphen $G-(X\cup Y)$ mit

$$m_G(Y, E(U)) + \sum_{x\in E(U)} f(x) \equiv 1 \pmod 2.$$

Den äußerst schwierigen Beweis des f-Faktorsatzes, den man z.B. in dem Buch "Extremal Graph Theory" von Bollobás [1] findet, wollen wir hier nicht durchführen. Um sich aber mit diesem Resultat etwas vertraut zu machen, soll eine typische Anwendung gegeben werden. Dazu benötigen wir die Begriffe Gradsequenz und graphische Folge.

Definition 5.8 Ist G ein Graph mit den Ecken $x_1, \ldots, x_n$, so heißt die Folge $d(x_1, G), \ldots, d(x_n, G)$ *Gradsequenz* von G. Eine Folge nicht negativer ganzer Zahlen $d_1, \ldots, d_n$ heißt *graphisch*, wenn ein schlichter Graph G existiert, der diese Folge als Gradsequenz besitzt.

Satz 5.7 (Erdös, Gallai [1] 1960) Eine Folge $d_1 \geq \ldots \geq d_n$ nicht negativer ganzer Zahlen ist genau dann graphisch, wenn $\sum_{i=1}^n d_i$ gerade ist, und wenn

$$\sum_{i=1}^{p} d_i \leq p(p-1) + \sum_{i=p+1}^{n} \min\{p, d_i\} \tag{5.7}$$

für alle p mit $1 \leq p \leq n$ gilt.

Beweis. Ist die gegebene Folge graphisch, so ist natürlich $\sum_{i=1}^n d_i$ gerade. Ist G ein schlichter Graph mit $d(x_i, G) = d_i$ für alle $1 \leq i \leq n$, und setzen wir $X = \{x_1, \ldots, x_p\}$, so folgt

$$\begin{aligned}\sum_{i=1}^{p} d(x_i, G) &\leq p(p-1) + m_G(X, E(G)-X) \\ &\leq p(p-1) + \sum_{i=p+1}^{n} \min\{p, d(x_i, G)\},\end{aligned}$$

womit wir die Notwendigkeit der Bedingung (5.7) bewiesen haben. Für die Umkehrung beachten wir, daß die Folge $d_1, \ldots, d_n$ genau dann graphisch ist, wenn der vollständige Graph K_n mit der Eckenmenge $E(K_n) = \{x_1, ..., x_n\}$ einen f-Faktor mit $f(x_i) = d_i$ für alle $1 \leq i \leq n$ besitzt. Nach dem f-Faktorsatz genügt es daher für alle $X, Y \subseteq E(G)$ mit $X \cap Y = \emptyset$ die Ungleichung

$$\begin{aligned} w(X,Y) &\leq \sum_{x\in X} f(x) + \sum_{y\in Y}(d(y, G-X) - f(y)) \\ &= \sum_{x\in X} f(x) - \sum_{y\in Y} f(y) + |Y|(n-1-|X|) \end{aligned}$$

nachzuweisen, wobei wir $G = K_n$ gesetzt haben.
Im Fall $X = Y = \emptyset$ ist die rechte Seite dieser Ungleichung 0, aber da $\sum_{i=1}^{n} d_i$ gerade ist, trifft das auch für die linke Seite zu. Nun betrachten wir den Fall $X \cup Y \neq \emptyset$. Aus der Tatsache, daß G der vollständige Graph ist, ergibt sich sofort $w(X,Y) \leq 1$. Setzen wir $|X| = r$ und $|Y| = p$, so wird die rechte Seite der obigen Ungleichung minimal, wenn $X = \{x_{n-r+1}, ..., x_n\}$ und $Y = \{x_1, ..., x_p\}$ gilt. Daher genügt es nach der Definition von $w(X,Y)$

$$\eta + \sum_{i=1}^{p} d_i \leq \sum_{i=n-r+1}^{n} d_i + (n-1-r)p \tag{5.8}$$

nachzuweisen, wobei $\eta = 1$, wenn $\sum_{i=p+1}^{n-r} d_i + (n-r-p)p$ ungerade und $\eta = 0$ im verbleibenden Fall gilt. Aus (5.7) erhalten wir

$$\begin{aligned} \sum_{i=1}^{p} d_i &\leq p(p-1) + \sum_{i=p+1}^{n} \min\{p, d_i\} \\ &\leq p(p-1) + \sum_{i=p+1}^{n-r} p + \sum_{i=n-r+1}^{n} d_i \\ &= (n-1-r)p + \sum_{i=n-r+1}^{n} d_i. \end{aligned} \tag{5.9}$$

Ist $\eta = 0$, so stimmt (5.8) mit (5.9) überein.
Sei nun $\eta = 1$. Angenommen, (5.8) ist falsch. Dann folgt mit (5.9)

$$\sum_{i=1}^{p} d_i = \sum_{i=n-r+1}^{n} d_i + (n-1-r)p$$

und daraus dann

$$\sum_{i=p+1}^{n-r} d_i + (n-r-p)p = \sum_{i=1}^{n} d_i - 2\sum_{i=1}^{p} d_i + 2p(n-r) - p(p+1).$$

Da in dieser Gleichung die rechte Seite eine gerade Zahl ist, ergibt sich $\eta = 0$, was einen Widerspruch zur Voraussetzung $\eta = 1$ bedeutet. Damit ist der Satz vollständig bewiesen. $\|$

Einen direkten Beweis, also einen Beweis, der den f-Faktorsatz von Tutte nicht benutzt, findet man in der Originalarbeit von Erdös und Gallai [1] oder in dem Buch von Harary [1] auf den Seiten 59 - 61.

Der Satz von Erdös und Gallai liefert eine Methode, um festzustellen, ob eine gegebene Folge graphisch ist. Eine andere Möglichkeit dieses Problem zu lösen gaben Havel und Hakimi durch das folgende Resultat.

Satz 5.8 (Havel [1] 1955, Hakimi [1] 1962) Eine Folge nicht negativer ganzer Zahlen $d_1 \geq ... \geq d_n$ ist genau dann graphisch, wenn die Folge $d_1 - 1, ..., d_{d_n} - 1, d_{d_n+1}, ..., d_{n-1}$ graphisch ist.

Beweis. Ist die zweite Folge graphisch, und realisiert der schlichte Graph G' diese Folge, so füge man zu G' eine neue Ecke hinzu und verbinde diese mit den ersten d_n Ecken von G' durch Kanten. Dieser neue schlichte Graph besitzt dann die Gradsequenz $d_1, ..., d_n$.
Nun sei die erste Folge graphisch, und es sei G ein Graph der Ordnung n mit $d(x_i, G) = d_i$ für $1 \leq i \leq n$ und $x_i \in E(G)$. Ist x_n adjazent zu den ersten d_n Ecken $x_1, ..., x_{d_n}$, so ist $G - x_n$ ein Graph, der die zweite Folge realisiert. Ist das nicht der Fall, so erzeugen wir durch folgende Prozedur einen solchen Graphen.
Angenommen, es existieren Ecken x_i, x_j mit $1 \leq i < j \leq n-1$, so daß x_n zu x_j adjazent ist, aber nicht zu x_i. Da $d_j \leq d_i$ gilt, existiert eine Ecke $x_t \neq x_i, x_j, x_n$, die zu x_i, aber nicht zu x_j adjazent ist. Ersetzt man in G die Kanten $x_t x_i$ und $x_n x_j$ durch die Kanten $x_n x_i$ und $x_t x_j$, so erhalten wir einen neuen schlichten Graphen mit der gleichen Gradsequenz, aber nun ist x_i ein Nachbar von x_n und x_j nicht. Durch wiederholtes Anwenden dieses Prozesses erhalten wir das gewünschte Ergebnis. $\|$

Als wichtige Verallgemeinerung des f-Faktorsatzes notieren wir den (g, f)-Faktorsatz von Lovász aus dem Jahre 1970. Der interessierte Leser findet einen vollständigen Beweis in dem Buch von Lovász und Plummer [1]. Eine Anwendung dieses Resultats geben wir im Abschnitt 5.2 (Satz 5.17).

Satz 5.9 ((g,f)-Faktorsatz, Lovász [1] 1970) Es sei G ein Graph und $g,f : E(G) \longrightarrow \mathbf{N}_0$ zwei Abbildungen mit $g(x) \leq f(x)$ für alle $x \in E(G)$. Der Graph G besitzt genau dann einen (g,f)-Faktor, wenn für alle disjunkten Teilmengen X und Y von $E(G)$ gilt:

$$\zeta(X,Y) := \sum_{x \in X} f(x) + \sum_{y \in Y}(d(y,G) - g(y)) - m_G(X,Y) - h(X,Y) \geq 0$$

Dabei bedeutet $h(X,Y)$ die Anzahl der Komponenten U des Graphen $G-(X \cup Y)$ mit $g(x) = f(x)$ für alle $x \in E(U)$ und

$$m_G(Y,E(U)) + \sum_{x \in E(U)} f(x) \equiv 1 \pmod 2.$$

5.2 Faktoren in regulären Graphen

Unser erstes Ergebnis über Faktoren in regulären Graphen ist äußerst wichtig für Turniere und Spielpläne (z.B. Fußballbundesliga).

Satz 5.10 (Reiß [1] 1859) Der vollständige Graph K_{2n} ist 1-faktorisierbar.

Beweis. Wir geben hier einen geometrischen Beweis. Sind $a_1, ..., a_{2n}$ die Ecken des vollständigen Graphen, so seien $a_1, ..., a_{2n-1}$ die Eckpunkte eines ebenen, regulären $(2n-1)$-Ecks, in das alle Diagonalen eingezeichnet sind. Über diesem $(2n-1)$-Eck errichten wir eine Pyramide mit der Spitze a_{2n}. Nehmen wir nun eine Seitenkante des $(2n-1)$-Ecks, alle dazu parallelen Diagonalen und diejenige Kante, die die Spitze der Pyramide mit dem übriggebliebenen Eckpunkt verbindet, so haben wir einen 1-Faktor gefunden. Zwei verschiedene Seitenkanten des $(2n-1)$-Ecks entsprechen zwei kantendisjunkten 1-Faktoren. Ausgehend von allen Seitenkanten erhält man eine 1-Faktorisierung des K_{2n}. ||

Da der Beweis von Satz 5.10 konstruktiv ist, kann man mit dieser Methode tatsächlich Spielpläne erstellen.

Aus diesem Satz ergibt sich leicht (man vgl. Aufgabe 5.6)

Folgerung 5.2 Ein schlichter Graph G mit $2n$ Ecken und $d(x,G) = 2n-2$ für alle $x \in E(G)$ ist 1-faktorisierbar.

Die ersten tiefliegenden Beiträge zur Faktortheorie lieferte Petersen [1] 1891. In dieser hochinteressanten Abhandlung hat Petersen gezeigt, daß die für die 2-Faktorisierbarkeit notwendige $2p$-Regularität auch hinreichend ist.

Satz 5.11 (Petersen [1] 1891) Ein Graph G ist genau dann 2-faktorisierbar, wenn er $2p$-regulär ist ($p > 0$).

Beweis. Da ein 2-faktorisierbarer Graph $2p$-regulär ist, betrachten wir umgekehrt einen Graphen G, der $2p$-regulär ist. Im Fall $p = 1$ besteht G aus disjunkten Kreisen, und G ist sein eigener 2-Faktor. Ist $p > 1$, so genügt es nachzuweisen, daß G einen 2-Faktor besitzt, denn der Rest ergibt sich durch Induktion.
Nach Voraussetzung sind die Komponenten von G Eulersche Graphen, womit jede Komponente eine Eulertour besitzt. Geben wir jeder Kante von G die durch diese Touren induzierte Orientierung, so erhalten wir einen Digraphen D. Da G $2p$-regulär ist, gilt $d^+(x, D) = d^-(x, D) = p$ für alle $x \in E(D)$. Ist $E(G) = \{x_1, ..., x_n\}$, so setzen wir

$$E' = \{x'_1, ..., x'_n\} \quad \text{und} \quad E'' = \{x''_1, ..., x''_n\}$$

mit $E' \cap E'' = \emptyset$ und $K' = \{x'_i x''_j | (x_i, x_j) \in B(D)\}$, womit dann $G' = (E' \cup E'', K')$ ein p-regulärer, bipartiter Graph ist. Nach Satz 4.9 besitzt G' einen 1-Faktor H. Identifizieren wir in diesem 1-Faktor die Ecken x'_i und x''_i zu x_i für alle $i = 1, ..., n$, so erhalten wir einen 2-Faktor in G. (Ist $x'_i x''_i \in K(H)$, so ergibt die Identifizierung eine Schlinge in G, und sind $x'_i x''_j, x'_j x''_i \in K(H)$ mit $i \neq j$, so entstehen 2 parallele Kanten in G.) ||

Der nächste Satz ist das schwierigste Resultat der Petersenschen Abhandlung [1]. Der Beweis von Petersen war lang und außerordentlich kompliziert. Mit dem 1-Faktorsatz läßt sich dieses Ergebnis sehr schnell herleiten, was ein Indiz für die Tiefe des 1-Faktorsatzes von Tutte ist.

Satz 5.12 (Petersen [1] 1891) Ist G ein 3-regulärer (kubischer) Graph ohne Brücken, so besitzt G einen 1-Faktor.

Beweis. O.B.d.A. setzen wir G als zusammenhängend voraus. Es sei $A \subseteq E(G)$, und es seien $U_1, ..., U_p$ die ungeraden Komponenten von $G - A$. Da G zusammenhängend ist und keine Brücken besitzt, existieren zu jeder Komponente U_i mindestens zwei Kanten in G, die U_i mit A verbinden. Es kann aber nicht nur zwei solche Kanten geben, denn sonst wäre wegen der 3-Regularität von G in einer solchen Komponente U_i der Gesamteckengrad $3|E(U_i)| - 2$, also ungerade, was nach dem Handschlaglemma nicht möglich ist. Daher gibt es mindestens $3 \cdot q(G - A)$ Kanten von $G - A$ nach A, womit aus der 3-Regularität von G folgt:

$$3|A| = d(A, G) := \sum_{x \in A} d(x, G) \geq 3 \cdot q(G - A)$$

Daraus ergibt sich $q(G - A) \leq |A|$ für alle $A \subseteq E(G)$, und der 1-Faktorsatz von Tutte liefert uns schließlich das Ergebnis. ||

Beispiel 5.4 Der skizzierte Graph zeigt uns, daß 3-reguläre Graphen mit Brücken keinen 1-Faktor besitzen müssen. Man erkennt das leicht direkt oder mit dem 1-Faktorsatz, wenn man $A = \{x\}$ wählt.

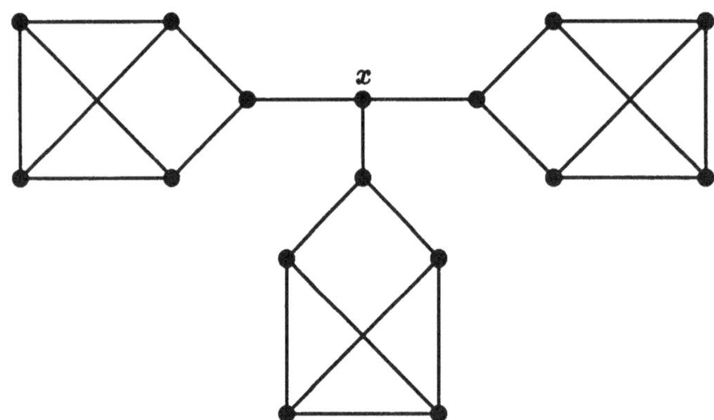

Für Erweiterungen und Verallgemeinerungen des zweiten Petersenschen Satzes (Satz 5.12) vgl. man z.B. Chartrand, Goldsmith und Schuster [1] 1979 sowie Bagga, Beineke, Chartrand und Oellermann [1] 1988.

Das nächste Resultat wurde von Erdös vermutet und erstmalig 1978 von Tutte [5] mit dem f-Faktorsatz bewiesen.

Satz 5.13 (Tutte [5] 1978) Ist G ein δ-regulärer Graph, so besitzt G einen $[p, p+1]$-Faktor für alle ganzen Zahlen p mit $0 \leq p \leq \delta$.

Bemerkung 5.4 Satz 5.13 ist nur im Fall, daß δ ungerade ist neu, denn im anderen Fall liefert schon der Satz 5.11 von Petersen eine genauere Aussage.

Kurze Zeit später fanden Bollobás und Thomassen Verallgemeinerungen von Satz 5.13. Zur Formulierung dieser Verallgemeinerungen benötigen wir folgende

Definition 5.9 Ein Graph G heißt *r-fastregulär* ($r \in \mathbf{N}_0$) wenn für alle $x, y \in E(G)$ gilt:

$$|d(x, G) - d(y, G)| \leq r \tag{5.10}$$

G heißt *lokal-r-fastregulär,* wenn für alle adjazenten Ecken x und y aus G die Ungleichung (5.10) erfüllt wird.

Satz 5.14 (Thomassen [1] 1981) Ist G ein 1-fastregulärer Graph, so besitzt G einen $[p, p+1]$-Faktor für alle ganzen Zahlen p mit $0 \leq p \leq \delta(G)$.

Satz 5.15 (Bollobás [3] 1979) Ist G ein r-fastregulärer ($r > 0$) Graph, so besitzt G einen $[p, p+r]$-Faktor für alle ganzen Zahlen p mit $0 \leq p \leq \delta(G)$.

Offensichtlich folgt Satz 5.13 aus Satz 5.14 und Satz 5.14 aus Satz 5.15. Wir wollen jetzt Satz 5.15 für lokal-r-fastreguläre Graphen beweisen. Diese Erweiterung des Bollobásschen Ergebnisses habe ich zusammen mit meinem Schüler Arno Joentgen entwickelt.

Satz 5.16 (Joentgen, Volkmann [1] 1990) Ist G ein lokal-r-fastregulärer ($r > 0$) Graph, so besitzt G einen $[p, p+r]$-Faktor für alle ganzen Zahlen p mit $0 \leq p \leq \delta(G) = \delta$.

Beweis. Zunächst zeigen wir, daß G einen $[\delta, \delta + r]$-Faktor besitzt.
i) Ist $\Delta(G) = \Delta \leq \delta + r$, so sind wir fertig.
Im Fall $\Delta \geq \delta + r + 1$ genügt es nachzuweisen, daß G einen lokal r-fastregulären Faktor H_1 besitzt mit $\delta(H_1) = \delta$ und $\Delta(H_1) < \Delta$. Denn iteriert man diesen Schritt oft genug, so erhält man einen lokal r-fastregulären Faktor H von G mit $\delta(H) = \delta$ und $\Delta(H) \leq \delta(H) + r$, womit H gleichzeitig ein $[\delta, \delta + r]$-Faktor ist.
ii) Es sei $\Delta \geq \delta + r + 1$ und $I \subseteq E(G)$ die Menge der Ecken von maximalem Grad Δ. Sind alle Ecken aus I paarweise nicht adjazent, so setze man $G_1 = G$, $I_1 = I$ und gehe zu iii). Ist das nicht der Fall, so verbinde die Kante k zwei verschiedene Ecken $x, y \in I$. Offensichtlich ist $G' = G - k$ ein lokal r-fastregulärer Faktor von G mit $\delta(G') = \delta$. Im Fall $\Delta(G') < \Delta$ ist $G' = H_1$ ein gesuchter Faktor. Im Fall $\Delta(G') = \Delta$

ist $I' = I - \{x, y\}$ die Menge der Ecken von maximalem Grad in G'. Sind die Ecken aus I' paarweise nicht adjazent, so setze man $G_1 = G'$, $I_1 = I'$ und gehe zu iii). Ist das nicht der Fall, so wiederhole man die beschriebene Prozedur so lange, bis die verbleibende Menge I_1 der Ecken von maximalem Grad Δ aus paarweise nicht adjazenten Ecken besteht, oder der Maximalgrad absinkt. Sinkt der Maximalgrad ab, so sind wir fertig. Im anderen Fall erhalten wir einen lokal r-fastregulären Faktor G_1 von G mit $\delta(G_1) = \delta$ und $\Delta(G_1) = \Delta$.
iii) Die Menge $Y \subseteq I_1$ bestehe aus Ecken, die mit einer Schlinge inzidieren. Wählen wir zu jeder Ecke $y \in Y$ eine Schlinge, die mit y inzidiert, so erhalten wir eine Menge von Schlingen, die wir mit L bezeichnen (im Fall $Y = \emptyset$ setzen wir $L = \emptyset$). Nun ist leicht zu sehen, daß auch $G_2 = G_1 - L$ ein lokal r-fastregulärer Faktor von G_1 und damit von G ist mit $\delta(G_2) = \delta$. Im Fall $Y = I_1$ gilt sogar $\Delta(G_2) < \Delta$, und wir haben einen gewünschten Faktor $H_1 = G_2$ gefunden.
iv) Ist $X = I_1 - Y \neq \emptyset$, so sei B der bipartite Graph, bestehend aus der Bipartition $X, N(X, G_2)$ zusammen mit allen Kanten von G_2, die die Ecken aus X mit denen aus $N(X, G_2)$ verbinden. Da $d(x, B) = \Delta$ für jedes $x \in X$ gilt, folgt für alle $S \subseteq X$

$$\Delta \cdot |S| \leq \sum_{a \in N(S,B)} d(a, B) \leq \Delta \cdot |N(S, B)|,$$

also $|S| \leq |N(S, B)|$. Daher besitzt B nach dem Satz von König-Hall ein Matching $M \subseteq K(B)$, welches mit allen Ecken von X inzidiert. Da $H_1 = G_2 - M$ ein Faktor von G ist mit $\delta(H_1) = \delta$ und $\Delta(H_1) < \Delta$, verbleibt zu zeigen, daß H_1 lokal r-fastregulär ist.
Es sei A diejenige Eckenmenge aus $N(X, G_2)$, die mit M inzidiert. Sind x und y zwei adjazente Ecken aus H_1 mit $x, y \in X \cup A$ oder $x, y \notin X \cup A$, so erkennt man ohne Mühe

$$|d(x, H_1) - d(y, H_1)| = |d(x, G_2) - d(y, G_2)| \leq r.$$

Nun gelte $x \in X \cup A$ und $y \notin X \cup A$. Da G_2 lokal-r-fastregulär ist, gilt $d(x, G_2) \geq \Delta - r$. Daraus ergibt sich

$$\begin{aligned} d(x, H_1) - d(y, H_1) &= d(x, G_2) - 1 - d(y, G_2) \leq r - 1 < r, \\ d(y, H_1) - d(x, H_1) &= d(y, G_2) - d(x, G_2) + 1 \\ &\leq \Delta - 1 - (\Delta - r) + 1 = r, \end{aligned}$$

womit auch H_1 lokal-r-fastregulär ist.

Wendet man die unter ii) - iv) beschriebene Methode in entsprechender Form auf den $[\delta, \delta + r]$-Faktor an, so erhält man einen Faktor, dessen Minimalgrad $\geq \delta - 1$ und dessen Maximalgrad $\leq \delta + r - 1$ ist, womit ein $[\delta - 1, \delta - 1 + r]$-Faktor von G existiert. Durch wiederholtes Anwenden dieses Verfahrens ergibt sich die Aussage des Satzes. ||

Der Beweis von Satz 5.16 liefert sofort folgenden Zusammenhang zwischen den lokal-r-fastregulären und r-fastregulären Graphen.

Folgerung 5.3 (Joentgen, Volkmann [1] 1990) Ist G ein lokal-r-fastregulärer Graph ($r > 0$), so besitzt G einen r-fastregulären Faktor H mit $\delta(H) = \delta(G)$.

Bemerkung 5.5 Für $r = 0$ ist Folgerung 5.3 nicht gültig. Denn betrachtet man z.B. den Graphen $G = K_3 \cup K_2$, so ist G natürlich lokal 0-fastregulär, aber G besitzt keinen 0-fastregulären Faktor H mit $\delta(H) = \delta(G) = 1$, d.h. G besitzt keinen 1-Faktor.

Satz 5.17 (Egawa, Kano [1] 1990) Es sei G ein zusammenhängender Graph und $g, f : E(G) \longrightarrow \mathbb{N}_0$ zwei Abbildungen mit $g(x) \leq f(x)$ und $g(x) \leq d(x, G)$ für alle $x \in E(G)$. Erfüllen f, g und G die drei folgenden Bedingungen, so besitzt G einen (g, f)-Faktor.

i) Entweder besitzt G eine Ecke v mit $g(v) < f(v)$, oder es gilt $g(x) = f(x)$ für alle $x \in E(G)$ und $\sum_{x \in E(G)} f(x) \equiv 0 \pmod 2$.

ii) Für jedes Paar adjazenter Ecken x und y aus G gilt

$$\frac{g(x)}{d(x, G)} \leq \frac{f(y)}{d(y, G)}.$$

iii) Für jede echte Teilmenge X von $E(G)$ mit $g(x) = f(x)$ für alle $x \in X$ und $G[X]$ zusammenhängend gilt

$$\sum_{a \in E(G) - X} m_G(a, X) \cdot \min\left(\frac{f(a)}{d(a, G)}, 1 - \frac{g(a)}{d(a, G)}\right) \geq 1.$$

Beweis. Sind X und Y zwei disjunkte Teilmengen von $E(G)$, so genügt es wegen Satz 5.9 $\zeta(X, Y) \geq 0$ nachzuweisen. Im Fall $X = Y = \emptyset$ gilt wegen $\kappa(G) = 1$ und der Bedingung i) $h(\emptyset, \emptyset) = 0$ und damit $\zeta(\emptyset, \emptyset) = 0$. Daher gelte im folgenden $X \cup Y \neq \emptyset$, und wir setzen $h(X, Y) = t \in \mathbb{N}_0$. Ist $t \geq 1$, so seien $U_1, ..., U_t$ die Komponenten von

$G - (X \cup Y)$, die den Bedingungen von Satz 5.9 genügen. Beachtet man die Identität

$$m(X,Y) = m_G(X,Y) = \sum_{x \in X} \sum_{y \in Y} m(x,y),$$

so ergibt sich aus den Bedingungen ii) und iii) mit $d(u) = d(u,G)$

$$\begin{aligned}
\zeta(X,Y) &= \sum_{x \in X} d(x)\frac{f(x)}{d(x)} + \sum_{y \in Y} d(y)\Big(1 - \frac{g(y)}{d(y)}\Big) - m(X,Y) - t \\
&\geq \sum_{i=1}^{t}\Big\{-1 + \sum_{x \in X} m(x,E(U_i))\frac{f(x)}{d(x)} + \sum_{y \in Y} m(y,E(U_i))\Big(1 - \frac{g(y)}{d(y)}\Big)\Big\} \\
&+ \sum_{x \in X}\sum_{y \in Y} m(x,y)\frac{f(x)}{d(x)} + \sum_{x \in X}\sum_{y \in Y} m(x,y)\Big(1 - \frac{g(y)}{d(y)}\Big) \\
&- \sum_{x \in X}\sum_{y \in Y} m(x,y) \\
&= \sum_{i=1}^{t}\Big\{\sum_{x \in X} m(x,E(U_i))\frac{f(x)}{d(x)} + \sum_{y \in Y} m(y,E(U_i))\Big(1 - \frac{g(y)}{d(y)}\Big) - 1\Big\} \\
&+ \sum_{x \in X}\sum_{y \in Y} m(x,y)\Big(\frac{f(x)}{d(x)} - \frac{g(y)}{d(y)}\Big) \\
&\geq \sum_{i=1}^{t}\Big\{\sum_{a \in E(G)-E(U_i)} m(a,E(U_i)) \cdot \min\Big(\frac{f(a)}{d(a)}, 1 - \frac{g(a)}{d(a)}\Big) - 1\Big\} \geq 0.
\end{aligned}$$

Im Fall $t = 0$ wird die leere Summe wie üblich gleich Null gesetzt. ||

Folgerung 5.4 (Egawa, Kano [1] 1990) Es sei G ein Graph, und es seien $g, f : E(G) \longrightarrow \mathbf{N}_0$ zwei Abbildungen mit $g(x) \leq d(x,G)$ und $g(x) < f(x)$ für alle $x \in E(G)$. Ist

$$\frac{g(x)}{d(x,G)} \leq \frac{f(y)}{d(y,G)}$$

für alle adjazenten Ecken $x, y \in E(G)$, so besitzt G einen (g,f)-Faktor.

Beweis. Da für alle $x \in E(G)$ die Ungleichung $g(x) < f(x)$ gilt, sind die Bedingungen aus Satz 5.17 für jede Komponente von G erfüllt, womit sich Folgerung 5.4 sofort aus Satz 5.17 ergibt. ||

Folgerung 5.5 (Joentgen, Volkmann [1] 1990) Es sei G ein lokal r-fastregulärer Graph und p, s ganze Zahlen mit $0 \leq p \leq \delta(G) = \delta$ und $s > 0$. Wird die Ungleichung $rp \leq \delta s$ erfüllt, so besitzt G einen $[p, p+s]$-Faktor.

Beweis. Ist $\delta = 0$, so gibt es nichts zu beweisen. Daher sei nun $\delta \geq 1$. Definieren wir die Abbildungen $g, f : E(G) \longrightarrow N_0$ durch $g(x) = p$ und $f(x) = p+s$ für alle $x \in E(G)$, so gilt wegen $s > 0$ für alle Ecken x die Ungleichung $g(x) < f(x)$. Aus den Voraussetzungen $rp \leq \delta s$ und $d(y) \leq d(x) + r$ für alle adjazenten Ecken x und y folgt

$$\frac{g(x)}{f(y)} = \frac{p}{p+s} \leq \frac{\delta}{\delta + r} \leq \frac{d(x)}{d(y)}$$

für alle adjazenten Ecken x und y. Daher besitzt G nach Folgerung 5.4 einen $[p, p+s]$-Faktor. ||

Setzt man in Folgerung 5.5 $r = s$, so ergibt sich sofort Satz 5.16.

Mit der Voraussetzung, daß G ein r-fastregulärer Graph ist, geht Folgerung 5.5 auf Kano und Saito [1] 1983 zurück. In der gleichen Note bewiesen sie auch das nächste Ergebnis, das man ebenfalls ohne Mühe aus Folgerung 5.4 erhält.

Folgerung 5.6 (Kano, Saito [1] 1983) Es sei G ein Graph, und es seien $g, f : E(G) \longrightarrow N_0$ zwei Abbildungen mit $g(x) < f(x)$ für alle $x \in E(G)$. Existiert eine reelle Zahl Θ mit $0 \leq \Theta \leq 1$, so daß $g(x) \leq \Theta d(x, G) \leq f(x)$ für alle $x \in E(G)$ gilt, so besitzt G einen (g, f)-Faktor.

Als weitere Anwendung des (g, f)-Faktorsatzes von Lovász konnte Kano [1] 1986 folgende hochinteressante Verschärfung von Satz 5.13 für den ungeraden Fall beweisen.

Satz 5.18 (Kano [1] 1986) Ist G ein δ-regulärer Graph, so besitzt G einen perfekten $[p, p+1]$-Faktor für alle ganzen Zahlen p mit $0 \leq p \leq \frac{2}{3}\delta$.

Darüber hinaus zeigt Kano in dieser Arbeit, daß diese Aussage für gewisse $p > \frac{2}{3}\delta$ nicht mehr gilt.

Bemerkung 5.6 Der Satz 5.18 von Kano kann nicht für fastreguläre oder lokal fastreguläre Graphen gelten. Denn betrachtet man z.B.

den vollständigen bipartiten Graphen $G = K_{\delta,\delta+1}$ mit der Bipartition A, B, so kann dieser keinen perfekten $[p, p+1]$-Faktor besitzen, da jeder reguläre Teilgraph von G gleich viele Ecken aus A und B besitzt.

Die Matching- und Faktortheorie gehören heute zu den am weitesten entwickelten Teilgebieten der Graphentheorie. Den interessierten Leser möchte ich auf das umfassende Werk von Lovász und Plummer [1] "Matching Theory" aus dem Jahre 1986 hinweisen, das eine Fülle von Resultaten zu diesem Thema enthält. Der Artikel "Factors and Factorizations of Graphs - A Survey" von Akiyama und Kano [1] 1985 gibt einen guten Überblick über den Stand der Forschung bis zu diesem Zeitpunkt.

5.3 Aufgaben

Aufgabe 5.1 Ist G ein Graph und $r \in \mathbf{N}$ eine ungerade Zahl, so zeige man:
i) Besitzt G einen r-Faktor, so ist die Ordnung $n(G)$ gerade, und es gilt $m(G) \geq \frac{r}{2}n(G)$.
ii) Ist G r-faktorisierbar, so ist die Größe $m(G)$ ein ganzzahliges Vielfaches von $\frac{r}{2}n(G)$.

Aufgabe 5.2 Es sei G ein p-regulärer, bipartiter Graph ($p \in \mathbf{N}$). Man zeige, daß G genau dann r-faktorisierbar ist ($r \in \mathbf{N}$), wenn $p = r \cdot t$ mit $t \in \mathbf{N}$ gilt.

Aufgabe 5.3 Es sei G ein schlichter, Eulerscher Graph der Ordnung 10 mit $\delta(G) \geq 3$.
i) Gibt es in G mindestens fünf Ecken x mit $d(x, G) \geq 5$, so zeige man, daß G einen 1-Faktor besitzt.
ii) Man gebe ein Beispiel G an, das nur vier Ecken x mit $d(x, G) \geq 5$ besitzt, welches keinen 1-Faktor besitzt.

Aufgabe 5.4 Es seien H und G zwei disjunkte Graphen mit folgenden Eigenschaften:
a) $n(H) \leq n(G)$.
b) G besitzt einen 1-Faktor.
Man zeige, daß der Graph $H + G$ (man vgl. Definition 5.5) genau dann einen 1-Faktor besitzt, wenn $n(H)$ gerade ist.

Aufgabe 5.5 Man beweise Satz 5.3.

Aufgabe 5.6 Man beweise Folgerung 5.2.

Aufgabe 5.7 Man beweise Folgerung 5.3.

Aufgabe 5.8 Man gebe für jede ganze Zahl $r \geq 2$ einen r-regulären Graphen an, der keinen 1-Faktor besitzt.

Aufgabe 5.9 Es sei G ein schlichter Graph der Ordnung $n(G) = 2p$ mit $\delta(G) \geq p + 1 \geq 3$. Man zeige, daß G einen 3-Faktor besitzt.

Aufgabe 5.10 Welche der folgenden Gradsequenzen sind graphisch?

i) 4,3,3,3,2,2,2,1

ii) 8,7,6,5,4,3,2,2,1

iii) 5,5,5,3,3,3,3,3

iv) 5,4,3,2,1,1,1,1,1,1,1,1

v) 8,7,7,5,4,3,2,1,1,1

vi) 11,9,9,7,7,7,7,4,4,4,3,3,3,3,2,2,2,1,1,1

vii) 14,13,12,11,11,8,8,8,8,8,3,3,2,2,2,2,1

Aufgabe 5.11 Ist eine gegebene Gradsequenz graphisch, so konstruiere man mit Hilfe des Beweises von Satz 5.8 einen effektiven Algorithmus, der einen entsprechenden schlichten Graphen liefert.

Aufgabe 5.12 Es sei $d_1 \geq ... \geq d_n$ eine Folge nicht negativer ganzer Zahlen, deren Summe gerade ist. Man zeige, daß es einen Graphen (Schlingen und Mehrfachkanten sind zugelassen) G mit der Gradsequenz $d_1, ..., d_n$ gibt.

Aufgabe 5.13 Es sei G ein r-regulärer Multigraph mit $r \geq 1$. Man zeige mit Satz 5.1, daß G einen perfekten $[1, 2]$-Faktor besitzt.
Hinweis: Zunächst zeige man für alle $S \subseteq E(G)$ mit $S \cap N(S, G) = \emptyset$ die Ungleichung $|S| \leq |N(S, G)|$.

Kapitel 6

Spezielle Graphenklassen

6.1 Schnittecken und Blöcke

Definition 6.1 Es sei G ein zusammenhängender Multigraph. Eine Ecke x aus G heißt *Schnittecke* von G, wenn $\kappa(G-x) > 1$ ist. Ein zusammenhängender Teilgraph B von G, der bezüglich B keine Schnittecke besitzt, ist ein *Block* von G, wenn es keinen zusammenhängenden Teilgraphen $B' \subseteq G$ ohne Schnittecke gibt mit $B \subseteq B'$ und $B \neq B'$. Damit ist ein Block ein maximaler zusammenhängender Teilgraph ohne Schnittecke. Besitzt G keine Schnittecke, so sagt man, G ist ein *Block* (damit ist der K_1 ein Block). Man nennt einen Block B von G *Endblock*, wenn es in B höchstens eine Ecke gibt, die Schnittecke von G ist. Ein schlichter Graph heißt *Blockgraph*, wenn jeder Block ein vollständiger Graph ist.

Satz 6.1 Es sei G ein zusammenhängender Multigraph mit einer Schnittecke. Sind $B_1, ..., B_t$ alle Blöcke von G, so gelten folgende Aussagen für $1 \leq i < j \leq t$:

i) $|E(B_i) \cap E(B_j)| \leq 1$.

ii) $K(B_i) \cap K(B_j) = \emptyset$ und $K(G) = K(B_1) \cup ... \cup K(B_t)$.

iii) Ist $x \in E(B_i) \cap E(B_j)$, so ist x eine Schnittecke von G.

iv) Ist x eine Schnittecke von G, so gehört x zu mindestens zwei verschiedenen Blöcken von G.

v) Ist $a \in E(B_i)$, $a \notin E(B_j)$ und $b \in E(B_j)$, $b \notin E(B_i)$, so liegt auf jedem Weg von a nach b eine Schnittecke $x \neq a, b$ von G.

vi) Ist $a \in E(B_i)$, $a \notin E(B_j)$ und $b \in E(B_j)$, $b \notin E(B_i)$, dann existiert eine Schnittecke x von G, so daß a und b in verschiedenen Komponenten von $G - x$ liegen.

Beweis. i) Gäbe es zwei verschiedene Ecken $x, y \in E(B_i) \cap E(B_j)$, so besäße der Teilgraph $B_i \cup B_j$ keine Schnittecke, womit B_i und B_j keine Blöcke von G wären.
ii) Die erste Aussage folgt direkt aus i). Da jede Kante in einem Block liegt, ergibt sich sofort der zweite Teil von ii).
iii) Es seien $u \in E(B_i)$ und $v \in E(B_j)$ mit $u, v \neq x$. Ist x keine Schnittecke von G, so gibt es in $G - x$ einen Weg W von u nach v. Dann besitzt aber der Teilgraph $B_i \cup B_j \cup W$ keine Schnittecke, womit wir einen Widerspruch erzeugt haben.
iv) Es seien H und L zwei Komponenten von $G - x$. Dann existieren zwei Kanten ax und bx mit $a \in E(H)$ und $b \in E(L)$. Da x eine Schnittecke von G ist, müssen diese beiden Kanten zu verschiedenen Blöcken von G gehören, womit x in mindestens zwei Blöcken liegt.
v) Es sei $W_{ab} = (a_0, k_1, a_1, k_2, a_2, ..., a_{p-1}, k_p, a_p)$ ein Weg von $a = a_0$ nach $b = a_p$ in G. Sind $a_1, ..., a_{p-1}$ keine Schnittecken von G, so gehören diese Ecken nach iii) jeweils zu genau einem Block von G. Da a_1 in genau einem Block liegt, gehören k_1 und k_2 und damit a, a_1 und a_2 zum Block B_i. Induktiv erhält man daraus den Widerspruch, daß a und b zum Block B_i gehören.
vi) Es sei $W_{ab} = (a_0, k_1, a_1, k_2, a_2, ..., a_{p-1}, k_p, a_p)$ ein Weg von $a = a_0$ nach $b = a_p$ in G und r der kleinste Index mit $a_r \notin E(B_i)$. Dann liegt a_{r-1} in mindestens zwei Blöcken und ist daher nach iii) eine Schnittecke. Gäbe es in $G - a_{r-1}$ noch einen Weg P von a nach b, so sei s mit $0 \leq s \leq r - 2$ der größte Index und l mit $r \leq l \leq p$ der kleinste Index, so daß $a_s, a_l \in E(P)$ gilt. Dann gehören aber die Ecken $a_s, ..., a_{r-2}, a_{r-1}, a_r, ..., a_l$ zu einem Block B^* von G und wegen $k_{r-1} \in K(B_i) \cap K(B^*)$ folgt aus ii) $B_i = B^*$, womit entgegen unserer Annahme auch noch a_r zu B_i gehört. Daher ist $x = a_{r-1}$ eine gesuchte Schnittecke von G. ||

Satz 6.2 Eine Ecke x eines zusammenhängenden Multigraphen G ist genau dann eine Schnittecke, wenn zwei von x verschiedene Ecken u, v $(u \neq v)$ existieren, so daß x auf jedem Weg von u nach v liegt.

Beweis. Ist x eine Schnittecke von G, so ist $G - x$ nicht zusammenhängend. Liegen die beiden Ecken u und v in verschiedenen Komponenten von $G - x$, so existiert kein Weg von u nach v in $G - x$. Da

G zusammenhängend ist, müssen dann in G alle Wege von u nach v über x führen.
Gibt es umgekehrt zwei Ecken u, v in G, so daß jeder Weg von u nach v durch die Ecke x geht, so existiert in $G - x$ kein Weg von u nach v, womit $G - x$ unzusammenhängend, also x eine Schnittecke ist. ||

Beispiel 6.1 Die Skizze zeigt uns einen Graphen G und seine Zerlegung in 6 kantendisjunkte Blöcke. Die Ecken x, y, u und v sind die Schnittecken von G, und die Blöcke B_1, B_4 und B_6 sind Endblöcke von G.

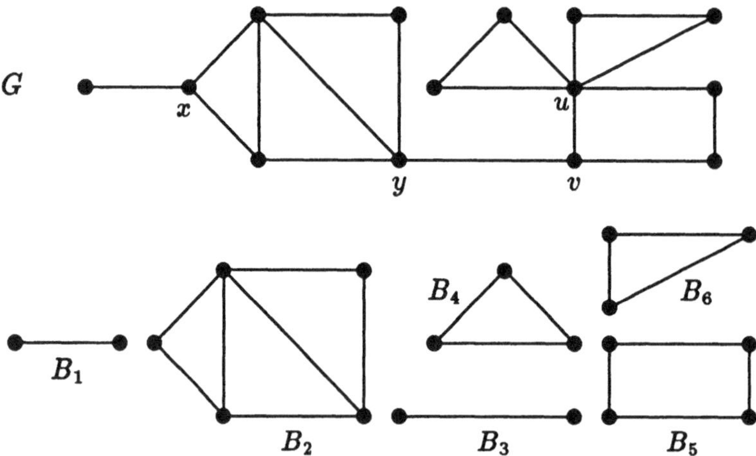

Satz 6.3 (Harary, Norman [1] 1953) Das Zentrum eines zusammenhängenden Multigraphen G liegt in einem einzigen Block von G.

Beweis. Angenommen, das Zentrum $Z(G)$ liegt nicht in einem Block von G. Dann besitzt G nach Satz 6.1 vi) eine Schnittecke v, so daß $G - v$ mindestens zwei Komponenten G_1 und G_2 hat, in denen sich Elemente aus $Z(G)$ befinden. Ist $e(v)$ die Exzentrizität der Ecke v in G, so sei $u \in E(G)$ mit $d_G(u, v) = e(v)$ und W_{uv} ein Weg von u nach v in G mit $L(W_{uv}) = e(v)$. Wenigstens eine der beiden Komponenten G_1 und G_2 enthält keine Ecke des Weges W_{uv}. Es gelte o.B.d.A. $E(W_{uv}) \cap E(G_2) = \emptyset$. Nun sei $x \in Z(G) \cap E(G_2)$ und W_{vx} ein Weg von v nach x in G mit $L(W_{vx}) = d_G(v, x)$. Fügt man die beiden Wege W_{uv} und W_{vx} zusammen, so erhält man einen Weg W_{ux} von u nach x in G mit $L(W_{ux}) = d_G(u, x)$. Denn gäbe es einen kürzeren Weg von u nach x, so würde dieser die Ecke v nicht enthalten, womit aber u und

x in der gleichen Komponente von $G - v$ lägen. Daraus ergibt sich

$$e(x) \geq d_G(u,x) = L(W_{ux}) > L(W_{uv}) = e(v),$$

was ein Widerspruch zu der Tatsache ist, daß die Ecke x zum Zentrum von G gehört. ||

Folgerung 6.1 Da in einem nicht trivialen Baum jeder Block ein K_2 ist, besteht das Zentrum eines Baumes entweder aus einem K_1 oder einem K_2.

Bemerkung 6.1 Jeder Graph kann das Zentrum eines anderen Graphen sein. Denn ist G ein beliebiger Graph, so betrachte man z.B. $K_2 \cup G \cup K_2$. In diesem Graphen verbinde man jeweils eine Ecke der beiden vollständigen Graphen K_2 mit allen Ecken von G durch eine Kante. Für den so konstruierten Graphen H gilt dann $\mathrm{dm}(H) = 4$, $r(H) = 2$ und $Z(H) = G$.

Weitere Informationen zu den Begriffen Durchmesser, Radius, Zentrum usw. erhält man aus dem gerade erschienenen Lehrbuch von Buckley und Harary [1] 1990.

Satz 6.4 Jeder nicht triviale, zusammenhängende Multigraph G besitzt mindestens zwei Ecken, die keine Schnittecken von G sind.

Beweis. Es seien u, v zwei Ecken mit $d(u,v) = \mathrm{dm}(G)$. Annahme, v ist eine Schnittecke. Dann gibt es eine Ecke a, die in einer anderen Komponente von $G - v$ als u liegt. Daher befindet sich v auf jedem Weg von a nach u in G, woraus $d(u,a) > d(u,v) = \mathrm{dm}(G)$ folgt, was aber nicht möglich ist. Das zeigt uns, daß v und entsprechend u keine Schnittecken sind. ||

Definition 6.2 Es sei G ein beliebiger Graph und $k = ab$ eine Kante von G. Wir sagen k wird *unterteilt*, wenn wir zu G eine neue Ecke x hinzufügen und die Kante k durch zwei neue Kanten ax und xb ersetzen. Ein Graph H heißt *Unterteilungsgraph* von G, wenn man H aus G durch sukzessives Unterteilen von Kanten erhält.

Satz 6.5 Ist G ein zusammenhängender Multigraph mit $|E(G)| \geq 3$, so sind folgende Aussagen äquivalent:

i) G ist ein Block.

ii) Je zwei Ecken von G liegen auf einem gemeinsamen Kreis.

iii) Je eine Ecke und eine Kante von G liegen auf einem gemeinsamen Kreis.

iv) Je zwei Kanten von G liegen auf einem gemeinsamen Kreis.

Beweis. Aus i) folgt ii). Sei a eine beliebige Ecke von G und $U(a)$ die Menge der Ecken, die auf einem gemeinsamen Kreis mit a liegen. Da G ein Block ist, gibt es keine Schnittecke, und da $|E(G)| \geq 3$ gilt, enthält G auch keine Brücke. Daher liegt nach Folgerung 1.1 jede Kante auf einem Kreis, womit alle Nachbarn von a zu $U(a)$ gehören. Ist $U(a) \neq E(G)$, so existiert eine Ecke $b \in E(G) - U(a)$. Da G zusammenhängend ist, gibt es einen Weg $(a_0, a_1, ..., a_t)$ von $a = a_0$ nach $b = a_t$. Es sei i der kleinste Index mit $a_i \notin U(a)$ und $a_{i-1} \in U(a)$ und C ein Kreis, der die beiden Ecken a und a_{i-1} enthält. Da a_{i-1} keine Schnittecke ist und $a_{i-1} \neq a$ gilt, existiert ein Weg $W = (a_i = x_0, x_1, ..., x_r = a)$, der die Ecke a_{i-1} nicht enthält. Ist a die einzige gemeinsame Ecke von C und W, so erkennt man leicht, daß es einen Kreis gibt, der die Ecken a und a_i enthält, womit wir einen Widerspruch erhalten. Daher gibt es weitere gemeinsame Ecken von C und W. Sei j der kleinste Index mit $1 \leq j < r$, so daß x_j zu C gehört. Dann läßt sich ein Kreis, der die Ecken a und a_i enthält, folgendermaßen konstruieren: Beginnend bei a_i nehme man zunächst den Teilweg von a_i nach x_j von W, danach den Teil des Kreises C von x_j nach a, der a_{i-1} nicht enthält, dann den Teil des Kreises C von a nach a_{i-1}, der noch nicht genommen wurde und zum Schluß die Kante $a_{i-1}a_i$. (Man beachte, daß $x_j = a_{i-1}$ nicht möglich ist.) Damit haben wir einen Widerspruch erzeugt, womit es eine solche Ecke b nicht geben kann.
Aus ii) folgt i). Hätte G eine Schnittecke x, so würden nach Satz 6.2 zwei Ecken u, v existieren, so daß x auf jedem Weg von u nach v läge. Ist nun C ein Kreis, der die beiden Ecken u und v enthält, so ergibt das einen offensichtlichen Widerspruch.
Aus i) folgt iii). Es sei $k = ab$ und o.B.d.A. $u \neq a, b$. Durch Einfügen einer neuen Ecke x unterteilen wir die Kante k in die Kanten ax und xb. Dieser neue Graph G' ist wieder ein Block und erfüllt damit ii). Daher gibt es in G' einen Kreis, der durch die Ecken x und u geht, womit ein entsprechender Kreis in G die Kante k und die Ecke u enthält.
Aus i) folgt iv) zeigt man analog zum letzten Teil des Beweises.

Da ii) sofort aus iii) und iii) sofort aus iv) folgt, ist Satz 6.5 vollständig bewiesen. ||

Definition 6.3 Es sei G ein zusammenhängender Multigraph. Sind $B_1, ..., B_r$ die Blöcke und $x_1, ..., x_t$ die Schnittecken von G, so definieren wir einen schlichten, bipartiten Graphen $BS(G)$ auf den Eckenmengen $X = \{B_1, ..., B_r\}$ und $Y = \{x_1, ..., x_t\}$, wobei die Ecken B_i und x_j genau dann durch eine Kante verbunden werden, wenn $x_j \in E(B_i)$ gilt.

Satz 6.6 Ist G ein zusammenhängender, nicht trivialer Multigraph, so ist der gemäß Definition 6.3 gegebene bipartite Graph $BS(G)$ ein Baum.

Beweis. Nehmen wir zunächst an, daß der Graph $BS(G)$ nicht zusammenhängend ist, und es sei U eine Komponente von $BS(G)$. Mit H bezeichnen wir die Vereinigung aller Blöcke von G, die durch U induziert werden, und L sei die Vereinigung der verbleibenden Blöcke von G. Da G zusammenhängend ist, gilt $E(H) \cap E(L) \neq \emptyset$. Sei x eine Ecke aus dieser Schnittmenge, dann ist x nach Satz 6.1 iii) eine Schnittecke von G, und nach der Definition von $BS(G)$ ist x in diesem Graphen adjazent zu einer Ecke aus U, aber auch zu einer Ecke, die nicht zu U gehört. Das widerspricht der Voraussetzung, daß U eine Komponente ist.
Nun nehmen wir an, daß $BS(G)$ einen Kreis besitzt. Da $BS(G)$ schlicht ist, finden wir dann $p \geq 2$ verschiedene Blöcke $B_1^*, ..., B_p^*$ in G und p verschiedene Schnittecken $y_1, ..., y_p$ von G mit folgenden Eigenschaften. Die Ecke y_i liegt in B_{i-1}^* und B_i^* für $1 \leq i \leq p$, wobei $B_0^* = B_p^*$ gesetzt wird. $R = B_2^* \cup ... \cup B_p^*$ ist ein zusammenhängender Teilgraph von G. Daher existiert in R ein Weg W von y_1 nach y_2 mit $K(W) \cap K(B_1^*) = \emptyset$. Dann besitzt aber der Teilgraph $W \cup B_1^*$ keine Schnittecke, was der Eigenschaft widerspricht, daß B_1^* ein Block von G ist. ||

Folgerung 6.2 Ist G ein zusammenhängender Multigraph mit einer Schnittecke, so besitzt G mindestens zwei Endblöcke.

Beweis. Da G eine Schnittecke besitzt, hat der Baum $BS(G)$ wenigstens drei Ecken. Nach Satz 2.3 existieren dann mindestens zwei Endecken in $BS(G)$, die aber genau den Endblöcken von G entsprechen. ||

Definition 6.4 Es sei G ein zusammenhängender Multigraph. Sind $B_1, ..., B_r$ die Blöcke von G, so definieren wir einen neuen schlichten Graphen $B(G)$ auf der Eckenmenge $X = \{B_1, ..., B_r\}$, wobei zwei verschiedene Ecken B_i und B_j genau dann adjazent sind, wenn gilt: $E(B_i) \cap E(B_j) \neq \emptyset$.

Im Zusammenhang mit dieser Definition läßt sich folgender Satz beweisen (man vgl. Aufgabe 6.13).

Satz 6.7 Ist G ein zusammenhängender Multigraph, so ist der in Definition 6.4 eingeführte Graph $B(G)$ ein Blockgraph.

Bemerkung 6.2 Jeder nicht triviale Baum ist ein Blockgraph, wobei jeder Block ein K_2 ist.

Definition 6.5 Ein Block G heißt *eckenkritisch,* wenn für jede Ecke $x \in E(G)$ der Graph $G - x$ kein Block ist.
Ein Block G heißt *kantenkritisch,* wenn für jede Kante $k \in K(G)$ der Graph $G - k$ kein Block ist.

Beispiel 6.2 In der Skizze ist der Block G_1 kantenkritisch, aber nicht eckenkritisch, während der Block G_2 eckenkritisch, aber nicht kantenkritisch ist.

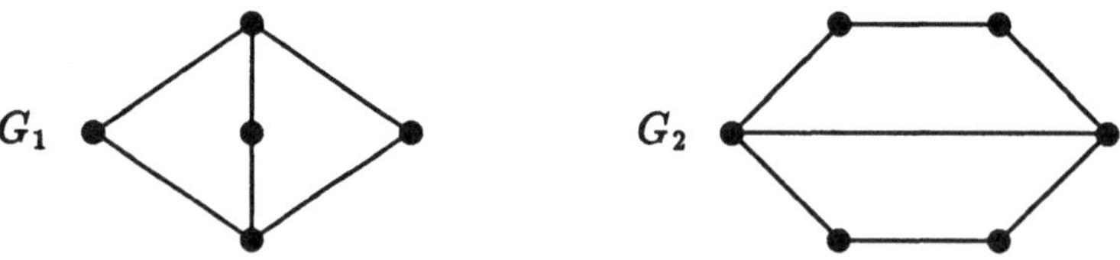

Die beiden Graphen G_1 und G_2 besitzen Ecken vom Grad 2. In den nächsten beiden Sätzen wollen wir zeigen, daß dies für alle kritischen, schlichten Blöcke der Fall ist.

Satz 6.8 Jeder eckenkritische, schlichte Block der Ordnung $n(G) \geq 4$ besitzt eine Ecke vom Grad 2.

Beweis. Ist G ein schlichter, eckenkritischer Block mit $n(G) \geq 4$, so existiert zu jeder Ecke x eine Ecke y in $G - x$, so daß $G - \{x, y\}$ nicht zusammenhängend ist. Unter allen Paaren von Ecken x, y mit dieser Eigenschaft wählen wir ein Paar u, v, für welches die Ordnung

der kleinsten Komponente von $G - \{u,v\}$ minimal ist. Ist G_1 die kleinste Komponente von $G - \{u,v\}$, so sei G_2 die Vereinigung der verbleibenden Komponenten. Im folgenden zeigen wir $n(G_1) = n_1 = 1$, womit die einzige Ecke aus G_1 nur die beiden Nachbarn u und v in G hat und damit vom Grad 2 ist.
Angenommen, es ist $n_1 \geq 2$. Da wir G als Block vorausgesetzt haben, ist der Teilgraph $H = G[E(G_1) \cup \{u,v\}]$ zusammenhängend. Wählt man für $a_1 \in E(G_1)$ eine Ecke a_2 aus $G - a_1$, so daß $G - \{a_1, a_2\}$ nicht zusammenhängend ist, so unterscheiden wir zwei Fälle.
1. Fall: $a_2 \in E(H)$. Da die beiden Graphen $G[E(G_2) \cup \{u\}]$ und $G[E(G_2) \cup \{v\}]$ zusammenhängend sind, und mindestens einer von beiden zu $G - \{a_1, a_2\}$ gehört, gibt es in $G - \{a_1, a_2\}$ eine Komponente von kleinerer Ordnung als n_1, was einen Widerspruch zur Wahl von G_1 bedeutet.
2. Fall: $a_2 \in E(G_2)$. Da $G - a_2$ zusammenhängend ist, hat a_1 in jeder Komponente von $G - \{a_1, a_2\}$ einen Nachbarn. Nach Konstruktion gilt $N(a_1, G) \subseteq E(H)$, womit H Ecken aus jeder Komponente von $G - \{a_1, a_2\}$ besitzt.
Nun zeigen wir, daß $H - a_1$ in genau zwei Komponenten H_u und H_v mit $u \in E(H_u)$ und $v \in E(H_v)$ zerfällt. Denn wäre $H - a_1$ zusammenhängend, so gäbe es zwischen je zwei Ecken von $H - a_1$ einen Weg in $H - a_1$, der a_2 nicht enthält. Damit gäbe es aber Wege zwischen den Komponenten von $G - \{a_1, a_2\}$, die weder a_1 noch a_2 enthalten, was natürlich nicht möglich ist. Da G ein Block ist, überlegt man sich mit Hilfe von Satz 6.5, daß es in G für jedes $x \in E(H)$ zwei eckendisjunkte (mit Ausnahme der Ecke x) Wege W_{xu} bzw. W_{xv} von x nach u bzw. von x nach v gibt, die a_2 nicht enthalten. Daher gibt es in $H - a_1$ für jede Ecke einen Weg nach u oder nach v. Da $H - a_1$ nicht zusammenhängend ist, zerfällt $H - a_1$ in die beiden gewünschten Komponenten H_u und H_v.
Sind H_u und H_v triviale Graphen, so sind wir fertig. Ist aber o.B.d.A. $|E(H_u)| \geq 2$, so gibt es in H_u eine Ecke $x \neq u$, und in G führt jeder Weg von x nach a_2 über die Ecke u oder die Ecke v. Daher führt in $G - u$ jeder Weg von x nach a_2 über v und damit notwendig über a_1. Das bedeutet, daß $G - \{a_1, u\}$ nicht zusammenhängend ist, und die Komponente H_x von $G - \{a_1, u\}$, die x enthält, ein Teilgraph von $H_u - u$ sein muß. Daraus folgt $n(H_x) < n(G_1)$, was der minimalen Ordnung von G_1 widerspricht. ||

Satz 6.9 Jeder kantenkritische, schlichte Block G mit $n(G) \geq 4$ besitzt eine Ecke vom Grad 2.

Beweis. Es sei G ein schlichter, kantenkritischer Block mit $n(G) \geq 4$, der keine Ecke vom Grad 2 besitzt. Dann ist G nach Satz 6.8 nicht eckenkritisch und besitzt daher eine Ecke x, so daß $G - x$ wieder ein Block ist. Ist die Kante k inzident mit x, so besitzt $G - k$ nach Voraussetzung eine Schnittecke u, die natürlich von x verschieden ist. Da $G - u$ zusammenhängend ist, aber $(G - u) - k$ nicht, muß k eine Brücke von $G - u$ sein. Weiter ergibt sich aus dem Zusammenhang von $G - \{x, u\}$, daß k eine Endkante und x eine Endecke von $G - u$ ist. Daher hat die Ecke x den Grad 1 in $G - u$ und den Grad 2 in G, womit wir einen Widerspruch erzielt haben. ||

Erweiterungen und Verallgemeinerungen der Sätze 6.8 und 6.9 findet man z.B. bei Halin [1] 1969 und Mader [1] 1971.

6.2 Line-Graphen

Definition 6.6 Es sei G ein schlichter Graph. Der schlichte Graph $\mathcal{L}(G) = (E(\mathcal{L}(G)), K(\mathcal{L}(G)))$ mit $E(\mathcal{L}(G)) = K(G)$ und

$$K(\mathcal{L}(G)) = \{\{k, l\} | k, l \in K(G) \text{ und } l \neq k \text{ sind inzident in } G\}$$

heißt *Line-Graph* oder *Kantengraph* von G.

Bemerkung 6.3 Ist G ein schlichter Graph und $k = xy \in K(G)$, so gilt

$$d(k, \mathcal{L}(G)) = d(x, G) + d(y, G) - 2.$$

Ein schlichter Graph G ohne isolierte Ecken ist genau dann zusammenhängend, wenn sein Line-Graph $\mathcal{L}(G)$ zusammenhängend ist. Jede Brücke eines schlichten Graphen G, die keine Endkante ist, ist eine Schnittecke von $\mathcal{L}(G)$ und umgekehrt.

Satz 6.10 Ist G ein schlichter Graph mit m Kanten, so besitzt $\mathcal{L}(G)$ natürlich m Ecken, und es gilt

$$|K(\mathcal{L}(G))| = \frac{1}{2} \sum_{x \in E(G)} d(x, G)^2 - m.$$

Beweis. Eine Ecke x von G liefert $\frac{1}{2}d(x,G)(d(x,G)-1)$ Kanten in $\mathcal{L}(G)$. Daraus ergibt sich

$$\begin{aligned} |K(\mathcal{L}(G))| &= \frac{1}{2}\sum_{x\in E(G)} d(x,G)(d(x,G)-1) \\ &= \frac{1}{2}\sum_{x\in E(G)} d(x,G)^2 - \frac{1}{2}\sum_{x\in E(G)} d(x,G) \\ &= \frac{1}{2}\sum_{x\in E(G)} d(x,G)^2 - m. \quad \| \end{aligned}$$

Satz 6.11 Ein schlichter, zusammenhängender Graph G ist genau dann isomorph zu seinem Line-Graphen, wenn er ein Kreis ist.

Beweis. Ist G ein Kreis, so ist leicht zu sehen, daß $G \cong \mathcal{L}(G)$ gilt. Nun gelte umgekehrt $G \cong \mathcal{L}(G)$. Dann ist $n = |E(G)| = |E(\mathcal{L}(G))| = m$, also $\mu(G) = m - n + 1 = 1$, womit G nach Satz 2.6 genau einen Kreis C besitzt. Mit $\mathcal{L}(C)$ bezeichnen wir das isomorphe Bild von C in $\mathcal{L}(G)$. Nun nehmen wir an, daß eine Ecke $x \in E(C)$ existiert mit $d(x,G) > 2$. Es sei k eine zu x inzidente Kante mit $k \notin K(C)$. Dann ist k eine Ecke von $\mathcal{L}(G)$, die nicht zum Kreis $\mathcal{L}(C)$ gehört, aber zu zwei Ecken des Kreises $\mathcal{L}(C)$ adjazent ist. Damit haben wir in $\mathcal{L}(G)$ einen weiteren Kreis gefunden, was aber nicht möglich ist, da auch $\mathcal{L}(G)$ nur einen Kreis enthält. $\|$

Sind zwei schlichte Graphen G und G' isomorph, so sind natürlich auch ihre Line-Graphen $\mathcal{L}(G)$ und $\mathcal{L}(G')$ isomorph. Im Jahre 1932 zeigte Whitney [2], daß auch die Umkehrung fast immer richtig ist.

Satz 6.12 (Whitney [2] 1932) Es seien G und G' zwei schlichte, zusammenhängende Graphen mit isomorphen Line-Graphen. Dann sind auch G und G' isomorph, es sei denn, der eine ist der K_3 und der andere der $K_{1,3}$.

Der wohl einfachste Beweis des Satzes von Whitney geht auf Jung [1] 1966 zurück. Dieser Beweis befindet sich auch in dem Lehrbuch von Harary [1] auf Seite 72.

Definition 6.7 Ein Graph G heißt *Line-Graph*, wenn ein schlichter Graph H existiert mit $\mathcal{L}(H) \cong G$.

Zunächst wollen wir die bipartiten Line-Graphen charakterisieren.

Satz 6.13 Es sei G ein schlichter, zusammenhängender und bipartiter Graph. G ist genau dann der Line-Graph eines Graphen H, also $G \cong \mathcal{L}(H)$, wenn G ein Kreis gerader Länge oder ein Weg ist.

Beweis. Ist G ein Kreis gerader Länge, so folgt aus Satz 6.11 sofort $G \cong \mathcal{L}(G)$, womit wir in diesem Fall $H = G$ wählen können. Ist G ein Weg der Länge $p \geq 0$ und W ein Weg der Länge $p+1$, so gilt $G \cong \mathcal{L}(W)$, also $H = W$.
Nun gelte $G \cong \mathcal{L}(H)$. Gibt es in H eine Ecke x mit $d(x, H) \geq 3$, so besitzt $\mathcal{L}(H)$ ein Dreieck, womit $\mathcal{L}(H)$ nicht bipartit ist. Daher muß H ein Kreis oder ein Weg sein. Da nach Satz 6.11 H kein Kreis ungerader Länge sein kann, ist der Satz bewiesen. ||

Eine erste vollständige Charakterisierung der Line-Graphen stammt von Krausz [1] aus dem Jahre 1943.

Satz 6.14 (Krausz [1] 1943) Ein schlichter Graph G ist genau dann ein Line-Graph, wenn sich G in kantendisjunkte vollständige Teilgraphen zerlegen läßt, so daß jede Ecke von G zu höchstens zwei dieser Teilgraphen gehört.

Beweis. Es gebe einen schlichten Graphen H mit $\mathcal{L}(H) \cong G$, und o.B.d.A. besitze H keine isolierten Ecken. Ist $x \in E(H)$, so induziert diese Ecke zusammen mit allen zu x inzidenten Kanten einen vollständigen Teilgraphen von $\mathcal{L}(H)$, und jede Kante von $\mathcal{L}(H)$ liegt in genau einem solchem Teilgraphen. Da jede Kante von H mit genau zwei Ecken inzidiert, gehört keine Ecke von $\mathcal{L}(H)$ zu mehr als zwei dieser Teilgraphen.
Nun sei $S_1, ..., S_q$ eine zulässige Zerlegung von G in vollständige Teilgraphen. Wir geben einen Graphen H an, dessen Line-Graph isomorph zu G ist. Ist $U = \{x | x \in E(S_i)$ für genau ein $i = 1, ..., q\}$ und $S = \{S_1, ..., S_q\}$, so setzen wir $E(H) = S \cup U$,

$$\begin{aligned} K_1(H) &= \{S_iS_j | E(S_i) \cap E(S_j) \neq \emptyset,\ i \neq j\}, \\ K_2(H) &= \{xS_i | x \in U \text{ und } x \in E(S_i)\}, \\ K(H) &= K_1(H) \cup K_2(H). \end{aligned}$$

Nun ist es nicht schwer zu sehen, daß $\mathcal{L}(H) \cong G$ gilt. Dabei liefern die Kanten von $K_1(H)$ die Ecken von G, in denen die vollständigen Teilgraphen S_i verheftet sind und die Kanten aus $K_2(H)$ diejenigen

Ecken von S_i, die in nur einem solchen Teilgraphen liegen. ||

Interessante Charakterisierungen von Line-Graphen durch verbotene induzierte Teilgraphen gehen auf Rooij und Wilf [1] sowie Beineke [1] zurück (man vgl. auch Harary [1], S. 74).

Beispiel 6.3 Der skizzierte Graph G ist nach Satz 6.14 ein Line-Graph, denn er besitzt mit $S_1 = G[\{x_1, x_4, x_5\}]$, $S_2 = G[\{x_1, x_2\}]$ und $S_3 = G[\{x_2, x_3, x_5, x_6\}]$ eine zulässige Zerlegung in vollständige Teilgraphen.
Mit Hilfe der im Beweis von Satz 6.14 angegebenen Konstruktion ergibt sich der skizzierte Graph H mit $\mathcal{L}(H) \cong G$.

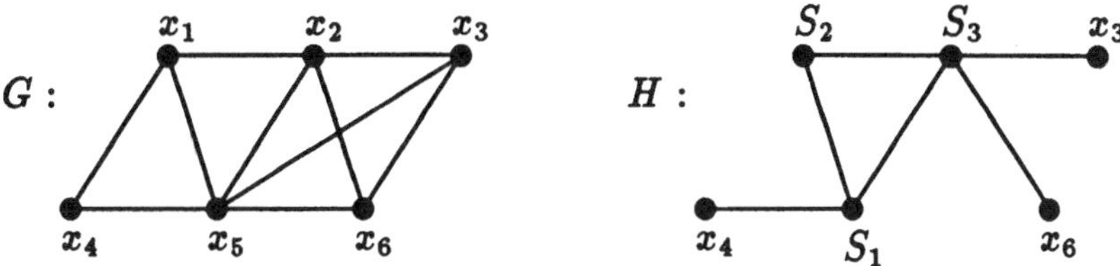

Folgerung 6.3 Es sei G ein schlichter Graph. Ist der vollständige bipartite Graph $K_{1,3}$ ein (durch Ecken) induzierter Teilgraph von G, so kann G kein Line-Graph sein.

Beweis. Zerlegt man G in kantendisjunkte vollständige Teilgraphen, so gehört jede Kante des $K_{1,3}$ zu einem anderen solchen vollständigen Teilgraphen. Damit gehört das Zentrum des $K_{1,3}$ notwendig zu drei verschiedenen vollständigen Teilgraphen, womit G nach dem Satz von Krausz kein Line-Graph ist. ||

Satz 6.15 (Chartrand) (Man vgl. Harary [1], S. 78.) Ein schlichter Graph G ist genau dann der Line-Graph eines Baumes T, wenn G ein Blockgraph ist, bei dem jede Schnittecke zu genau zwei Blöcken von G gehört.

Beweis. Ist $G \cong \mathcal{L}(T)$, so gilt $G \cong B(T)$ (man vgl. Definition 6.4), denn die Kanten und Blöcke eines Baumes entsprechen sich in eindeutiger Weise. Nach Satz 6.7 ist dann G ein Blockgraph. Jede Schnittecke von $\mathcal{L}(T)$ entspricht einer Brücke von T, die keine Endkante ist, und liegt daher in genau zwei Blöcken von $\mathcal{L}(T)$.

Nun sei umgekehrt G ein Blockgraph, bei dem jede Schnittecke in genau zwei Blöcken liegt. Da jeder Block eines Blockgraphen vollständig ist, gibt es nach dem Satz von Krausz (Satz 6.14) einen schlichten Graphen H ohne isolierte Ecken mit $G \cong \mathcal{L}(H)$. Ist $G = K_3$, so können wir $H = K_{1,3}$ wählen. Ist G ein anderer Graph, so ist H natürlich zusammenhängend, und wir werden zeigen, daß H ein Baum ist. Nehmen wir an, daß H einen Kreis besitzt. Wenn H selbst ein Kreis ist, so gilt $\mathcal{L}(H) \cong H \cong G$. Aber der einzige Kreis, der ein Blockgraph ist, ist der K_3, den wir schon ausgeschlossen haben. Daher besitzt H einen kürzesten Kreis $C = (x_1, k_1, x_2, ..., x_p, k_p, x_1)$ mit $p \geq 3$ und eine Kante k, die mit genau einer Ecke des Kreises, sagen wir mit x_1, inzidiert. Man überlegt sich leicht, daß die Ecken k und k_2 in $\mathcal{L}(H)$ auf einem Kreis liegen. Damit gehören k und k_2 zu einem Block D von G (man vgl. Aufgabe 6.3), der nach Voraussetzung vollständig ist. Da die Kanten k und k_2 in H nicht inzidieren, sind sie als Ecken in $\mathcal{L}(H) \cong G$ nicht adjazent. Das ist ein Widerspruch dazu, daß der Block D vollständig ist. ||

Satz 6.16 Es sei G ein schlichter Graph.

i) Ist G Eulersch, so ist $\mathcal{L}(G)$ sowohl Eulersch als auch Hamiltonsch.

ii) Ist G Hamiltonsch, so ist $\mathcal{L}(G)$ Hamiltonsch.

Beweis. i) Nach Bemerkung 6.3 ist der Eckengrad jeder Ecke von $\mathcal{L}(G)$ gerade, womit $\mathcal{L}(G)$ Eulersch ist.
Ist $(x_1, k_1, x_2, k_2, ..., x_{m-1}, k_{m-1}, x_m, k_m, x_1)$ eine Eulertour von G, so ist $(k_1, k_2, ..., k_m, k_1)$ ein Hamiltonkreis von $\mathcal{L}(G)$.
ii) Es sei $(x_1, k_1, x_2, k_2, ..., x_{n-1}, k_{n-1}, x_n, k_n, x_1)$ ein Hamiltonkreis von G. In $\mathcal{L}(G)$ beginne man mit der Ecke k_1 und durchlaufe nacheinander alle zu k_1 inzidenten Kanten außer k_2 und k_n. Dann durchlaufe man k_2 und alle noch nicht durchlaufenen Kanten, die zu k_2 inzident sind, außer k_3 und k_n. Dann durchlaufe man k_3 usw. ||

Bemerkung 6.4 Der Graph $G = K_{1,3}$ mit $\mathcal{L}(G) \cong K_3$ zeigt, daß sich die Aussagen von Satz 6.16 nicht umkehren lassen.

Es gibt effiziente Algorithmen, die entscheiden, ob ein vorgegebener schlichter Graph G ein Line-Graph ist, und sie liefern gegebenenfalls einen Graphen H mit $\mathcal{L}(H) \cong G$. Dazu vgl. man z.B. Roussopoulos [1] 1973, Lehot [1] 1974 und Syslo [1] 1982. Das Konzept der Line-Graphen wurde 1989 von Broersma und Hoede [1] verallgemeinert.

6.3 Graphenoperationen

In diesem Abschnitt stellen wir einige Graphenoperationen vor, die sich als nützlich erwiesen haben.

Definition 6.8 Es sei G ein Graph. Ist q eine natürliche Zahl, so bezeichnen wir mit qG die disjunkte Vereinigung von q Exemplaren von G.
Es sei $\mathcal{H} = \{H_x | x \in E(G)\}$ eine Familie von nicht leeren Graphen, die durch die Ecken von G indiziert ist. Die *Korona* $G \circ \mathcal{H}$ von G und $\mathcal{H}$ besteht aus der disjunkten Vereinigung von G und den $n(G)$ Graphen H_x, $x \in E(G)$, zusammen mit den zusätzlichen Kanten, die jede Ecke x aus G jeweils mit allen Ecken aus H_x verbinden. Sind alle Graphen der Familie $\mathcal{H}$ isomorph zu einem Graphen H, so schreiben wir $G \circ H$ an Stelle von $G \circ \mathcal{H}$.

Satz 6.17 Die Korona $G \circ \mathcal{H}$ eines Graphen G und einer Familie $\mathcal{H} = \{H_x | x \in E(G)\}$ von Graphen ist genau dann ein Baum, wenn G ein Baum ist, und alle H_x Nullgraphen sind.

Satz 6.18 Die Korona $G \circ \mathcal{H}$ eines Graphen G und einer Familie $\mathcal{H} = \{H_x | x \in E(G)\}$ von Graphen ist genau dann Hamiltonsch, wenn $G \cong K_1$, und der einzige verbleibende Graph H aus der Familie $\mathcal{H}$ semi-Hamiltonsch ist mit $|E(H)| \geq 2$.

Satz 6.19 Die Korona $G \circ \mathcal{H}$ eines Graphen G und einer Familie $\mathcal{H} = \{H_x | x \in E(G)\}$ von Graphen ist genau dann Eulersch, wenn G Eulersch und $d(a, H_x)$ ungerade für alle $x \in E(G)$ und alle $a \in E(H_x)$ ist.

Definition 6.9 Es seien G_1 und G_2 zwei schlichte, disjunkte Graphen. Alle folgenden Operationen mit den Graphen G_1 und G_2 ergeben einen Graphen, dessen Eckenmenge das kartesische Produkt $E(G_1) \times E(G_2)$ ist.
Zwei Ecken (a, u) und (b, v) des *kartesischen Produktes* $G_1 \times G_2$ sind adjazent, wenn [$a = b$ und u adjazent zu v] oder [$u = v$ und a adjazent zu b].
Zwei Ecken (a, u) und (b, v) des *lexikographischen Produktes* $G_1[G_2]$ sind adjazent, wenn [a adjazent zu b] oder [$a = b$ und u adjazent zu v]. $G_1[G_2]$ nennt man auch *Komposition* der Graphen G_1 und G_2.
Zwei Ecken (a, u) und (b, v) der *Konjunktion* $G_1 \wedge G_2$ sind adjazent,

wenn [a adjazent zu b] und [u adjazent zu v].
Zwei Ecken (a, u) und (b, v) der *Disjunktion* $G_1 \vee G_2$ sind adjazent, wenn [a adjazent zu b] oder [u adjazent zu v].

Satz 6.20 Sind G_1 und G_2 zwei schlichte, disjunkte und bipartite Graphen, so ist $G_1 \times G_2$ ein bipartiter Graph.

Beweis. Sind E_1, E_1' und E_2, E_2' Bipartitionen der Graphen G_1 und G_2, so ist

$$(E_1 \times E_2) \cup (E_1' \times E_2'), \quad (E_1' \times E_2) \cup (E_1 \times E_2')$$

eine Bipartition von $G_1 \times G_2$. ||

Satz 6.21 Es seien W_p und W_q disjunkte Wege der positiven Längen p und q. Das kartesische Produkt $G = W_p \times W_q$ ist genau dann Hamiltonsch, wenn p oder q ungerade ist.

Beweis. Ist p oder q ungerade, so ist es nicht schwer, einen Hamiltonkreis in G zu finden.
Nach Satz 6.20 ist G ein bipartiter Graph. Ist $p = 2i$ und $q = 2j$, so ist $|E(G)| = (2i + 1)(2j + 1)$ ungerade, womit G nach Folgerung 4.3 kein Hamiltonscher Graph sein kann. ||

Satz 6.22 Es seien G_1 und G_2 zwei schlichte, disjunkte Graphen mit $|E(G_1)| = n_1$, $|E(G_2)| = n_2$, $|K(G_1)| = m_1$ und $|K(G_2)| = m_2$. Für die in Definition 5.5 und Definition 6.9 gegebenen Graphen lassen sich die Anzahl der Ecken und Kanten berechnen. Die Ergebnisse fassen wir in einer Tabelle zusammen.

Operation		Eckenzahl	Kantenzahl
Summe	$G_1 + G_2$	$n_1 + n_2$	$m_1 + m_2 + n_1 n_2$
kart. Produkt	$G_1 \times G_2$	$n_1 n_2$	$n_1 m_2 + n_2 m_1$
Komposition	$G_1[G_2]$	$n_1 n_2$	$n_1 m_2 + n_2^2 m_1$
Konjunktion	$G_1 \wedge G_2$	$n_1 n_2$	$2 m_1 m_2$
Disjunktion	$G_1 \vee G_2$	$n_1 n_2$	$n_1^2 m_2 + n_2^2 m_1 - 2 m_1 m_2$

Beweis. Bei diesen Operationen gibt es für die Anzahl der Ecken nichts zu beweisen. Bei der Summe ist auch die Formel für die Anzahl der Kanten sofort einzusehen.
Es seien (x_i, y_j) die Ecken der anderen vier Graphen mit $1 \leq i \leq n_1$ und $1 \leq j \leq n_2$. Dann gilt

$$d((x_i, y_j), G_1 \times G_2) = d(x_i, G_1) + d(y_j, G_2).$$

Daraus ergibt sich

$$\begin{aligned} |K(G_1 \times G_2)| &= \frac{1}{2} \sum_{\substack{1 \le i \le n_1 \\ 1 \le j \le n_2}} (d(x_i, G_1) + d(y_j, G_2)) \\ &= \frac{1}{2} \sum_{1 \le j \le n_2} (d(G_1) + n_1 d(y_j, G_2)) \\ &= m_1 n_2 + n_1 m_2. \end{aligned}$$

Für das lexikographische Produkt erhält man die Anzahl der Kanten aus

$$d((x_i, y_j), G_1[G_2]) = n_2 d(x_i, G_1) + d(y_j, G_2).$$

Für die Konjunktion und Disjunktion berechnet man die Anzahl der Kanten aus

$$d((x_i, x_j), G_1 \wedge G_2) = d(x_i, G_1) \cdot d(y_j, G_2),$$

$$d((x_i, y_j), G_1 \vee G_2) = n_2 d(x_i, G_1) + n_1 d(y_j, G_2) - d((x_i, x_j), G_1 \wedge G_2). \quad \|$$

6.4 Aufgaben

Aufgabe 6.1 Man gebe einen schlichten Block G von minimaler Ordnung an, der nicht Hamiltonsch ist, aber einen Kreis besitzt.

Aufgabe 6.2 Man bestimme die maximale Anzahl von Schnittecken in einem Multigraphen der Ordnung n.

Aufgabe 6.3 Ist G ein Multigraph, so zeige man, daß jeder Kreis in einem Block liegt.

Aufgabe 6.4 Es sei G ein Multigraph und $b(x)$ die Anzahl der Blöcke von G, in der die Ecke x liegt. Für die Anzahl $b(G)$ der Blöcke von G zeige man

$$b(G) = \kappa(G) + \sum_{x \in E(G)} (b(x) - 1).$$

Aufgabe 6.5 Es seien $B_1, ..., B_p$ die Blöcke des Multigraphen G.
i) Man zeige

$$n(G) = \kappa(G) - p + \sum_{i=1}^{p} |E(B_i)|.$$

ii) Es sei $s(B_i)$ die Anzahl der Schnittecken von G im Block B_i. Für die Anzahl $s(G)$ der Schnittecken von G zeige man

$$s(G) = \kappa(G) - p + \sum_{i=1}^{p} s(B_i).$$

Aufgabe 6.6 Als Verschärfung von Satz 2.9 beweise man: Jeder Multigraph besitzt eine Ecke, die auf mindestens $\frac{1}{2}\delta(\delta-1)$ Kreisen liegt.

Aufgabe 6.7 Es sei G ein schlichter Graph mit mindestens einer Schnittecke. Ist $n(G) = n$ und $\delta(G) = \delta$, so zeige man

$$\nu(G) \leq \nu(K_{\delta+1}) + \nu(K_{n-\delta}).$$

Hinweis: Für $p \geq i \geq 2$ beweise man die Ungleichung

$$\nu(K_p) + \nu(K_i) < \nu(K_{p+1}) + \nu(K_{i-1}).$$

Aufgabe 6.8 Es sei G ein nicht trivialer, zusammenhängender und schlichter Graph ohne Kreise gerader Länge. Man zeige, daß jeder Block von G ein K_2 oder ein Kreis ungerader Länge ist.

Aufgabe 6.9 Es sei k eine Kante des K_4. Ist $G = K_4 - k$ ein Line-Graph? Wenn ja, so gebe man einen Graphen H mit $\mathcal{L}(H) = G$ an.

Aufgabe 6.10 Es sei G ein schlichter, zusammenhängender Graph. Man bestimme eine notwendige und hinreichende Bedingung dafür, daß $\mathcal{L}(G)$ regulär ist. Man gebe Beispiele nicht regulärer Graphen an (Bäume und Graphen die Kreise enthalten), die reguläre Line-Graphen besitzen.

Aufgabe 6.11 Ein schlichter Graph G besitze einen geschlossenen Kantenzug C, so daß jede Kante, die nicht zu C gehört, mit einer Kante aus C inzidiert. Man zeige, daß $\mathcal{L}(G)$ Hamiltonsch ist.

Aufgabe 6.12 Man gebe einen zusammenhängenden Graphen G an, so daß $\mathcal{L}(G)$ nicht Eulersch, aber $\mathcal{L}(\mathcal{L}(G))$ Eulersch ist.

Aufgabe 6.13 Man beweise Satz 6.7.

Aufgabe 6.14 Man beweise Satz 6.17.

Aufgabe 6.15 Man beweise Satz 6.18.

Aufgabe 6.16 Man beweise Satz 6.19.

Aufgabe 6.17 Man fülle die Lücken im Beweis von Satz 6.22.

Kapitel 7

Unabhängige Mengen

7.1 Unabhängige Mengen und Cliquen

Definition 7.1 Es sei G ein Multigraph.

i) Eine Eckenmenge I von G heißt *unabhängig,* wenn keine zwei Ecken aus I adjazent sind. Ist I eine unabhängige Eckenmenge, und gibt es keine unabhängige Eckenmenge I' mit $|I'| > |I|$, so heißt I *maximale unabhängige Eckenmenge* und $|I| = \alpha(G) = \alpha$ *Eckenunabhängigkeitszahl* oder *Unabhängigkeitszahl* von G.

ii) Eine Eckenmenge T von G heißt *Eckenüberdeckung* oder *Überdeckung,* wenn jede Kante des Graphen mit mindestens einer Ecke aus T inzidiert. Ist T eine Überdeckung, und gibt es keine Überdeckung T' mit $|T'| < |T|$, so heißt T *minimale Überdekkung* und $|T| = \beta(G) = \beta$ *Eckenüberdeckungszahl* oder *Überdeckungszahl* von G.

iii) Eine Kantenmenge M von G heißt *unabhängig,* wenn M ein Matching ist. Ist M ein maximales Matching, so nennen wir $|M| = \alpha_0(G) = \alpha_0$ *Kantenunabhängigkeitszahl* von G.

iv) Eine Kantenmenge L von G heißt *Kantenüberdeckung,* wenn jede Ecke des Graphen mit mindestens einer Kante aus L inzidiert. Ist L eine Kantenüberdeckung, und gibt es keine Kantenüberdeckung L' mit $|L'| < |L|$, so heißt L *minimale Kantenüberdeckung* und $|L| = \beta_0(G) = \beta_0$ *Kantenüberdeckungszahl* von G.

Satz 7.1 (Gallai [1] 1959) Ist G ein Multigraph, so gilt:

i) Eine Eckenmenge I ist genau dann unabhängig, wenn die Eckenmenge $E(G) - I$ eine Überdeckung ist.

ii) Es ist $\alpha(G) + \beta(G) = n(G)$.

Beweis. i) Eine Menge I ist genau dann unabhängig, wenn keine Kante beide Endpunkte in I hat. Dies ist gleichbedeutend damit, daß alle Kanten mindestens einen Endpunkt in $E(G) - I$ haben, was wiederum äquivalent dazu ist, daß $E(G) - I$ eine Überdeckung ist.
ii) Aus i) ergibt sich sofort, daß I genau dann eine maximale unabhängige Eckenmenge ist, wenn $E(G) - I$ eine minimale Überdeckung ist, womit ii) sofort folgt. ||

Satz 7.2 Ist G ein Multigraph, M ein Matching und T eine Überdeckung von G mit $|M| = |T|$, so gilt $\alpha_0(G) = |M| = |T| = \beta(G)$.

Beweis. Ist M' ein Matching und T' eine Überdeckung, so liegt in T' mindestens ein Endpunkt jeder Matchkante, womit $|M'| \leq |T'|$ gilt. Ist M^* ein maximales Matching und T^* eine minimale Überdeckung, so ergibt sich aus der letzten Ungleichung und der Voraussetzung

$$|T| = |M| \leq |M^*| = \alpha_0(G) \leq |T^*| = \beta(G) \leq |T|,$$

womit der Satz bewiesen ist. ||

Satz 7.3 (König [2] 1931) Ist G ein bipartiter Graph, so gilt

$$\beta(G) = \alpha_0(G) \leq \frac{1}{2}|E(G)|.$$

Beweis. Es sei A, B eine Bipartition von G und M ein maximales Matching. Mit U bezeichnen wir die Eckenmenge von A, die nicht mit M inzidiert. Weiter sei $Z \subseteq E(G)$ die Vereinigung von U und derjenigen Eckenmenge, die man durch einen M-alternierenden Weg mit U verbinden kann. Wir setzen

$$S = Z \cap A \quad \text{und} \quad I = Z \cap B.$$

Da es keinen M-erweiternden Weg gibt, folgt wie beim Beweis des Satzes von König-Hall (Satz 4.7) $I = N(S)$, und jede Ecke aus I inzidiert mit einer Kante aus M. Daraus ergibt sich $|S - U| = |I|$. Setzt man $T = (A - S) \cup I$, so ist T eine Überdeckung von G. Denn gäbe es eine Kante, die nicht mit T inzidiert, so läge der eine Endpunkt in S und der andere in $B-I$, was aber wegen $I = N(S)$ nicht möglich ist. Insgesamt erhält man daraus wegen $U \subseteq S \subseteq A$

$$|M| = |A-U| = |A-S| + |S-U| = |A-S| + |I| = |T|,$$

womit nach Satz 7.2 unsere Behauptung bewiesen ist. ||

Bemerkung 7.1 Für beliebige Graphen ist Satz 7.3 nicht richtig, denn z.B. gilt für einen Kreis C_3 der Länge drei $\alpha_0(C_3) = 1$ und $\beta(C_3) = 2$.

Satz 7.4 (Gallai [1] 1959) Ist G ein Multigraph ohne isolierte Ecken, so gilt

$$\alpha_0(G) + \beta_0(G) = n(G).$$

Beweis. Es sei M ein maximales Matching von G und U die Eckenmenge, die nicht mit M inzidiert. Da G keine isolierten Ecken besitzt und M maximal ist, existiert eine Menge J von $|U|$ Kanten, so daß jede Ecke von U mit genau einer Kante aus J inzidiert. Nach Konstruktion ist $M \cup J$ eine Kantenüberdeckung, womit

$$\beta_0 \le |M \cup J| = \alpha_0 + (n - 2\alpha_0) = n - \alpha_0,$$

also $\alpha_0 + \beta_0 \le n$ gilt.
Nun sei L eine minimale Kantenüberdeckung von G und M ein maximales Matching von $H = G[L]$. Ist U die Eckenmenge von H, die in H nicht mit M inzidiert, so ist $H[U]$ ein Nullgraph, da M maximal gewählt war. Daher existiert zu jeder Ecke aus U mindestens eine Kante aus $L - M$, die zu dieser Ecke inzident ist. Daraus erhält man

$$|L| - |M| = |L - M| \ge |U| = n - 2|M|,$$

also $|M| + |L| \ge n$. Da M auch ein Matching von G ist, folgt damit die umgekehrte Ungleichung $\alpha_0 + \beta_0 \ge |M| + |L| \ge n$. ||

Aus den Sätzen 7.1, 7.3 und 7.4 ergibt sich sofort

Folgerung 7.1 Ist G ein bipartiter Graph ohne isolierte Ecken, so gilt $\alpha(G) = \beta_0(G)$.

Definition 7.2 Einen vollständigen Teilgraphen H eines schlichten Graphen G nennt man *Clique*. Eine Clique maximaler Ordnung p heißt *maximale Clique*, und $p = \omega(G)$ ist die *Cliquenzahl* von G. Sind $H_1, ..., H_q$ Cliquen von G mit $\bigcup_{i=1}^{q} E(H_i) = E(G)$ und $E(H_i) \cap E(H_j) = \emptyset$ für $1 \leq i < j \leq q$, so nennen wir $\mathcal{H} = (H_1, ..., H_q)$ eine *Cliquenzerlegung* von G. Die minimale Anzahl der Cliquen, in die man G zerlegen kann, bezeichnen wir mit $\theta(G)$.

Bemerkung 7.2 Ist G ein schlichter Graph und H eine maximale Clique von G, so ist $E(H)$ in $\bar{G}$ eine maximale unabhängige Eckenmenge und umgekehrt, also $\omega(G) = \alpha(\bar{G})$.

Satz 7.5 Es sei G ein schlichter Graph.

i) Es gilt $\alpha(G) \leq \theta(G)$.

ii) Ist I_0 eine unabhängige Eckenmenge und $\mathcal{H}_0$ eine Cliquenzerlegung von G mit $|I_0| = |\mathcal{H}_0|$, so ist I_0 maximal und $\mathcal{H}_0$ minimal.

Beweis. i) Für jede unabhängige Menge I und jede Cliquenzerlegung $\mathcal{H} = (H_1, ..., H_q)$ gilt $|I \cap E(H_i)| \leq 1$ für $i = 1, ..., q$, woraus das gewünschte Resultat folgt.
ii) Aus i) ergibt sich

$$|I_0| \leq \alpha(G) \leq \theta(G) \leq |\mathcal{H}_0| = |I_0|,$$

womit auch ii) bewiesen ist. ||

Satz 7.6 Ist G ein schlichter, bipartiter Graph, so gilt $\alpha(G) = \theta(G)$.

Beweis. Da G bipartit ist, besitzt eine Clique von G höchstens zwei Ecken. Besteht nun eine minimale Cliquenzerlegung $\mathcal{H}_0$ von G aus r Cliquen der Ordnung zwei und s Cliquen der Ordnung eins, so ist $\theta(G) = r + s$ und $2r + s = n(G)$. Da $\mathcal{H}_0$ minimal ist, bilden die Kanten aus $\mathcal{H}_0$ ein maximales Matching von G, womit $r = \alpha_0(G)$ gilt. Daher folgt aus dem Satz von König (Satz 7.3) $r = \beta(G)$. Insgesamt erhalten wir zusammen mit Satz 7.1 ii)

$$\theta(G) = n(G) - r = n(G) - \beta(G) = \alpha(G),$$

womit Satz 7.6 vollständig bewiesen ist. ||

Definition 7.3 Ist G ein Graph und sind A und B zwei disjunkte Teilmengen aus $E(G)$, so bezeichnen wir mit $G[A,B]$ den bipartiten Graphen, der aus der Eckenmenge $A \cup B$ und denjenigen Kanten von G besteht, die mit einer Ecke aus A und einer Ecke aus B inzidieren.

Satz 7.7 Für jeden schlichten Graphen G mit $\Delta(G) \geq 1$ gilt

$$\alpha(G) \leq \frac{\Delta(G)n(G)}{\Delta(G) + \delta(G)}.$$

Beweis. Ist I eine maximale unabhängige Eckenmenge von G und $\bar{I} = E(G) - I$, so gelten die folgenden beiden Ungleichungen

$$m_G(I, \bar{I}) = \sum_{x \in I} d(x, G) \geq \alpha(G)\delta(G),$$

$$m_G(I, \bar{I}) = \sum_{x \in E(G) - I} |N(x, G) \cap I| \leq (n(G) - \alpha(G))\Delta(G),$$

woraus sich die gewünschte Abschätzung sofort ergibt. ||

Satz 7.8 (Unabhängigkeitslemma, Berge [4] 1981) Es sei G ein Multigraph und I eine unabhängige Eckenmenge von G. Die Menge I ist genau dann maximal, wenn für alle unabhängigen Eckenmengen $J \subseteq E(G) - I$ gilt:

$$|N(J, G) \cap I| \geq |J| \tag{7.1}$$

Beweis. Es sei I maximal. Annahme, im Komplement von I existiert eine unabhängige Eckenmenge S mit $|N(S, G) \cap I| < |S|$. Dann ist aber $I' = (I - (N(S, G) \cap I)) \cup S$ eine unabhängige Menge mit $|I'| > |I|$, was einen Widerspruch zur Maximalität von I bedeutet.
Umgekehrt setzen wir nun voraus, daß I die Bedingung (7.1) erfüllt. Ist I nicht maximal, so existiert eine unabhängige Eckenmenge I' mit $|I' - I| > |I - I'|$. Daraus folgt für die unabhängige Menge $I' - I$

$$|N(I' - I, G) \cap I| \leq |I - I'| < |I' - I|,$$

was ein Widerspruch zu (7.1) ist. ||

Das Unabhängigkeitslemma findet man auch in dem neuen Buch von Berge [5] auf Seite 272.

Folgerung 7.2 (Berge [4] 1981) Ist G ein Multigraph und I eine unabhängige Eckenmenge in G, so sind die beiden folgenden Aussagen äquivalent.

i) Die Menge I ist maximal unabhängig.

ii) Für alle unabhängigen Eckenmengen $J \subseteq E(G) - I$ besitzt der bipartite Graph $G[I, J]$ ein Matching, das mit jeder Ecke aus J inzidiert.

Beweis. Es sei I maximal, $J \subseteq E(G) - I$ unabhängig und $H = G[I, J]$. Aus (7.1) folgt dann für alle $S \subseteq J$

$$|N(S, H)| = |N(S, G) \cap I| \geq |S|,$$

womit H nach dem Satz von König-Hall (Satz 4.7) ein Matching besitzt, das mit allen Ecken von J inzidiert.
Gilt ii), so ergibt sich analog mit (7.1) und dem Satz von König-Hall, daß I maximal ist. ||

Mit Hilfe von Matchingalgorithmen kann man sich in Line-Graphen maximale unabhängige Eckenmengen verschaffen. Denn in einem schlichten Graphen G ist $M \subseteq K(G)$ genau dann ein Matching, wenn M eine unabhängige Eckenmenge in $\mathcal{L}(G)$ ist, womit $\alpha(\mathcal{L}(G)) = \alpha_0(G)$ gilt. Die Beobachtung, daß in einem schlichten Graphen G ohne isolierte Ecken ein Matching $M \subseteq K(G)$ genau dann perfekt ist, wenn im Line-Graphen

$$|N(x, \mathcal{L}(G)) \cap M| \geq 2 \quad \text{für alle} \quad x \notin M$$

gilt, gibt Anlaß zu folgender Definition, die man bei Croitoru und Suditu [1] 1983 findet.

Definition 7.4 Es sei G ein Multigraph und I eine unabhängige Eckenmenge. I heißt *perfekt unabhängig*, falls $|N(x, G) \cap I| \geq 2$ für alle $x \notin I$ gilt.

Bemerkung 7.3 Es gibt Graphen, die keine perfekt unabhängigen Eckenmengen besitzen, z.B. Kreise ungerader Länge oder Wege gerader Länge. Außerdem muß eine perfekt unabhängige Menge nicht notwendig maximal sein. Man vergleiche dazu den skizzierten Graphen G mit der perfekt unabhängigen Menge $\{a, b\}$ und der maximal unabhängigen Menge $E(G) - \{a, b\}$.

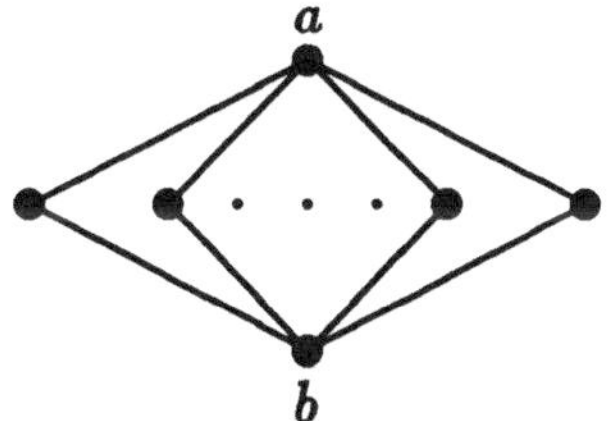

Satz 7.9 Es sei G ein Multigraph. Ist der $K_{1,3}$ kein induzierter Teilgraph von G, so ist jede perfekt unabhängige Menge auch maximal unabhängig.

Beweis. Ist I perfekt unabhängig in G und $J \subseteq E(G) - I$ unabhängig in G, so ist $m_G(J,I) \geq 2|J|$. Da der $K_{1,3}$ kein induzierter Teilgraph von G ist, gilt sogar $m_G(J,I) = 2|J|$. Daraus erhält man sofort

$$2|J| \leq m_G(J,I) = m_G(J, I \cap N(J,G)).$$

Da der $K_{1,3}$ kein induzierter Teilgraph ist, gilt

$$m_G(J, I \cap N(J,G)) \leq 2|I \cap N(J,G)|,$$

womit sich aus den letzten beiden Ungleichungen $|J| \leq |I \cap N(J,G)|$ ergibt. Nach dem Unabhängigkeitslemma von Berge (Satz 7.8) ist I notwendig maximal. ||

7.2 Bestimmung unabhängiger Mengen

Wegen Satz 7.1 ist die Suche nach minimalen Überdeckungen gleichbedeutend mit der Suche nach maximalen unabhängigen Eckenmengen. Zur Bestimmung minimaler Überdeckungen ist kein polynomialer Algorithmus bekannt. Dies ist ein NP-vollständiges Problem (man vgl. Aho, Hopcroft und Ullman [1] 1983). Daher wollen wir für einige spezielle Graphen Methoden entwickeln, mit denen man sehr schnell minimale Überdeckungen findet.

Satz 7.10 (Reduktionssatz, Volkmann [5] 1990) Es sei G ein Multigraph und H ein Teilgraph von G, der eine maximale unabhängige Eckenmenge I besitzt, so daß die Ecken von I nur zu Ecken aus H adjazent sind. Ist T' eine minimale Eckenüberdeckung von $G' = G - E(H)$, so ist $T = T' \cup (E(H) - I)$ eine minimale Eckenüberdeckung von G.

Beweis. Nach Satz 7.1 ist $E(H) - I$ eine minimale Überdeckung von H. Da I nur zu Ecken aus H adjazent ist, inzidieren alle Kanten, die von $E(H)$ nach $E(G')$ führen, mit $E(H) - I$. Daher ist T eine Überdeckung von G.
Ist T^* eine beliebige Überdeckung von G, so ist $T^* \cap E(G')$ eine Überdeckung von G' und $T^* \cap E(H)$ eine Überdeckung von H. Da T' bzw. $E(H) - I$ eine minimale Überdeckung von G' bzw. von H ist, folgt $|T^* \cap E(G')| \geq |T'|$ und $|T^* \cap E(H)| \geq |E(H) - I|$, woraus sich $|T^*| \geq |T|$ ergibt. Insgesamt haben wir gezeigt, daß T eine minimale Überdeckung von G ist. ||

Aus diesem Reduktionssatz ergeben sich einige interessante Folgerungen. Die Bekannteste dürfte ein Ergebnis von Daykin und Ng sein.

Folgerung 7.3 (Daykin, Ng [1] 1966) Besitzt der Graph G eine Endecke, und entsteht bei jedem Reduktionsschritt wieder ein Graph mit einer Endecke, so erhält man mit Hilfe des Reduktionssatzes sehr schnell eine minimale Überdeckung. Denn ist a eine Endecke und x die Nachbarecke, so wende man den Reduktionssatz auf die von diesen beiden Ecken induzierte Clique H und $I = \{a\}$ an. Unsere Voraussetzungen sind z.B. dann erfüllt, wenn G ein Wald ist, oder wenn jeder Kreis mit einer Endkante inzidiert.

Folgerung 7.4 Liegt die Situation aus Folgerung 7.3 vor, und sind $e_0, ..., e_q$ die Endecken aus jedem Reduktionsschritt und $a_0, ..., a_q$ die zugehörigen adjazenten Ecken, so ist $T(G) = \{a_0, ..., a_q\}$ eine minimale Überdeckung von G und $M(G) = \{a_0e_0, ..., a_qe_q\}$ ein Matching von G mit $|M(G)| = |T(G)|$. Somit ist $M(G)$ nach Satz 7.2 ein maximales Matching. Daher erhalten wir in diesem Fall direkt und sehr schnell gleichzeitig eine minimale Überdeckung und ein maximales Matching von G.

Folgerung 7.5 (Algorithmus für Blockgraphen) Es sei G die disjunkte Vereinigung von Blockgraphen. Ist B ein Endblock von G, so existiert eine Ecke $a \in E(B)$, die nur zu Ecken aus B adjazent ist. Daher läßt sich der Reduktionssatz auf G mit $H = B$ und $I = \{a\}$ anwenden. Beachtet man nun die Tatsache, daß $G - E(H)$ wieder eine disjunkte Vereinigung von Blockgraphen ist, so erkennt man, daß man auch für alle Blockgraphen auf schnellem Wege eine minimale Überdeckung findet.

Als letzte Folgerung aus dem Reduktionssatz wollen wir uns für Graphen, bei denen alle Kreise durch eine Ecke gehen, eine minimale Überdeckung verschaffen. Zu dieser Klasse von Graphen gehören z.B. alle Eulerschen Graphen mit einer guten Ecke. Zunächst benötigen wir folgenden vorbereitenden Satz, der für sich selbst auch schon interessant ist.

Satz 7.11 (Volkmann [2] 1988) Es sei G ein nicht trivialer Baum. Ist T eine Teilmenge der Eckenmenge von G mit $\Gamma(G) \subseteq T$, so ist T keine minimale Überdeckung von G.

Beweis. Wir führen den Beweis durch vollständige Induktion nach der Ordnung $n = n(G)$, wobei die Aussage für $n = 2, 3$ offensichtlich ist.
Es sei nun $n \geq 4$, und wir nehmen an, daß G eine minimale Überdeckung T mit $\Gamma(G) \subseteq T$ besitzt. Ist $e \in \Gamma(G)$ und a adjazent zu e, so unterscheiden wir zwei Fälle.
1. Fall: Es ist $d(a, G) \geq 3$. Dann ist $T - \{e\}$ eine Überdeckung von $G' = G - e$ mit $\Gamma(G') \subseteq T - \{e\}$. Da G' wieder ein Baum ist, ist nach Induktionsvoraussetzung $T - \{e\}$ keine minimale Überdeckung von G', womit eine Überdeckung T' von G' existiert mit $|T'| < |T - \{e\}|$. Das ist ein Widerspruch zur Minimalität von T, denn $T' \cup \{e\}$ ist eine Überdeckung von G mit $|T' \cup \{e\}| < |T|$.
2. Fall: Es ist $d(a, G) = 2$. Ist $b \neq e$ adjazent zu a, so gilt $a \notin T$ und damit notwendig $b \in T$. Dann ist $T - \{e\}$ eine Überdeckung von $G' = G - \{a, e\}$ mit $\Gamma(G') \subseteq T - \{e\}$. Analog zum 1. Fall existiert dann eine Überdeckung T' von G' mit $|T'| < |T - \{e\}|$, womit $T' \cup \{a\}$ eine Überdeckung von G ist, für die $|T' \cup \{a\}| < |T|$ gilt, was ein offensichtlicher Widerspruch ist. ||

Bemerkung 7.4 Satz 7.11 gilt entsprechend auch für Wälder.
Ist e eine Endecke eines Baumes und $\Gamma(G) - \{e\} \subseteq T$, so kann T eine minimale Überdeckung sein.

Satz 7.12 (Volkmann [2] 1988) Es sei G ein Multigraph und a eine Ecke, die zu allen Kreisen von G gehört. Ist $\delta(G) \geq 2$ und T' eine minimale Überdeckung von $G' = G - a$, so ist $T' \cup \{a\}$ eine minimale Überdeckung von G.

Beweis. Wir nehmen an, daß es eine Überdeckung T von G gibt mit $|T| \leq |T'|$. Ist $a \in T$, so wäre $T - \{a\}$ eine Überdeckung von G' mit

$|T-\{a\}| < |T'|$, was nach Voraussetzung nicht möglich ist. Ist $a \notin T$, so gilt notwendig $N(a,G) \subseteq T$. Da G' ein Wald ist, ergibt sich daraus wegen $\delta(G) \geq 2$

$$\Gamma(G') \subseteq N(a,G) \subseteq T,$$

womit T nach Satz 7.11 keine minimale Überdeckung von G' ist. Da T eine Überdeckung von G' mit $|T| \leq |T'|$ ist, konnte T' nicht minimal gewesen sein. ||

Bemerkung 7.5 Der skizzierte Graph zeigt uns, daß die Bedingung $\delta(G) \geq 2$ im Satz 7.12 notwendig ist, denn alle Kreise des Graphen gehen durch die Ecke a, aber es gibt keine minimale Überdeckung zu der die Ecke a gehört.

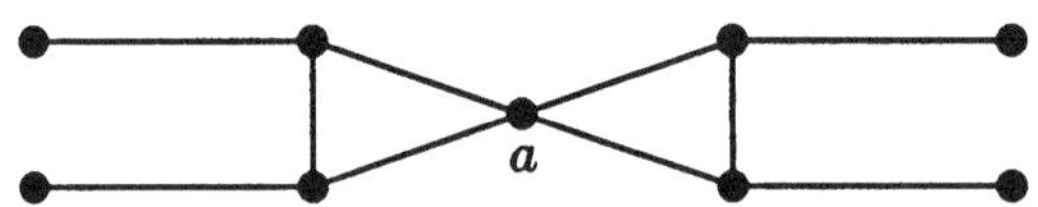

Folgerung 7.6 Es sei G ein Multigraph und a eine Ecke, die zu allen Kreisen von G gehört.
1. Fall: Es gilt $\delta(G) \geq 2$. Entfernt man aus G die Ecke a, so entsteht ein Wald G', für den man sich zusammen mit Folgerung 7.3 eine minimale Überdeckung T' verschaffen kann. Nach Satz 7.12 ist dann $T' \cup \{a\}$ eine minimale Überdeckung von G.
2.Fall: Da isolierte Ecken keine Rolle spielen, sei $\delta(G) = 1$. Nun wende man zunächst Folgerung 7.3 an, und zwar so lange, bis der reduzierte Graph G^* keine Endecken mehr besitzt. Ist G^* ein Nullgraph, so ist man fertig. Ist G^* kein Nullgraph, so liegt a immer noch auf allen Kreisen von G^*, und wir befinden uns wieder im 1. Fall.

Für die Klasse der triangulierten Graphen (man vgl. Definition 7.6) ist ein polynomialer Algorithmus zur Bestimmung der Eckenüberdeckungszahl bekannt (man vgl. z.B. Golumbic [1]).

7.3 Eindeutige unabhängige Mengen

In den Jahren 1967 bzw. 1985 befaßten sich Harary und Plummer [1] bzw. Hopkins und Staton [1] mit Graphen, die genau eine maximale unabhängige Eckenmenge besitzen. Diese Klasse von Graphen werden

wir im folgenden charakterisieren. Die Ergebnisse, die wir in diesem Abschnitt vorstellen, gehen zum größten Teil auf eine gemeinsame Arbeit von Siemes, Topp und Volkmann [1] 1990 zurück.
Ist G ein Graph und r eine natürliche Zahl mit $r \leq \alpha = \alpha(G)$, so besitzt G mindestens $\binom{\alpha}{r}$ unabhängige Eckenmengen der Kardinalität r, denn alle r-elementigen Teilmengen einer maximalen unabhängigen Eckenmenge von G sind unabhängig. Die Graphen mit genau einer maximalen unabhängigen Menge lassen sich dadurch klassifizieren, daß man nach dem kleinsten p sucht, so daß für alle r mit $p \leq r \leq \alpha$ genau $\binom{\alpha}{r}$ unabhängige Eckenmengen der Kardinalität r existieren. Diese Vorbetrachtungen geben Anlaß zur folgenden

Definition 7.5 Es sei G ein Multigraph, $I \subseteq E(G)$ eine unabhängige Eckenmenge und $p \in \mathbb{N}$. Die Menge I heißt *p-fach eindeutig unabhängig* in G, wenn für alle unabhängigen Eckenmengen $I' \subseteq E(G)$ mit $|I'| \geq |I| - p + 1$ gilt: $I' \subseteq I$.

Eine 1-fach eindeutig unabhängige Eckenmenge I liegt offensichtlich genau dann vor, wenn I die einzige maximale unabhängige Eckenmenge ist. Ist I p-fach eindeutig unabhängig, so ist I auch r-fach eindeutig unabhängig für alle $1 \leq r \leq p$. Analog zum Unabhängigkeitslemma von Berge wollen wir nun die p-fach eindeutig unabhängigen Eckenmengen charakterisieren.

Satz 7.13 Es sei G ein Multigraph, $I \subseteq E(G)$ eine unabhängige Eckenmenge und $p \in \mathbb{N}$. Die Menge I ist genau dann p-fach eindeutig unabhängig, wenn

$$|N(J,G) \cap I| - |J| \geq p \tag{7.2}$$

für alle nicht leeren unabhängigen Mengen $J \subseteq E(G) - I$ gilt.

Beweis. Es sei I eine p-fach eindeutig unabhängige Eckenmenge und $J \subseteq E(G) - I$. Dann ist $I' = (I - N(J,G)) \cup J$ unabhängig mit

$$|I| - |I'| = |I| - (|I| - |N(J,G) \cap I| + |J|) = |N(J,G) \cap I| - |J|.$$

Ist J nicht leer, so ist I' keine Teilmenge von I. Daraus ergibt sich

$$|N(J,G) \cap I| - |J| = |I| - |I'| \geq p,$$

womit (7.2) erfüllt ist.
Nun sei umgekehrt (7.2) für alle nicht leeren unabhängigen Mengen

$J \subseteq E(G) - I$ erfüllt. Angenommen, es gibt eine unabhängige Eckenmenge I' mit $|I| - |I'| \leq p - 1$, die keine Teilmenge von I ist. Dann ist $I' - I \subseteq E(G) - I$ eine nicht leere unabhängige Menge mit $N(I' - I, G) \cap I \subseteq I - I'$. Aus (7.2) folgt daher mit $J = I' - I$

$$|I| - |I'| = |I - I'| - |I' - I| \geq |N(I' - I, G) \cap I| - |I' - I| \geq p,$$

was einen Widerspruch zu $|I| - |I'| \leq p - 1$ bedeutet. ||

Folgerung 7.7 Eine 1-fach eindeutig unabhängige Eckenmenge I ist notwendig perfekt, denn für alle Ecken $x \in E(G) - I$ gilt nach (7.2) $|N(x, G) \cap I| - |\{x\}| \geq 1$ und damit $|N(x, G) \cap I| \geq 2$.

Beispiel 7.1 Es sei G ein Multigraph, und jede Ecke x aus G, die keine Endecke ist, sei zu mindestens $p + 1$ Endecken adjazent. Dann ist $I = \Gamma(G)$ natürlich eine maximale unabhängige Eckenmenge von G. Ist $J \subseteq E(G) - I$ eine nicht leere unabhängige Eckenmenge, so gilt

$$|N(J, G) \cap I| - |J| \geq (p + 1)|J| - |J| \geq p,$$

womit I nach Satz 7.13 eine p-fach eindeutig unabhängige Eckenmenge ist.

Satz 7.14 Ist G ein Multigraph und $I \subseteq E(G)$ eine perfekte, aber keine 1-fach eindeutig unabhängige Eckenmenge von G, so existiert ein induzierter Teilgraph von G, der bipartit, aber kein Wald ist.

Beweis. Da I nicht eindeutig unabhängig ist, existiert nach Satz 7.13 eine nicht leere unabhängige Eckenmenge $J \subseteq E(G) - I$, so daß gilt: $|N(J, G) \cap I| - |J| \leq 0$. Betrachtet man den induzierten bipartiten Teilgraphen $H = G[N(J, G) \cap I, J]$ von G, so gilt $m(H) \geq 2|J|$, weil I perfekt unabhängig ist. Daraus ergibt sich

$$n(H) = |N(J, G) \cap I| + |J| \leq 2|J| \leq m(H),$$

womit H nach Satz 2.4 kein Wald ist. ||

Definition 7.6 Es sei $C = (x_0, x_1, ..., x_r, x_0)$ ein Kreis des schlichten Graphen G. Ist $x_i x_j \in K(G)$ mit $1 < |i - j| < r$, so heißt die Kante $x_i x_j$ *Sehne* des Kreises C. G heißt *trianguliert*, wenn jeder Kreis der Länge ≥ 4 eine Sehne besitzt.

Satz 7.15 Ist G ein schlichter Graph, so besitzt jeder Kreis gerader Länge von G genau dann eine Sehne, wenn jeder induzierte bipartite Graph von G ein Wald ist.

Beweis. Jeder Kreis gerader Länge von G besitze eine Sehne. Angenommen, es gibt einen induzierten bipartiten Graphen H, der kein Wald ist. Ist C ein Kreis minimaler Länge in H, so ist C notwendig von gerader Länge. Nach Voraussetzung besitzt C eine Sehne in G und damit auch in H. Das ist ein Widerspruch zur Minimalität von $L(C)$.
Nun sei umgekehrt jeder induzierte bipartite Graph von G ein Wald. Sei C ein Kreis gerader Länge von G und E_1, E_2 eine Bipartition von C. Besitzt C keine Sehne, so sind E_1 und E_2 unabhängige Eckenmengen in G, und der induzierte bipartite Graph $G[E_1, E_2]$ ist kein Wald, was unserer Voraussetzung widerspricht. $\|$

Satz 7.16 Es sei G ein schlichter Graph, in dem jeder Kreis gerader Länge eine Sehne besitzt und $I \subseteq E(G)$ eine unabhängige Eckenmenge. Die Menge I ist genau dann 1-fach eindeutig unabhängig, wenn I perfekt unabhängig ist.

Beweis. Ist I perfekt aber nicht 1-fach eindeutig unabhängig, so existiert nach Satz 7.14 ein induzierter bipartiter Graph von G, der kein Wald ist. Das ist ein Widerspruch zum Satz 7.15.
Die umgekehrte Richtung ergibt sich sofort aus Folgerung 7.7. $\|$

Definition 7.7 Es sei G ein Graph und $p \in \mathbb{N}$. Eine Menge $D \subseteq E(G)$ heißt *p-Absorptionsmenge* von G, wenn $|N(x, G) \cap D| \geq p$ für alle $x \notin D$ gilt. Eine 1-Absorptionsmenge nennt man auch *Absorptionsmenge* (man vgl. dazu die Definitionen 8.1 und 8.3).

Bemerkung 7.6 Wegen des Unabhängigkeitslemmas von Berge ist eine maximale unabhängige Eckenmenge eine Absorptionsmenge. Genauso ergibt sich aus Satz 7.13, daß eine p-fach eindeutig unabhängige Eckenmenge notwendig eine $(p+1)$-Absorptionsmenge ist.

Satz 7.17 Es sei G ein schlichter Graph, in dem jeder Kreis gerader Länge eine Sehne besitzt, $I \subseteq E(G)$ eine unabhängige Eckenmenge und $p \in \mathbb{N}$. Dann sind folgende drei Aussagen äquivalent.

i) I ist eine p-fach eindeutig unabhängige Eckenmenge.

ii) I ist eine $(p+1)$-Absorptionsmenge.

iii) Für alle nicht leeren unabhängigen Eckenmengen $J \subseteq E(G) - I$ gilt $|N(J,G) \cap I| > p|J|$.

Beweis. Nach Bemerkung 7.6 ergibt sich ii) sofort aus i).
Nun gelte die Bedingung ii), und wir nehmen an, daß iii) nicht richtig ist. Dann existiert eine nicht leere unabhängige Eckenmenge $J \subseteq E(G) - I$ mit $|N(J,G) \cap I| \leq p|J|$. Betrachten wir den induzierten bipartiten Teilgraphen $H = G[J, N(J,G) \cap I]$ von G, so folgt aus ii)

$$m(H) \geq (p+1)|J| = p|J| + |J| \geq |N(J,G) \cap I| + |J| = n(H).$$

Daher besitzt H einen Kreis, was einen Widerspruch zu Satz 7.15 bedeutet.
Aus iii) erhält man für alle nicht leeren unabhängigen Eckenmengen $J \subseteq E(G) - I$ die Ungleichung

$$|N(J,G) \cap I| \geq p|J| + 1 \geq |J| + p.$$

Zusammen mit Satz 7.13 folgt daraus i). ||

Satz 7.18 Es sei G ein schlichter Graph und I eine p-fach eindeutig unabhängige Eckenmenge von G. Dann gilt

$$|I| = \alpha(G) \geq \frac{(p+1)n(G)}{\Delta(G) + p + 1}.$$

In dieser Ungleichung tritt die Gleichheit genau dann ein, wenn jede Ecke aus I den maximalen Eckengrad $\Delta(G)$ hat, und jede Ecke aus $\bar{I}$ genau $p+1$ Nachbarn in I besitzt.

Beweis. Da I unabhängig ist, gilt

$$m_G(I, \bar{I}) = \sum_{x \in I} d(x,G) \leq \alpha(G)\Delta(G),$$

mit Gleichheit genau dann, wenn alle Ecken aus I den Eckengrad $\Delta(G)$ haben. Aus Bemerkung 7.6 folgt

$$m_G(I, \bar{I}) = \sum_{x \in E(G) - I} |N(x,G) \cap I| \geq (n(G) - \alpha(G))(p+1),$$

und die Gleichheit tritt genau dann ein, wenn $|N(x,G) \cap I| = p+1$ für alle x aus $\bar{I}$ gilt. Faßt man die erzielten Ergebnisse zusammen, so erhält man die Aussagen des Satzes. ||

Definition 7.8 Es sei G ein Multigraph und $I \subseteq E(G)$ eine p-fach eindeutig unabhängige Eckenmenge in G. I heißt ***stark p-fach eindeutig unabhängig***, falls $\bar{I}$ eine unabhängige Eckenmenge in G ist.

Bemerkung 7.7 Ein Graph mit einer stark p-fach eindeutig unabhängigen Eckenmenge ist notwendig bipartit.

Beispiel 7.2 Sind $r, p \in \mathbf{N}$, so ist die Partitionsmenge mit $p + r$ Elementen des vollständigen bipartiten Graphen $K_{r,r+p}$ eine stark p-fach eindeutig unabhängige Eckenmenge.
Der skizzierte Baum besitzt die eindeutige maximale unabhängige Eckenmenge $I = \{x, y, u, v\}$, aber I ist nicht stark 1-fach eindeutig unabhängig.

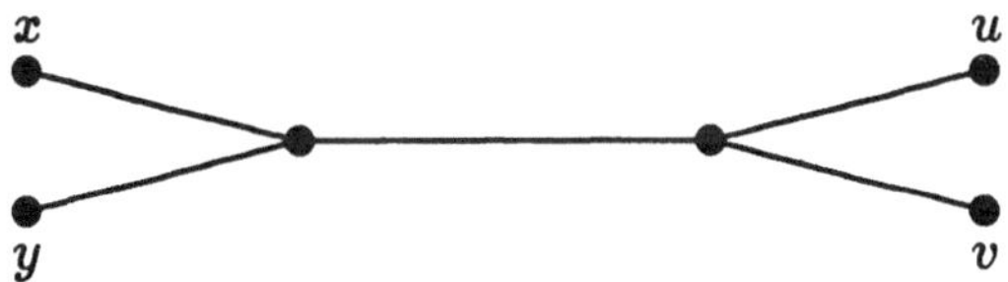

Zum Schluß dieses Abschnitts beweisen wir eine interessante Charakterisierung von Bäumen, die eine stark p-fach eindeutig unabhängige Eckenmenge besitzen.

Satz 7.19 Ist G ein Baum und $p \in \mathbf{N}$, so sind die beiden folgenden Aussagen äquivalent.

i) G besitzt eine stark p-fach eindeutig unabhängige Eckenmenge.
ii) Sind a, b zwei Ecken von G mit $d(a, G), d(b, G) \leq p$, so ist der Abstand $d_G(a, b)$ gerade.

Beweis. Es gelte i), und es sei I eine stark p-fach eindeutig unabhängige Eckenmenge von G. Dann ist $I, \bar{I}$ eine Bipartition von G, und es ergibt sich zusammen mit (7.2) für alle $x \in \bar{I}$

$$d(x, G) = |N(x, G)| = |N(x, G) \cap I| \geq p + 1.$$

Daher ist

$$\{v \in E(G) | d(v, G) \leq p\} \subseteq I,$$

woraus sich ii) sofort ergibt.
Es gelte ii), und es sei A, B eine Bipartition von G. Da G zusammenhängend ist, können wir o.B.d.A. annehmen, daß

$$\{v \in E(G) | d(v, G) \leq p\} \subseteq B$$

gilt. Daraus ergibt sich für alle $x \in A$

$$d(x,G) = |N(x,G)| = |N(x,G) \cap B| \geq p+1,$$

womit B eine $(p+1)$-Absorptionsmenge von G ist. Daher ist B nach Satz 7.17 eine stark p-fach eindeutig unabhängige Eckenmenge. $\|$

Folgerung 7.8 (Harary, Plummer [1] 1967) Ein Baum G besitzt genau dann eine stark 1-fach eindeutig unabhängige Eckenmenge, wenn der Abstand zwischen allen Endecken gerade ist.

7.4 Der Satz von Turán

In diesem Abschnitt behandeln wir das folgende graphentheoretische Problem. Wieviel Kanten kann ein schlichter Graph G der Ordnung n maximal besitzen, wenn er keine Clique der Ordnung $r+1$ enthält, also $\omega(G) \leq r$ gilt?
Liegt ein r-partiter Graph G mit der Partition $E_1, ..., E_r$ vor, so gilt sicher $\omega(G) \leq r$, denn unter jeweils $r+1$ Ecken befinden sich mindestens zwei, die nicht adjazent sind. Daher hat der gesuchte extremale Graph mindestens so viele Kanten wie jeder schlichte, r-partite Graph der Ordnung n. Wir zeigen zunächst, daß unter allen diesen r-partiten Graphen genau einer maximaler Größe existiert, nämlich der vollständgige r-partite Graph mit $||E_i| - |E_j|| \leq 1$ für alle $1 \leq i,j \leq r$. Für diesen Graphen, den wir mit $T_r(n)$ bezeichnen, gilt $|E_i| = \lfloor\frac{n+i-1}{r}\rfloor$. Denn ist $n = sr + t$ mit $s, t \in \mathbb{N}_0$ und $t < r$, so gilt

$$\sum_{i=1}^{r} \left\lfloor \frac{n+i-1}{r} \right\rfloor = sr + \sum_{i=1}^{r} \left\lfloor \frac{t+i-1}{r} \right\rfloor = sr + t.$$

Daß dieser sogenannte *Turánsche Graph* $T_r(n)$ wirklich die genannten Bedingungen erfüllt, ist leicht einzusehen. Nehmen wir einmal an, es gibt zwei Eckenmengen E_i und E_j mit

$$n_i = |E_i| \geq |E_j| + 2 = n_j + 2.$$

Transformiert man eine Ecke aus E_i nach E_j hinüber, so würde sich die Kantenzahl um $n_i - 1 - n_j \geq 1$ erhöhen.
Der Satz von Turán gibt eine Antwort auf die oben gestellte Frage nach der maximalen Kantenzahl und zeigt darüber hinaus, daß die Graphen maximaler Größe eindeutig bestimmt sind. Zum Beweis dieses Satzes benutzen wir folgendes Resultat von Erdös.

Satz 7.20 (Erdös [1] 1970) Es sei G ein schlichter Graph der Ordnung n. Ist $\omega(G) \leq r$, so existiert ein vollständiger r-partiter Graph H mit $E(H) = E(G) = E$, so daß für jede Ecke $x \in E$ gilt:

$$d(x, G) \leq d(x, H) \tag{7.3}$$

Ist G kein vollständiger r-partiter Graph, so existiert mindestens eine Ecke x, für die in (7.3) nicht die Gleichheit steht.

Beweis. Wir führen den Beweis durch Induktion nach r. Für $r = 1$ ist der Satz richtig, da G dann ein Nullgraph ist. Es sei nun $r \geq 2$ und G ein schlichter Graph mit $\omega(G) \leq r$. Wir wählen eine Ecke a maximalen Grades $\Delta = \Delta(G)$ und setzen $G_1 = G[N(a, G)]$. Da G keine Clique der Ordnung $r + 1$ enthält, besitzt G_1 keine Clique der Ordnung r. Daher können wir nach Induktionsvoraussetzung G_1 durch einen vollständigen $(r-1)$-partiten Graphen H_1 ersetzen, so daß $d(x, G_1) \leq d(x, H_1)$ für alle $x \in E_1 = E(G_1) = N(a, G)$ gilt. Setzen wir $E_2 = E - E_1$ und bezeichnen mit G_2 den Nullgraphen, der aus der Eckenmenge E_2 besteht, so definieren wir H durch $H = G_1 + G_2$. Nach Konstruktion ist H ein r-partiter Graph mit $E(H) = E(G)$. Weiter gilt für $x \in E_2$

$$d(x, H) = |E_1| = d(a, G) = \Delta \geq d(x, G)$$

und für $x \in E_1$

$$d(x, H) = d(x, H_1) + |E_2| \geq d(x, G_1) + |E_2| \geq d(x, G),$$

womit (7.3) bewiesen ist.
Gilt für alle Ecken in (7.3) die Gleichheit, so ergibt sich aus dem Handschlaglemma $m(G) = m(H)$ und $m(G_1) = m(H_1)$. Nach Induktionsvoraussetzung ist dann G_1 ein vollständiger $(r - 1)$-partiter Graph und

$$m_G(E_1, E_2) = m_H(E_1, E_2) = |E_1||E_2|.$$

Daraus folgt

$$m(G[E_2]) = m(H[E_2]) = 0,$$

womit auch G ein vollständiger r-partiter Graph ist. ||

Satz 7.21 (Turán [1] 1941) Ist G ein schlichter Graph der Ordnung n mit der Cliquenzahl $\omega(G) \leq r$, so gilt

$$m(G) \leq m(T_r(n)). \tag{7.4}$$

Es gilt genau dann $m(G) = m(T_r(n))$, wenn G isomorph zum Turánschen Graphen $T_r(n)$ ist.

Beweis. Nach Satz 7.20 gibt es einen vollständigen r-partiten Graphen H, der (7.3) erfüllt. Nach dem Handschlaglemma ergibt sich daraus sofort $m(G) \leq m(H)$ und daraus zusammen mit unserer Vorbetrachtung die Ungleichung (7.4).
Gilt in der Ungleichung (7.4) die Gleichheit, so gilt notwendig $m(G) = m(H)$ in Satz 7.20, womit der Graph G ein vollständiger r-partiter Graph ist. Nach unseren Vorbetrachtungen muß G notwendig isomorph zum Turánschen Graphen $T_r(n)$ sein. Ist G isomorph zu $T_r(n)$, so gilt in (7.4) natürlich die Gleichheit. ||

Setzen wir $T_{n,r} = \bar{T}_r(n)$, so besteht dieser Graph aus r disjunkten vollständigen Graphen der Ordnung $\lfloor \frac{n+i-1}{r} \rfloor$ für $i = 1, ..., r$. Benutzen wir Bemerkung 7.2, so können wir Satz 7.21 auf folgende komplementäre Form bringen.

Satz 7.22 (Turán [1] 1941) Ist G ein schlichter Graph der Ordnung n mit $\alpha(G) \leq r$, so gilt

$$m(G) \geq m(T_{n,r}). \tag{7.5}$$

Es gilt genau dann $m(G) = m(T_{n,r})$, wenn G isomorph zum *Turánschen Graphen* $T_{n,r}$ ist.

Mit dem Satz von Turán begann ein Zweig der Graphentheorie, den man heute *extremale Graphentheorie* nennt.

Als Anwendung des Turánschen Satzes wollen wir die minimale Kantenzahl $m_p(n, \alpha)$ von schlichten Graphen der Ordnung n bestimmen, die eine p-fach eindeutig unabhängige Eckenmenge der Kardinalität α besitzen, und die Gestalt solcher kantenminimalen Graphen charakterisieren.

Satz 7.23 (Siemes, Topp, Volkmann [1] 1990) Gegeben seien die natürlichen Zahlen p, n und α. Ist G ein schlichter Graph der Ordnung n, und besitzt G eine p-fach eindeutig unabhängige Eckenmenge I mit $|I| = \alpha$, so gilt

$$m(G) \geq (p+1)(n-\alpha), \tag{7.6}$$

wobei (7.6) genau dann mit Gleichheit erfüllt wird, wenn I stark p-fach eindeutig unabhängig in G ist und $d(x, G) = p + 1$ für alle $x \in \bar{I}$ gilt. Darüber hinaus kann in (7.6) nur dann die Gleichheit eintreten,

wenn $\alpha \geq \frac{n+p}{2}$ ist.
Im Fall $p+1 \leq \alpha \leq \frac{n+p}{2}$ gilt die bessere Abschätzung

$$m(G) \geq m(T_{n-\alpha,\alpha-p}) + (p+1)(n-\alpha), \tag{7.7}$$

und in der Ungleichung (7.7) steht genau dann das Gleichheitszeichen, wenn die beiden folgenden Bedingungen erfüllt sind.

a) $G - I \cong T_{n-\alpha,\alpha-p}$.

b) Für alle $x \in \bar{I}$ gilt $|N(x,G) \cap I| = p+1$.

Beweis. Da I eine p-fach eindeutig unabhängige Eckenmenge ist, folgt aus Bemerkung 7.6

$$m(G) = m(G-I) + m_G(I,\bar{I}) \geq m_G(I,\bar{I}) \geq (p+1)(n-\alpha),$$

womit (7.6) bewiesen ist. Gilt in der letzten Ungleichung die Gleichheit, so ist notwendig $m(G-I) = 0$ und $|N(x,G) \cap I| = p+1$ für alle $x \in \bar{I}$. Damit ist I eine stark p-fach eindeutig unabhängige Eckenmenge, und es gilt $d(x,G) = p+1$ für alle $x \in \bar{I}$. Umgekehrt gilt unter diesen Voraussetzungen in (7.6) offensichtlich die Gleichheit. Daher ist G im Fall $m(G) = (p+1)(n-\alpha)$ ein bipartiter Graph und $\bar{I}$ eine unabhängige Eckenmenge. Da $\bar{I}$ keine Teilmenge von I ist, ergibt sich aus der Definition einer p-fach eindeutig unabhängigen Eckenmenge

$$n - \alpha = |\bar{I}| < |I| - p + 1 = \alpha - p + 1,$$

woraus die behauptete Abschätzung $\alpha \geq \frac{n+p}{2}$ folgt.
Ist $p+1 \leq \alpha \leq \frac{n+p}{2}$, so gilt

$$m(G) = m(G-I) + m_G(I,\bar{I})$$

mit $m_G(I,\bar{I}) \geq (p+1)(n-\alpha)$, wobei das Gleichheitszeichen genau dann steht, wenn b) erfüllt ist. Da I eine p-fach eindeutig unabhängige Eckenmenge ist, folgt aus Definition 7.5, analog zum ersten Teil des Beweises, notwendig $\alpha(G-I) \leq \alpha - p$. Daher entnehmen wir dem Satz 7.22 von Turán die Abschätzung $m(G-I) \geq m(T_{n-\alpha,\alpha-p})$, die genau dann mit Gleichheit erfüllt wird, wenn $G - I \cong T_{n-\alpha,\alpha-p}$ ist. Faßt man die durchgeführten Beobachtungen zusammen, so ergibt sich ohne Mühe der zweite Teil von Satz 7.23. ||

An Hand von Beispielen wollen wir zeigen, daß die Ungleichungen (7.6) und (7.7) aus Satz 7.23 scharf sind.

Beispiel 7.3 Sind $p, n, \alpha \in \mathbb{N}$ mit $\frac{n+p}{2} \leq \alpha \leq n$, und ist G ein bipartiter Graph mit der Bipartition $A = \{a_1, ..., a_{n-\alpha}\}$, $B = \{b_1, ..., b_\alpha\}$ und

$$K(G) = \{a_i b_j \,|\, 1 \leq i \leq n - \alpha\,,\; i \leq j \leq i + p\},$$

so gilt $n(G) = n$, $\alpha(G) = \alpha$ und $m(G) = (p+1)(n-\alpha)$. Darüber hinaus überlegt man sich zusammen mit Satz 7.13, daß B eine p-fach eindeutig unabhängige Eckenmenge ist, womit (7.6) scharf ist.
Im Fall $p = 1$ besteht G aus einem Weg der Länge $2(n-\alpha)$ und $2\alpha - n - 1$ isolierten Ecken.
Ist $p+1 \leq \alpha \leq \frac{n+p}{2}$, so besteht der Turánsche Graph $T_{n-\alpha,\alpha-p}$ aus $\alpha - p$ disjunkten vollständigen Komponenten $H_1, ..., H_{\alpha-p}$. Aus $T_{n-\alpha,\alpha-p}$ entstehe der Graph H durch Hinzunahme neuer Ecken $b_1, ..., b_\alpha$ und Kanten $xb_i, ..., xb_{i+p}$ für alle $x \in E(H_i)$ und $i \in \{1, ..., \alpha - p\}$. Wieder zeigt uns der Satz 7.13, daß $I = \{b_1, ..., b_\alpha\}$ eine p-fach eindeutig unabhängige Eckenmenge in H ist. Darüber hinaus ist $n(H) = n$, $|I| = \alpha$, $H - I \cong T_{n-\alpha,\alpha-p}$ und $|N(x, H) \cap I| = p + 1$ für alle $x \in E(H) - I$. Daher gilt nach Satz 7.23 für den Graphen H in (7.7) das Gleichheitszeichen.

7.5 Aufgaben

Aufgabe 7.1 Es sei k eine Kante des K_n. Für $n \geq 3$ bestimme man die Überdeckungszahl von $K_n - k$.

Aufgabe 7.2 Man bestimme die Überdeckungszahl für einen vollständigen p-partiten Graphen.

Aufgabe 7.3 Für jeden Multigraphen G zeige man $\alpha_0(G) \leq \beta(G)$. Besitzt G keine isolierten Ecken, so zeige man $\alpha(G) \leq \beta_0(G)$.

Aufgabe 7.4 Für jeden schlichten Graphen G beweise man die Ungleichung $\beta(G) \geq \delta(G)$.

Aufgabe 7.5 Ist G ein zusammenhängender, bipartiter Graph mit der Bipartition A, B, so gebe man Beispiele mit $\alpha(G) > \max\{|A|, |B|\}$ an.

Aufgabe 7.6 Man zeige, daß ein Multigraph G genau dann bipartit ist, wenn $\alpha(H) \geq \frac{1}{2}n(H)$ für jeden Teilgraphen H von G gilt.

Aufgabe 7.7 Es seien G_1 und G_2 zwei disjunkte schlichte Graphen und $I_i \subseteq E(G_i)$ unabhängige Eckenmengen ($i = 1, 2$). Man zeige:
i) $I_1 \times I_2$ ist eine unabhängige Eckenmenge in $G_1 \vee G_2$.
ii) $I_1 \times E(G_2)$ und $E(G_1) \times I_2$ sind unabhängige Eckenmengen in $G_1 \wedge G_2$.

Aufgabe 7.8 i) Ist G ein schlichter Graph mit $m(G) > \frac{1}{4}n(G)^2$, so zeige man, daß G ein Dreieck besitzt.
ii) Man gebe einen schlichten Graphen G ohne Dreiecke an, für den $m(G) = \frac{1}{4}n(G)^2$ gilt.

Aufgabe 7.9 Es sei $\mathcal{H}_n$ die Klasse aller schlichten Graphen H der Ordnung $n(H) = n$, die keinen Weg der Länge 3 enthalten.
i) Welche Struktur haben die Komponenten? Man zeige $\mu(H) \leq \kappa(H)$. Ist n nicht durch 3 teilbar, so beweise man $\mu(H) \leq \kappa(H) - 1$.
ii) Ist n durch 3 teilbar, so setze man $r_n = n$ und in den anderen Fällen $r_n = n - 1$. Zu jedem $n \in \mathbb{N}$ gebe man einen Graphen $H_n \in \mathcal{H}_n$ mit $m(H_n) = r_n$ an.
iii) Ist $H \in \mathcal{H}_n$, so zeige man $m(H) \leq r_n$.

Aufgabe 7.10 Es seien $G_1, ..., G_r$ disjunkte Multigraphen mit den p-fach eindeutig unabhängigen Eckenmenge $I_1, ..., I_r$. Ist $x_i \in I_i$ für $i = 1, ..., r$, so entstehe der Multigraph G durch Identifizierung der Ecken $x_1, ..., x_r$ zu einer Ecke x. Man zeige, daß G eine p-fach eindeutig unabhängige Eckenmenge besitzt.

Aufgabe 7.11 Ein Baum G heißt Λ_p-Baum, wenn die Ungleichung $|N(x, G) \cap \Gamma(G)| \geq p + 1$ für alle $x \in E(G) - \Gamma(G)$ gilt. Ist G ein Baum mit $n(G) \geq 3$, so beweise man die Äquivalenz der folgenden Aussagen.
i) G ist ein Λ_p-Baum.
ii) $\Gamma(G)$ ist eine p-fach eindeutig unabhängige Eckenmenge in G.
iii) G besitzt eine p-fach eindeutig unabhängige Eckenmenge I, so daß $G - I$ zusammenhängend ist.

Aufgabe 7.12 Ist G ein Baum mit einer p-fach eindeutig unabhängigen Eckenmenge, so zeige man, daß sich G mit der in Aufgabe 7.10 beschriebenen Konstruktion aus Λ_p-Bäumen zusammenfügen läßt.

Kapitel 8

Absorptionsmengen

8.1 Die Absorptionszahl

Definition 8.1 Ist G ein Graph, so heißt eine Teilmenge $D \subseteq E(G)$ *Absorptionsmenge* von G, wenn $\bar{N}(D) = E(G)$ gilt. D heißt *minimale Absorptionsmenge* von G, wenn es keine Absorptionsmenge D' mit $|D'| < |D|$ gibt. Ist D eine minimale Absorptionsmenge von G, so nennt man $|D| = \gamma(G)$ *Absorptionszahl* von G.

Satz 8.1 Ist G ein Multigraph, so gilt:

i) Ist S eine maximale unabhängige Eckenmenge, so ist S eine Absorptionsmenge. Daher ist $\gamma(G) \leq \alpha(G)$.

Besitzt G zusätzlich keine isolierten Ecken, so gilt weiter:

ii) Ist T eine Eckenüberdeckung, so ist T eine Absorptionsmenge. Daher ist $\gamma(G) \leq \beta(G)$.

iii) Ist S eine unabhängige Eckenmenge, so ist $\bar{S} = E(G) - S$ eine Absorptionsmenge.

iv) **(Ore [4] 1962)** Es ist $2\gamma(G) \leq n(G)$.

Beweis. i) Es sei S eine maximale unabhängige Menge. Wäre S keine Absorptionsmenge, so gäbe es eine Ecke a mit $a \notin \bar{N}(S)$, womit $S \cup \{a\}$ eine unabhängige Eckenmenge wäre. Dies ist ein Widerspruch zur Maximalität von S.
ii) Es sei T eine Überdeckung. Wir wollen zeigen, daß $N(T) \cup T = E(G)$ gilt. Da G keine isolierten Ecken und keine Schlingen besitzt,

gibt es zu jeder Ecke $x \in E(G) - T$ eine Kante $k = xy$ mit $y \neq x$. Nach Voraussetzung muß die Kante k mit einer Ecke aus T inzidieren. Daraus folgt $y \in T$, also $x \in N(T)$, womit T eine Absorptionsmenge ist.
iii) Ist S eine unabhängige Eckenmenge, so ist $\bar{S}$ nach Satz 7.1 eine Überdeckung und damit wegen ii) eine Absorptionsmenge.
iv) Aus i), ii) und Satz 7.1 folgt sofort die Ungleichung von Ore:

$$2\gamma(G) = \gamma(G) + \gamma(G) \leq \alpha(G) + \beta(G) = n(G) \quad \|$$

Für den Fall $\delta(G) > 2$ gab Payan [1] 1975 folgende Verbesserung der Ungleichung von Ore.

Satz 8.2 (Payan [1] 1975) Ist G ein schlichter Graph ohne isolierte Ecken, so gilt

$$2\gamma(G) \leq n(G) + 2 - \delta(G).$$

Wir wollen hier eine Abschätzung der Absorptionszahl herleiten, aus der das Ergebnis von Payan sofort folgt.

Hilfssatz 8.1 Es sei G ein schlichter Graph ohne isolierte Ecken, $E_0 \subseteq E(G)$ und $G_0 = G[E_0]$. Ist I_0 die Menge der isolierten Ecken von $G - E_0$ und $G_1 = G[E_0 \cup I_0]$, so gilt

$$2\gamma(G) \leq n(G) - |E_0| + 2\gamma(G_1) - |I_0|. \tag{8.1}$$

Beweis. Es gilt natürlich

$$2\gamma(G) \leq 2\gamma(G_1) + 2\gamma(G - (E_0 \cup I_0)).$$

Da der Teilgraph $G - (E_0 \cup I_0)$ keine isolierten Ecken besitzt, ergibt sich aus Satz 8.1 iv)

$$2\gamma(G - (E_0 \cup I_0)) \leq n(G) - |E_0| - |I_0|.$$

Die beiden letzten Ungleichungen liefern uns sofort die gewünschte Abschätzung (8.1). ||

In vielen Fällen berechnet sich $\gamma(G_0)$ leichter als $\gamma(G_1)$. Daher leiten wir nun eine allgemeine Abschätzung für $\gamma(G_1) - \gamma(G_0)$ her.

Hilfssatz 8.2 Setzen wir $\delta = \delta(G)$, so gilt mit den Voraussetzungen aus Hilfssatz 8.1

$$\gamma(G_1) - \gamma(G_0) \leq \frac{1}{2}\left(|I_0| + \left\lfloor \frac{|N(I_0)|}{\delta} \right\rfloor\right). \tag{8.2}$$

Beweis. Es sei $D_0 \subseteq E_0$ eine minimale Absorptionsmenge von G_0, also es gelte $|D_0| = \gamma(G_0)$. Nun suchen wir nach einer "kleinen" Teilmenge $D' \subseteq N(I_0) \subseteq E_0$ mit $I_0 \subseteq N(D')$. Haben wir eine solche Teilmenge D' gefunden, so ist $D_0 \cup D'$ eine Absorptionsmenge von G_1, also $\gamma(G_1) \leq |D_0| + |D'|$ und damit

$$\gamma(G_1) - \gamma(G_0) \leq |D'|. \tag{8.3}$$

Im Fall $I_0 = \emptyset$ gilt natürlich $G_1 = G_0$ und damit $\gamma(G_1) - \gamma(G_0) = 0$, also (8.2). Daher sei im folgenden $I_0 \neq \emptyset$.
Wir setzen $k = \lfloor \frac{|N(I_0)|}{\delta} \rfloor$, d.h. wir wählen die ganze Zahl k so, daß $k\delta \leq |N(I_0)| < (k+1)\delta$ gilt. Weiter sei

$$|I_0| = 2s + t,$$

wobei die Zahlen $s, t \in \mathbb{N}_0$ durch die folgenden Bedingungen eindeutig festgelegt werden.

a) Im Fall $|I_0| \leq k$ setze man $s = 0$ und $t = |I_0|$.

b) Im Fall $|I_0| > k$ setze man $t = k-1$, wenn $|I_0| - k$ ungerade und $t = k$, wenn $|I_0| - k$ gerade ist. Damit gilt dann

$$s = \left\lceil \frac{|I_0| - k}{2} \right\rceil = \frac{|I_0| - t}{2}.$$

Ist $s > 0$, so wähle man eine Menge $I_1 \subseteq I_0$ mit $|I_1| = k+1$. Dann sind mindestens $\delta(k+1) > |N(I_0)|$ Kanten inzident mit Ecken aus I_1. Daher gibt es zwei verschiedene Ecken b_1, b_2 aus I_1, die zu einer Ecke a_1 aus $N(I_0)$ adjazent sind. Ist $s > 1$, so wiederholen wir diese Überlegung und wählen eine Menge $I_2 \subseteq I_0 - \{b_1, b_2\}$ mit $|I_2| = k+1$. (Wegen $|I_0 - \{b_1, b_2\}| = 2(s-1) + t \geq k+1$ ist das möglich.) Wir finden zwei neue Ecken b_3, b_4 aus I_2, die zu einer Ecke a_2 aus $N(I_0)$ adjazent sind. Wiederholt man diesen Prozeß s mal, so findet man $2s$ paarweise verschiedene Ecken $b_1, ..., b_{2s}$ aus I_0 und Ecken $a_1, ..., a_s$ aus $N(I_0)$ mit $b_{2i-1}, b_{2i} \in N(a_i)$ für $i = 1, ..., s$. Für die verbleibenden t Ecken $b_{2s+1}, ..., b_{2s+t}$ aus I_0 wählen wir beliebige adjazente Ecken $a_{s+1}, ..., a_{s+t}$ aus $N(I_0)$. (Die Ecken $a_1, ..., a_{s+t}$ müssen keineswegs verschieden sein.) Setzen wir nun $D' = \{a_1, ..., a_{s+t}\}$ so gilt aber $I_0 \subseteq N(D')$ und

$$\begin{aligned} |D'| &\leq s + t = \frac{|I_0| - t}{2} + t = \frac{1}{2}(|I_0| + t) \\ &\leq \frac{1}{2}(|I_0| + k) = \frac{1}{2}\left(|I_0| + \left\lfloor \frac{|N(I_0)|}{\delta} \right\rfloor\right). \end{aligned} \tag{8.4}$$

Aus den beiden Ungleichungen (8.3) und (8.4) erhält man dann die gewünschte Abschätzung (8.2). ||

Satz 8.3 (Flach, Volkmann [2] 1990) Ist G ein schlichter Graph ohne isolierte Ecken, $\delta = \delta(G)$, $\Delta = \Delta(G)$, $n = n(G)$ und $A \subseteq E(G)$, so gilt

$$2\gamma(G) \leq n + |A| - (\delta - 1)\frac{|N(A) - A|}{\delta}, \qquad (8.5)$$

$$2\gamma(G) \leq n + 1 - (\delta - 1)\frac{\Delta}{\delta}. \qquad (8.6)$$

Beweis. Aus (8.1) und (8.2) folgt

$$2\gamma(G) \leq n - |E_0| + 2\gamma(G_0) + \left\lfloor \frac{|N(I_0)|}{\delta} \right\rfloor.$$

Wählt man in dieser Ungleichung speziell $E_0 = \bar{N}(A)$, so gilt $\gamma(G_0) \leq |A|$ und $N(I_0) \subseteq N(A) - A$, und es ergibt sich

$$\begin{aligned} 2\gamma(G) &\leq n - |N(A) \cup A| + 2|A| + \frac{|N(A) - A|}{\delta} \\ &= n + |A| - |N(A) - A| + \frac{|N(A) - A|}{\delta}, \end{aligned}$$

womit (8.5) bewiesen ist. Wählt man in (8.5) wiederum speziell $A = \{a\}$ mit $d(a, G) = \Delta$, so gilt $|N(a) - \{a\}| = d(a, G) = \Delta$ und daher (8.6). ||

Für schlichte Graphen G ohne isolierte Ecken folgt aus (8.6)

$$\gamma(G) \leq \left\lfloor \frac{n+1}{2} - \frac{(\delta - 1)\Delta}{2\delta} \right\rfloor. \qquad (8.7)$$

An Hand von Beispielen wollen wir zeigen, daß es Graphen beliebig hoher Ordnung gibt, für die in (8.7) die Gleichheit gilt, womit (8.7) und damit (8.6) in diesem Sinne bestmöglich sind.

Beispiel 8.1 Es sei $p \in \mathbb{N}$ und G ein Graph der Ordnung $n = p^2 + p$ mit der Eckenmenge $E(G) = \{x_1, ..., x_{p^2}, a_1, ..., a_p\}$. Der von der Eckenmenge $\{x_1, ..., x_{p^2}\}$ induzierte Teilgraph sei vollständig, und für alle $i = 1, ..., p$ seien die Ecken a_i nur zu den Ecken $x_{(i-1)p+1}, ..., x_{ip}$ adjazent. Für diesen Graphen gilt $\delta = p$, $\Delta = p^2$ und $\{a_1, ..., a_p\}$ ist eine minimale Absorptionsmenge. Daraus folgt $\gamma(G) = p$, und durch Einsetzen der anderen Größen ergibt sich auf der rechten Seite von (8.7) ebenfalls p.

Jaeger und Payan [1] 1972 und Payan [1] 1975 gaben einige Abschätzungen der Absorptionszahl im Zusammenhang mit dem Komplementärgraphen. Eines dieser Ergebnisse wollen wir jetzt herleiten.

Satz 8.4 (Payan [1] 1975) Ist G ein schlichter Graph, $\delta = \delta(G)$, $\Delta = \Delta(G)$ und $n = n(G) \geq 2$, so gilt

$$\gamma(\bar{G}) \leq \frac{\delta(\Delta - 1)}{n - 1} + 2. \tag{8.8}$$

Beweis. Wir setzen $E = E(G) = E(\bar{G})$, $N(x) = N(x, G)$ und $\bar{N}(x) = \bar{N}(x, G)$. Ist u eine Ecke mit $d(u, G) = \delta$ und $x \in N(u)$, so ist $\{x\} \cup (\bar{N}(u) \cap N(x))$ eine Absorptionsmenge von $\bar{G}$, womit

$$\gamma(\bar{G}) \leq 1 + |\bar{N}(u) \cap N(x)|$$

für alle $x \in N(u)$ gilt. Daraus ergibt sich zusammen mit

$$\Delta \geq |N(x) \cap \bar{N}(u)| + |N(x) \cap (E - \bar{N}(u))|$$

für alle $x \in N(u)$ die Abschätzung

$$|N(x) \cap (E - \bar{N}(u))| \leq \Delta + 1 - \gamma(\bar{G}). \tag{8.9}$$

Wenn $y \in E - \bar{N}(u)$ gilt, dann ist auch $\{u\} \cup \{y\} \cup (N(u) \cap N(y))$ eine Absorptionsmenge von $\bar{G}$. Daraus folgt für alle $y \in E - \bar{N}(u)$

$$\gamma(\bar{G}) - 2 \leq |N(u) \cap N(y)|. \tag{8.10}$$

Aus der Identität

$$\begin{aligned} m_G(N(u), E - \bar{N}(u)) &= \sum_{x \in N(u)} |N(x) \cap (E - \bar{N}(u))| \\ &= \sum_{y \in E - \bar{N}(u)} |N(y) \cap N(u)| \end{aligned}$$

erhält man wegen $|N(u)| = \delta$ zusammen mit (8.9) und (8.10)

$$(\gamma(\bar{G}) - 2)(n - \delta - 1) \leq \delta(\Delta + 1 - \gamma(\bar{G}))$$

und daraus die gewünschte Ungleichung (8.8). ||

Aus Satz 8.4 ergibt sich ohne Mühe

Folgerung 8.1 Ist G ein schlichter Graph, so gilt

$$\gamma(G) \leq \frac{(n(G)-1-\Delta(G))(n(G)-2-\delta(G))}{n(G)-1} + 2.$$

Weitere interessante Abschätzungen von γ sind:

$$\begin{aligned} \gamma(G) &\leq n(G)+1-\sqrt{2m(G)+1}, \\ \gamma(G) &\leq 1+\frac{\log n(G)}{\log n(G)-\log(n(G)-\delta(G)-1)} \end{aligned}$$

Die erste Ungleichung stammt von Vizing [2] 1965, während die zweite Ungleichung auf Payan [1] 1975 zurückgeht.

Im Satz 8.1 haben wir $\gamma(G) \leq \alpha(G)$ gezeigt. Nun stellte Szamkolowicz [1] 1970 das Problem auf, diejenigen Graphen G herauszufinden, die $\gamma(G) = \alpha(G)$ erfüllen. Borowiecki [1] hat 1975 alle Bäume T mit $\gamma(T) = \alpha(T)$ bestimmt. Wir wollen hier alle bipartiten Graphen mit dieser Eigenschaft charakterisieren.

Satz 8.5 (Topp, Volkmann [1] 1990) Es sei G ein schlichter, zusammenhängender und bipartiter Graph. Es gilt genau dann $\gamma(G) = \alpha(G)$, wenn $G = K_1$, G ein Kreis der Länge 4 oder $G = H \circ K_1$ ist, wobei H ein beliebiger schlichter, zusammenhängender und bipartiter Graph bedeutet.

Beweis. Ist G einer der drei im Satz angegebenen Graphen, so gilt natürlich $\gamma(G) = \alpha(G)$.
Nun sei umgekehrt G ein zusammenhängender, bipartiter Graph mit $\gamma(G) = \alpha(G)$ und G weder der K_1 noch ein Kreis der Länge 4. Dann ist leicht zu sehen, daß G kein Kreis sein kann. Ist E_1, E_2 eine Bipartition von $E(G)$, so ist jede dieser beiden Mengen sowohl unabhängig als auch absorbierend. Daraus folgt

$$\alpha(G) \geq \max\{|E_1|, |E_2|\} \geq \min\{|E_1|, |E_2|\} \geq \gamma(G),$$

woraus sich $\gamma(G) = |E_1| = |E_2| = \alpha(G)$ ergibt.
Nun zeigen wir, daß die Menge $\Gamma(G)$ der Endecken von G nicht leer ist. Dazu nehmen wir das Gegenteil $\Gamma(G) = \emptyset$ an. Da G kein Kreis ist, muß der Graph mindestens eine Ecke a besitzen mit $d(a, G) \geq 3$. Sei o.B.d.A. $a \in E_1$. Weiter wähle man eine Ecke $b \in N(a, G)$ und

eine Ecke $c \in N(b, G) - \{a\}$.
Existiert eine Ecke $b' \in N(a, G) - \{b\}$ mit $N(b', G) = \{a, c\}$, so ist $(E_2 - \{b, b'\}) \cup \{c\}$ eine Absorptionsmenge von G, was $\gamma(G) = |E_2|$ widerspricht.
Ist aber $N(b', G) \neq \{a, c\}$ für alle $b' \in N(a, G) - \{b\}$, so ist dann $(E_1 - \{a, c\}) \cup \{b\}$ eine Absorptionsmenge von G, was $\gamma(G) = |E_1|$ widerspricht.
Daher folgt $\Gamma(G) \neq \emptyset$. Weiter hat jede Ecke von G höchstens eine Nachbarecke in $\Gamma(G)$. Denn hätte z.B. $x \in E_1$ die beiden Nachbarecken a, b in $\Gamma(G)$, so wäre $(E_1 - \{x\}) \cup \{a, b\}$ eine unabhängige Menge, was $\alpha(G) = |E_1|$ widerspricht.
Um den Beweis zu vervollständigen, zeigen wir im letzten Schritt, daß $E(G) = \bar{N}(\Gamma(G), G)$ gilt. Ist das nicht der Fall, so existiert wegen des Zusammenhangs von G eine Ecke $x \in E(G) - \bar{N}(\Gamma(G), G)$, die zu einer Ecke y aus $N(\Gamma(G), G)$ adjazent ist. Es sei o.B.d.A. $x \in E_1$ und z die einzige Ecke aus $N(y, G) \cap \Gamma(G)$. Dann überlegt man sich leicht, daß $(E_1 - \{x, z\}) \cup \{y\}$ eine Absorptionsmenge von G ist, was natürlich einen Widerspruch bedeutet. Damit ist G ein Graph der Form $H \circ K_1$. Da G nach Voraussetzung schlicht, bipartit und zusammenhängend ist, muß auch H diese Eigenschaften besitzen. $||$

Folgerung 8.2 (Borowiecki [1] 1975) Es sei T ein Baum. Es ist genau dann $\gamma(T) = \alpha(T)$, wenn $T = K_1$ oder $T = H \circ K_1$ für einen beliebigen Baum H gilt.

Ohne Beweis geben wir noch eine Charakterisierung aller Blockgraphen G mit der Eigenschaft $\gamma(G) = \alpha(G)$.

Satz 8.6 (Topp, Volkmann [1] 1990) Es sei G ein Blockgraph und $B_1, ..., B_t$ diejenigen Blöcke von G, die mindestens eine Ecke besitzen, die keine Schnittecke von G ist. Es gilt genau dann $\gamma(G) = \alpha(G)$, wenn $E(G)$ die disjunkte Vereinigung von $E(B_1), ..., E(B_t)$ ist.

Weitere Resultate über die Absorptionszahl findet man in den Übersichtsartikeln von Cockayne und Hedetniemi [1] 1977 sowie Laskar und Walikar [1] 1981. Neuere Ergebnisse zu diesem Thema enthalten z.B. die Arbeiten von Cockayne, Favaron, Payan und Thomason [1] 1981, Favaron [2] 1986, Finbow, Hartnell und Nowakowski [1] 1988, Fink, Jacobson, Kinch und Roberts [1] 1985, Harary und Livingston [1] 1986, McCuaig und Shepherd [1] 1989 sowie Topp und Volkmann [2] 1990.

8.2 Minimale Absorptionsmengen

Zur Bestimmung minimaler Absorptionsmengen ist kein polynomialer Algorithmus bekannt. Auch dieses Problem ist NP-vollständig. Daher wollen wir für einige spezielle Graphen Methoden herleiten, mit denen man in polynomialer Zeit minimale Absorptionsmengen findet. Dafür ist es günstig, den Begriff der Absorptionsmenge etwas allgemeiner zu fassen.

Definition 8.2 Es sei G ein Graph und $X \subseteq E(G)$. Eine Menge $D \subseteq E(G)$ heißt *X-Absorptionsmenge* von G, wenn $X \subseteq \bar{N}(D,G) = \bar{N}(D)$ gilt. D heißt *minimale X-Absorptionsmenge* von G, wenn es keine X-Absorptionsmenge D' von G gibt mit $|D'| < |D|$. Ist D eine minimale X-Absorptionsmenge von G, so wird die *X-Absorptionszahl* von G durch $|D| = \gamma(G,X)$ definiert.

Satz 8.7 (Reduktionssatz, Volkmann [5] 1990) Es sei G ein Graph, $X \subseteq E(G)$, $x \in X$ und $v \in E(G)$ mit

$$\bar{N}(\bar{N}(x,G),G) \cap X \subseteq \bar{N}(v,G). \tag{8.11}$$

Ist $X' = X - \bar{N}(v,G)$ und D' eine minimale X'-Absorptionsmenge von G, so ist $D' \cup \{v\}$ eine minimale X-Absorptionsmenge von G.

Beweis. Ist D_0 eine beliebige minimale X-Absorptionsmenge von G, so gilt $D_0 \cap \bar{N}(x,G) \neq \emptyset$. Für jede Ecke $y \in D_0 \cap \bar{N}(x,G)$ ist wegen (8.11) auch $D = (D_0 - \{y\}) \cup \{v\}$ eine minimale X-Absorptionsmenge von G mit $v \in D$. Weiter ist $D - \{v\}$ eine X'-Absorptionsmenge von G, $D' \cup \{v\}$ eine X-Absorptionsmenge von G und $v \notin D'$. Daraus ergibt sich

$$\gamma(G,X) \leq |D' \cup \{v\}| = \gamma(G,X') + 1 \leq |D - \{v\}| + 1 = \gamma(G,X),$$

womit $D' \cup \{v\}$ eine minimale X-Absorptionsmenge von G ist. ||

Folgerung 8.3 Ist G ein Graph und $X \subseteq E(G)$, so kann man den Reduktionssatz prinzipiell wie folgt anwenden.
Für alle $x \in X$ teste man, ob eine Ecke $v \in E(G)$ existiert, die die Bedingung (8.11) erfüllt. Hat man zwei solche Ecken x und v gefunden, so kann man wegen des Reduktionssatzes dieses Verfahren mit der Eckenmenge $X' = X - \bar{N}(v,G)$ fortsetzen. Findet man solche Ecken nicht, so bricht dieses Verfahren ab.

Sowohl für praktische Verfahren als auch für theoretische Untersuchungen ist häufig folgendes Resultat sehr nützlich.

Hilfssatz 8.3 (Volkmann [5] 1990) Es sei G ein Graph, $X \subseteq E(G)$ und $Y = E(G) - X$. Ist $y \in Y$ mit

$$|N(y,G) \cap X| \leq 1, \tag{8.12}$$

und ist D eine minimale X-Absorptionsmenge von $G - y$, so ist D auch eine minimale X-Absorptionsmenge von G.

Beweis. D ist natürlich eine X-Absorptionsmenge von G. Angenommen, es gibt in G eine minimale X-Absorptionsmenge D_0 mit $|D_0| < |D|$. Dann gilt notwendig $y \in D_0$. Nun unterscheiden wir zwei Fälle.
1. Fall: Es gilt $N(y,G) \cap X = \emptyset$. Unter dieser Bedingung ist schon $D_0 - y$ eine X-Absorptionsmenge von G, was der Minimalität von $|D_0|$ widerspricht.
2. Fall: Es gilt $|N(y,G) \cap X| = 1 = |\{x\}|$. Dann ist aber auch die Menge $D_1 = (D_0 - y) \cup \{x\}$ eine X-Absorptionsmenge von $G - y$ mit $|D_1| = |D_0| < |D|$. Dies bedeutet einen Widerspruch zu der Voraussetzung, daß D eine minimale X-Absorptionsmenge von $G - y$ ist.
Da es wegen der Bedingung (8.12) keine weiteren Fälle gibt, haben wir den Hilfssatz 8.3 vollständig bewiesen. ||

Der skizzierte Graph G mit den drei Ecken a, b, y zeigt uns, daß man die Bedingung (8.12) aus dem Hilfssatz 8.3 im allgemeinen nicht abschwächen kann.

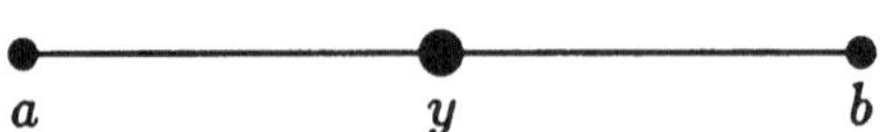

Denn setzt man $X = \{a,b\}$, so gilt $|N(y,G) \cap X| = 2$, und die Menge $\{a,b\}$ ist eine minimale X-Absorptionsmenge von $G - y$, aber offensichtlich nicht von G.

Aus dem Reduktionssatz und dem Hilfssatz 8.3 leiten wir nun einen effizienten Algorithmus her, der uns für alle Blockgraphen eine minimale Absorptionsmenge liefert.

10. Algorithmus

Algorithmus zur Bestimmung minimaler Absorptionsmengen in Blockgraphen

Es sei G die disjunkte Vereinigung von Blockgraphen und $Y \subseteq E(G)$.

1. Man setze $X = Y$ und $D = \emptyset$.

2. Ist $X = \emptyset$, so stoppe man den Algorithmus, denn dann ist D eine minimale Y-Absorptionsmenge von G.
   Ist $X \neq \emptyset$, so gehe man zu 3.

3. Man suche einen beliebigen Endblock B von G.
   Existiert eine Ecke $x \in E(B) \cap X$, die keine Schnittecke von G ist, so gehe man zu 5.
   Existiert keine solche Ecke x, so gehe man zu 4.

4. Gibt es im Endblock B keine Schnittecke von G, so setze man $G = G - E(B)$ und gehe zu 3.
   Im anderen Fall sei v die eindeutig bestimmte Schnittecke von G im Endblock B. Dann setze man $G = G - (E(B) - \{v\})$ und gehe zu 3.

5. Gibt es in B eine Schnittecke v von G, so setze man $D = D \cup \{v\}$, $X = X - \bar{N}(v, G)$ und gehe zu 2.
   Gibt es in B keine Schnittecke von G, so wähle man eine beliebige Ecke v in B, setze $D = D \cup \{v\}$, $X = X - \bar{N}(v, G)$ und gehe zu 2.

Beweis. Nach Folgerung 6.2 kann der 3. Schritt immer ausgeführt werden. Im 4. Schritt wird der aktuelle Graph G so reduziert, daß einerseits wieder eine disjunkte Vereinigung von Blockgraphen entsteht und andererseits Hilfssatz 8.3 zum Tragen kommt. Daher bleibt im 4. Schritt die Menge X erhalten.
Im 5. Schritt gilt nach Konstruktion

$$\bar{N}(\bar{N}(x, G), G) \cap X \subseteq \bar{N}(v, G),$$

womit der Reduktionssatz anwendbar ist. Daher ist beim Abbruch des Algorithmus die aktuelle Eckenmenge D eine minimale Y-Absorptionsmenge von G. $\|$

Im Jahre 1975 gaben Cockayne, Goodman und Hedetniemi [1] einen guten Algorithmus zur Bestimmung minimaler Absorptionsmengen in Bäumen. Da jeder Baum ein Blockgraph ist, kann man den 10. Algorithmus als eine Verallgemeinerung dieses Resultats auffassen. Darüber hinaus gibt es effiziente Algorithmen für Kaktusgraphen von Hedetniemi, Laskar und Pfaff [1] 1986 sowie für stark triangulierte Graphen (eine Teilklasse der triangulierten Graphen, die auch die Blockgraphen umfaßt) von Farber [1] 1984.

8.3 p-Absorptionsmengen

Definition 8.3 Es sei G ein Graph und $p \in \mathbf{N}$. Eine Menge $D \subseteq E(G)$ heißt *p-Absorptionsmenge* von G, wenn $|N(x,G) \cap D| \geq p$ für alle $x \in E(G) - D$ gilt. D heißt *minimale p-Absorptionsmenge* von G, wenn es keine p-Absorptionsmenge D' von G mit $|D'| < |D|$ gibt. Ist D eine minimale p-Absorptionsmenge von G, so wird die *p-Absorptionszahl* durch $\gamma_p(G) = |D|$ definiert.

Bemerkung 8.1 Jede p-Absorptionsmenge ist eine Absorptionsmenge, womit $\gamma(G) \leq \gamma_p(G)$ für jedes $p \in \mathbf{N}$ gilt. Insbesondere sind die Begriffe 1-Absorptionsmenge und Absorptionsmenge gleichbedeutend, was $\gamma(G) = \gamma_1(G)$ zur Folge hat. Allgemeiner ist für $1 \leq q \leq p$ jede p-Absorptionsmenge eine q-Absorptionsmenge, also $\gamma_q(G) \leq \gamma_p(G)$. Es gilt immer $\gamma_p(G) \geq \min\{p, n(G)\}$ und im Fall $p > \Delta(G)$ natürlich $\gamma_p(G) = n(G)$.

Satz 8.8 (Fink, Jacobson [1] 1985) Ist G ein schlichter Graph und $p \in \mathbf{N}$ mit $2 \leq p \leq \Delta(G)$, so gilt

$$\gamma_p(G) \geq \gamma(G) + p - 2.$$

Beweis. Es sei D eine minimale p-Absorptionsmenge von G. Wegen $p \leq \Delta(G)$ ist die Menge $E(G) - D$ nicht leer. Ist $u \in E(G) - D$, so gilt $|N(u,G) \cap D| \geq p$, womit es p Ecken $x_1, ..., x_p$ in D gibt, die zu u adjazent sind. Darüber hinaus ist jede Ecke aus $E(G) - D$ zu mindestens einer Ecke aus $D - \{x_2, ..., x_p\}$ adjazent. Daher ist

$$D^* = \{u\} \cup (D - \{x_2, ..., x_p\})$$

eine Absorptionsmenge von G, woraus sich die behauptete Ungleichung ergibt. ||

Folgerung 8.4 Ist G ein schlichter Graph mit $\Delta(G) \geq 1$, so gilt $\gamma_p(G) > \gamma(G)$ für alle $p \geq 3$.

Beispiel 8.2 Für den Graphen G, der aus r disjunkten Kreisen der Länge 4 besteht, gilt $\gamma_2(G) = \gamma(G) = 2r$. Daher läßt sich Folgerung 8.4 nicht mehr für $p = 2$ aufrecht erhalten.

Satz 8.9 (Fink, Jacobson [1] 1985) Ist G ein schlichter Graph, $p \in \mathbf{N}$, $\Delta = \Delta(G)$ und $n = n(G)$, so gilt

$$\gamma_p(G) \geq \frac{pn}{\Delta + p}.$$

Beweis. Ist $p > \Delta$, so gilt $\gamma_p(G) = n$, und die Ungleichung ist tatsächlich erfüllt. Im Fall $p \leq \Delta$ sei D eine minimale p-Absorptionsmenge von G. Es gilt einerseits

$$m_G(D, \bar{D}) \leq \Delta|D| = \Delta\gamma_p(G).$$

Da jede Ecke aus $\bar{D}$ zu mindestens p Ecken aus D adjazent ist, gilt andererseits

$$m_G(D, \bar{D}) \geq p|\bar{D}| = p(n - \gamma_p(G)).$$

Aus den letzten beiden Ungleichungen folgt ohne Mühe die gesuchte Abschätzung. $\|$

Zum Schluß dieses Kapitels wollen wir eine schöne Verallgemeinerung der Abschätzung $2\gamma(G) \leq n(G)$ von Ore herleiten (man vgl. Satz 8.1).

Satz 8.10 (Cockayne, Gamble, Shepherd [1] 1985) Ist G ein schlichter Graph, $p \in \mathbf{N}$, $\delta = \delta(G) \geq p$ und $n = n(G)$, so gilt

$$\gamma_p(G) \leq \frac{pn}{p+1}. \tag{8.13}$$

Beweis. Angenommen, die Ungleichung (8.13) ist nicht richtig, und G ist ein Gegenbeispiel minimaler Größe der Ordnung n. Setzen wir $r = n - \gamma_p(G)$, so ergibt sich aus unserer Annahme

$$\gamma_p(G) > \frac{pn}{p+1} = \frac{p}{p+1}(\gamma_p(G) + r) \tag{8.14}$$

und damit $\gamma_p(G) > pr$. Ist I eine beliebige unabhängige Eckenmenge von G, so ist wegen $\delta \geq p$, die Menge $E(G) - I$ eine p-Absorptionsmenge von G. Wir zeigen nun, daß

$$S = \{x \in E(G) | d(x, G) > p\}$$

eine unabhängige (oder leere) Eckenmenge von G ist. Nehmen wir einmal an, daß k eine Kante des von S induzierten Teilgraphen $G[S]$ ist. Dann gilt für den Graphen $G' = G - k$ die Ungleichung $\delta(G') \geq p$ und $n(G') = n(G)$, womit G' die Voraussetzungen des Satzes erfüllt. Wegen $\gamma_p(G') \geq \gamma_p(G)$ folgt aus unserer Annahme, daß auch G' die Ungleichung (8.13) nicht erfüllt, was einen Widerspruch zur minimalen Größe von G bedeutet.

Unter allen unabhängigen Eckenmengen von G, die S umfassen, sei T eine größter Kardinalität. Da $E(G) - T$ eine p-Absorptionsmenge von G ist, erhalten wir

$$|E(G) - T| \geq \gamma_p(G) \geq pr + 1. \tag{8.15}$$

Aus der Wahl von T ergibt sich für jede Ecke $x \in E(G) - T$ sofort $d(x, G) = p$, und jede solche Ecke x ist zu mindestens einer Ecke aus T adjazent. Daher gilt für alle $x \in E(G) - T$

$$|\bar{N}(x, G) \cap (E(G) - T)| \leq p. \tag{8.16}$$

Wir wählen nun Ecken $x_1, ..., x_{r+1}$ aus der Menge $E(G) - T$ wie folgt:

i) Sei x_1 eine beliebige Ecke aus $E(G) - T$.

ii) Für $1 \leq i \leq r$ wähle man x_{i+1} aus der Menge

$$(E(G) - T) - \bigcup_{j=1}^{i} \bar{N}(x_j, G).$$

Diese Wahl der Ecken $x_1, ..., x_{r+1}$ ist möglich, denn für $1 \leq i \leq r$ folgt aus (8.15) und (8.16)

$$\left|(E(G) - T) - \bigcup_{j=1}^{i} \bar{N}(x_j, G)\right| \geq pr + 1 - ip \geq 1.$$

Nach Konstruktion ist $\{x_1, ..., x_{r+1}\}$ eine unabhängige Eckenmenge von G, womit $E(G) - \{x_1, ..., x_{r+1}\}$ eine p-Absorptionsmenge von G

mit $n - r - 1 = \gamma_p(G) - 1$ Elementen ist, was aber der Definition von $\gamma_p(G)$ widerspricht. ||

Uns ist kürzlich folgende Verbesserung von Satz 8.10 gelungen.

Satz 8.11 (Stracke, Volkmann [1] 1990) Ist $p \in \mathbf{N}$ und G ein schlichter Graph der Ordnung n mit $\delta = \delta(G) \geq p$, so gilt:

$$\gamma_p(G) \leq \begin{cases} \frac{n(2p-\delta)}{2p-\delta+1} & : \text{ für } p \leq \delta \leq 2p-1 \\ \frac{n}{2} & : \text{ für } \delta \geq 2p \end{cases}$$

Die Arbeiten von Fink und Jacobson [1], [2] 1985, Favaron [1] 1985 und Favaron [3] 1988 enthalten weitere Resultate über p-Absorptionsmengen.

8.4 Aufgaben

Aufgabe 8.1 i) Ist G ein schlichter Graph, so zeige man

$$\gamma(G) \leq n(G) - \Delta(G).$$

ii) Für alle $\Delta \in \mathbf{N}_0$ und alle natürlichen Zahlen $n \geq \Delta + 1$ gebe man schlichte Graphen G mit $n = n(G)$, $\Delta = \Delta(G)$ und $\gamma(G) = n - \Delta$ an.
iii) Für alle natürlichen Zahlen $\Delta \geq 2$ gebe man schlichte und zusammenhängende Graphen gerader und ungerader Ordnung $n = n(G)$ mit $\Delta = \Delta(G)$ und $\gamma(G) = n - \Delta$ an.

Aufgabe 8.2 Es sei H ein 3-regulärer und schlichter Graph ohne Brücken der Ordnung n und $G = H \circ K_2$. Man berechne die Größen $\alpha(G)$, $\beta(G)$, $\alpha_0(G)$, $\beta_0(G)$ und $\gamma(G)$.

Aufgabe 8.3 Man gebe einen direkten Beweis von Satz 8.2.

Aufgabe 8.4 Es sei G ein Baum der Ordnung $n = 2p$. Man beweise, daß $\gamma(G) = p$ genau dann gilt, wenn $G = H \circ K_1$ ist, wobei H ein beliebiger Baum der Ordnung p ist.

Aufgabe 8.5 Es sei G ein schlichter Graph und $\mathcal{H} = \{H_x | x \in E(G)\}$ eine Familie von schlichten Graphen, die durch die Ecken von G indiziert ist. Man beweise, daß genau dann $\gamma(G \circ \mathcal{H}) = \alpha(G \circ \mathcal{H})$ gilt, wenn alle H_x vollständige Graphen sind.

Aufgabe 8.6 Es sei G ein Blockgraph mit $\gamma(G) = \alpha(G)$. Ist B ein Endblock von G und $H = G - E(B)$, so zeige man $\gamma(H) = \alpha(H)$.

Aufgabe 8.7 Ein Block B eines Blockgraphen G heißt *äußerer Block* von G, wenn B eine Ecke enthält, die keine Schnittecke von G ist. Man beweise: Ist G ein Blockgraph mit $\gamma(G) = \alpha(G)$, so gehört jede Ecke von G zu höchstens einem äußeren Block von G.

Aufgabe 8.8 Ist G ein schlichter Graph mit $\gamma(\bar{G}) \geq 3$, so beweise man

$$\gamma(G) + \gamma(\bar{G}) \leq \delta(G) + 3.$$

An Hand von Beispielen zeige man, daß diese Ungleichung im allgemeinen nicht gilt, wenn $\gamma(\bar{G}) \leq 2$ ist.

Aufgabe 8.9 Ist G ein schlichter Graph und $p \in \mathbf{N}$, so beweise man

$$\gamma_p(G) \leq n(G) + p - 1 - \delta(G).$$

Die vollständigen Graphen zeigen die Schärfe dieser Abschätzung.

Aufgabe 8.10 Es sei G ein schlichter Graph, der weder vollständig noch 1-regulär ist. Man beweise $\gamma_2(G) \leq n(G) - \delta(G)$.

Aufgabe 8.11 Es sei G ein schlichter Graph mit $\delta(G) \geq 2$ und a eine Ecke, die auf allen Kreisen von G liegt. Man zeige, daß es in G eine minimale Absorptionsmenge gibt, die a enthält.

Kapitel 9

Planare Graphen

9.1 Die Eulersche Polyederformel

In diesem Kapitel beschäftigen wir uns mit einem Teil der topologischen Graphentheorie. Dabei steht die Frage im Vordergrund, welche Graphen man in die Ebene so einbetten kann, daß sich keine zwei Kanten schneiden, und welche Eigenschaften solche Graphen besitzen. Zur Präzisierung dieser Probleme benötigen wir einige neue Begriffe.

Definition 9.1 Eine stetige Abbildung $k : [0,1] \longrightarrow \mathbf{R}^p$ ist ein *Jordanbogen*, wenn $k(t) \neq k(s)$ für alle $s, t \in [0,1]$ mit $s \neq t$ gilt. (Dabei bedeutet $[0,1] = \{x \in \mathbf{R} \mid 0 \leq x \leq 1\}$.) Man spricht von einer *Jordankurve*, wenn $k(0) = k(1)$ erfüllt ist, und alle anderen Eigenschaften eines Jordanbogens erhalten bleiben.

Definition 9.2 Ein Graph G heißt *Euklidischer Graph*, wenn folgende drei Bedingungen erfüllt sind.

i) Die Eckenmenge $E(G)$ besteht aus Punkten $x_1, ..., x_n$ des $\mathbf{R}^p$.

ii) Die Kantenmenge $K(G)$ besteht aus einer Menge von Jordanbogen oder Jordankurven $\{k_1, ..., k_m\}$ mit $k_i(0), k_i(1) \in E(G)$ und $k_i(t) \notin E(G)$ für $0 < t < 1$ und alle $1 \leq i \leq m$. Dabei heißen eine Ecke x_i und eine Kante k_j *inzident*, wenn $x_i = k_j(0)$ oder $x_i = k_j(1)$ erfüllt ist.

iii) Die Kanten von G haben keine Schnittpunkte. D.h. sind k_i und k_j zwei verschiedene Kanten, so gilt $k_i(s) \neq k_j(t)$ für alle $0 < s < 1$ und $0 < t < 1$. Zwei verschiedene Kanten heißen *inzident*, wenn sie mit einer gemeinsamen Ecke inzidieren.

Ist G' ein Graph und G ein Euklidischer Graph im $\mathbf{R}^p$, der zu G isomorph ist, so nennt man G *Einbettung* von G' in den $\mathbf{R}^p$. Ein Euklidischer Graph im $\mathbf{R}^2$ heißt *ebener Graph.* Ein Graph, der zu einem ebenen Graphen isomorph ist, heißt *planarer Graph.*

Satz 9.1 Jeder Graph G läßt sich in den $\mathbf{R}^3$ einbetten.

Beweis. Wir geben eine explizite Konstruktion für die Einbettung an. Zunächst ordnen wir verschiedenen Ecken von G verschiedene Punkte der x-Achse zu. Danach wählen wir für verschiedene Kanten des Graphen verschiedene Ebenen, welche die x-Achse enthalten. Nun zeichnen wir für jede Schlinge von G in der entsprechenden Ebene einen Kreis durch den zugehörigen Punkt der x-Achse und für jede andere Kante einen Halbkreis in der entsprechenden Ebene, der die beiden zugehörigen Endpunkte miteinander verbindet. Da alle diese Kreise und Halbkreise in verschiedenen Ebenen liegen, können sie sich außerhalb derjenigen Punkte, die den Ecken des Graphen entsprechen, nicht schneiden. Damit haben wir eine Einbettung von G in den $\mathbf{R}^3$ gefunden. ||

Bemerkung 9.1 Obige Einbettung läßt sich auch durchführen, falls der Graph höchstens $|\mathbf{R}|$ Ecken und Kanten besitzt. Man kann sogar zeigen, daß sich jeder schlichte Graph mit höchstens $|\mathbf{R}|$ Ecken und Kanten geradlinig in den $\mathbf{R}^3$ einbetten läßt (d.h. die Kanten der Einbettung sind Strecken). Einen Beweis dafür findet man in dem Buch von Wagner [2]. In diesem Zusammenhang sei erwähnt, daß Wagner [1] 1936 gezeigt hat, daß man jeden schlichten, planaren Graphen auch geradlinig in den $\mathbf{R}^2$ einbetten kann. Für Beweise dieses Resultats vgl. man z.B. Wagner und Bodendiek [1], S. 23, Sachs [3], S. 37 oder Wagner [2], S. 109.

Bemerkung 9.2 Ein ebener Graph ist ein derart in die Ebene gezeichneter Graph, daß keine zwei Kanten (genauer gesagt, die sie darstellenden Kurven) einen Schnittpunkt haben, abgesehen von den Ekken, mit denen die beiden Kanten inzidieren.

So einfach wie sich die Einbettung von Graphen in den $\mathbf{R}^3$ erwiesen hat, so schwer ist es zu entscheiden, welche Graphen planar sind (man vgl. Abschnitt 9.3).

Beispiel 9.1 In der Skizze ist der Graph G_1 eben, während der Graph G_2 nicht eben ist.

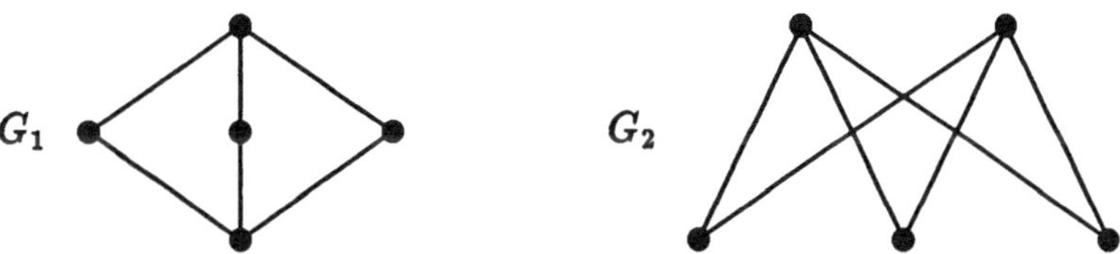

Beide Graphen G_1 und G_2 sind isomorph zum $K_{2,3}$, womit der $K_{2,3}$ planar ist.

Definition 9.3 Ist G ein ebener Graph, so wird die Ebene durch die Kurven in endlich viele zusammenhängende Gebiete zerlegt, die wir *Länder* von G nennen wollen. Bei dieser Zerlegung gibt es genau ein Gebiet (das "*äußere Gebiet*"), das nicht beschränkt ist. Ein ebener Graph zusammen mit seinen Ländern heißt *Landkarte.* Die Anzahl der Länder von G bezeichnen wir mit $l(G)$. Ein Punkt x der Ebene, der eine Ecke ist, oder der auf einer Kurve (also Kante) liegt, heißt *Randpunkt* eines Landes F, wenn man x mit einem Punkt aus F durch einen Jordanbogen verbinden kann, der bis auf x in F verläuft. Die Gesamtheit aller Randpunkte eines Landes F nennen wir *Grenze* oder *Rand* von F. Zwei verschiedene Länder F_1 und F_2 heißen *benachbart* oder *adjazent*, wenn es eine Kante gibt, die sowohl zum Rand von F_1 als auch zum Rand von F_2 gehört.

Bemerkung 9.3 Bei der Definition 9.3 wurde implizit der bekannte *Jordansche Kurvensatz* herangezogen, der folgendermaßen lautet: Eine Jordankurve C zerlegt die Ebene in zwei zusammenhängende Gebiete, von denen genau eines nicht beschränkt ist. D.h. zwei verschiedene Punkte der Ebene können genau dann durch einen Jordanbogen verbunden werden, der C nicht trifft, wenn sie beide im Inneren oder beide im Äußeren von C liegen. So einleuchtend dieser Satz auch ist, so schwierig ist ein wirklich exakter Beweis, auf den wir hier nicht eingehen wollen.
Daher werden wir uns hier und im folgenden stark auf unsere Anschauung verlassen und guten Willen zeigen müssen, denn es liegt nicht in der Absicht der Autors, auf alle topologischen Einzelheiten und Feinheiten einzugehen.

Die Ordnung, die Größe und die Anzahl der Länder einer Landkarte weisen einen interessanten Zusammenhang auf, den Euler [2], [3] 1752 schon für die Anzahl der Ecken, der Kanten und der Seitenflächen eines konvexen Polyeders gefunden hat.

Satz 9.2 (Eulersche Polyederformel, Euler [2], [3] 1752) Ist G eine Landkarte, so gilt

$$l(G) = 1 + \mu(G).$$

Beweis. Der Beweis erfolgt durch Induktion nach der Kantenzahl $m(G)$. Ist $m(G) = 0$, so gilt $\mu(G) = 0$ und $l(G) = 1$, also $l(G) = 1 + \mu(G)$. Nun sei $m(G) \geq 1$.
Ist G ein Wald, so gilt nach Satz 2.4 $\mu(G) = m(G) - n(G) + \kappa(G) = 0$ und $l(G) = 1$, woraus die gewünschte Formel folgt.
Ist G kein Wald, so besitzt G einen Kreis und damit eine Kante k, die zu einem Kreis gehört. Setzt man $G' = G - k$, so gilt nach Satz 1.7 $\kappa(G') = \kappa(G)$. Da nach Entfernen von k die beiden verschiedenen an der Kante k angrenzenden Länder verschmelzen, ergibt sich $l(G') = l(G) - 1$, $n(G') = n(G)$ und $m(G') = m(G) - 1$. Aus diesen Beobachtungen folgt die Eulersche Polyederformel für G durch Induktion aus der für G'. ||

Folgerung 9.1 Ist G ein zusammenhängender, ebener Graph, so gilt

$$n(G) + l(G) - m(G) = 2.$$

Bemerkung 9.4 Nach der Eulerschen Polyederformel hat jede Einbettung eines planaren Graphen in die Ebene die gleiche Anzahl von Ländern. Daher können wir bei einem planaren Graphen von der Anzahl seiner Länder sprechen.

Satz 9.3 Ist G ein schlichter, planarer Graph mit $n(G) \geq 3$, so gilt

$$m(G) \leq 3n(G) - 6.$$

Beweis. O.B.d.A. dürfen wir annehmen, daß G ein ebener Graph ist. Ist $m(G) = 0, 1, 2$, so gibt es nichts zu beweisen. Im Fall $m(G) \geq 3$ wird jedes Land von mindestens drei Kanten begrenzt. Da jede Kante zum Rand von höchstens zwei Ländern gehört, folgt durch Abzählung $3l(G) \leq 2m(G)$. Durch Einsetzen dieser Ungleichung in die Eulersche Polyederformel erhält man die Behauptung. ||

Der folgende Satz zeigt uns, daß nicht alle Graphen planar sind.

Satz 9.4 Die Graphen K_5 und $K_{3,3}$ sind nicht planar.

Beweis. Für den K_5 folgt diese Tatsache direkt aus Satz 9.3. Angenommen, der $K_{3,3}$ ist planar, und G ist eine Einbettung des $K_{3,3}$ in die Ebene. Dann wird jedes Land von mindestens vier Kanten berandet, und analog zum Beweis von Satz 9.3 erhält man die Ungleichung $4l(G) \leq 2m(G)$, also $2l(G) \leq 9$. Aus der Eulerschen Polyederformel folgt aber $l(G) = 5$, was ein offensichtlicher Widerspruch ist. ||

Satz 9.5 Ist G ein schlichter, planarer Graph, so gilt $\delta(G) \leq 5$.

Beweis. Ist $n(G) \leq 2$, so gibt es nichts zu beweisen. Im Fall $n(G) \geq 3$ folgt aus $\delta(G) \geq 6$ und Satz 9.3

$$6n(G) \leq \sum_{x \in E(G)} d(x, G) = 2m(G) \leq 6n(G) - 12,$$

was natürlich nicht möglich ist. ||

9.2 Der Fünffarbensatz

Definition 9.4 Ist G eine Landkarte und $\Lambda(G)$ die Menge seiner Länder, so nennt man eine Abbildung $h : \Lambda(G) \longrightarrow \{1, ..., p\}$ *Färbung* oder *p-Färbung* von G, wenn $h(F_1) \neq h(F_2)$ für zwei verschiedene benachbarte Länder F_1 und F_2 gilt. Man sagt auch, daß sich die Landkarte G mit p Farben färben läßt.
D.h., gehört eine Kante zum Rand zweier verschiedener Länder, so müssen die Länder verschiedene Farben besitzen. Gehört aber nur eine Ecke und keine Kante zum Rand von zwei verschiedenen Ländern, so dürfen sie gleich gefärbt sein.

Beispiel 9.2 Die skizzierte Landkarte kann mit 4 Farben, aber nicht mit weniger Farben gefärbt werden. Dabei besitzt das äußere Gebiet die Farbe 4.

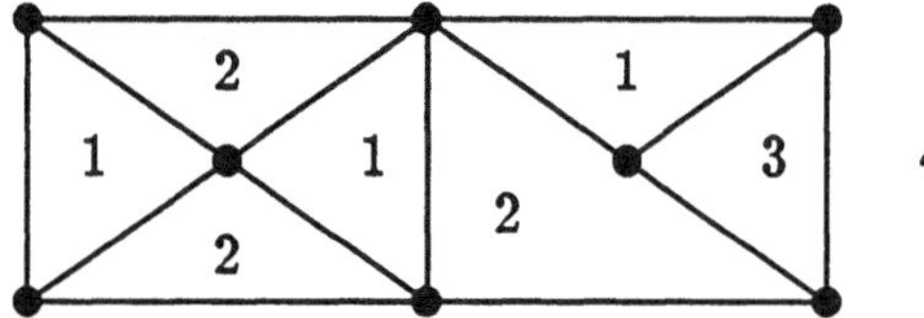

Satz 9.6 (Fünffarbensatz, Heawood [1] 1890) Jede zusammenhängende Landkarte G läßt sich mit fünf Farben färben.

Beweis. Da Ecken vom Grad 1 und 2 beim Färben von Landkarten keine Rolle spielen, gelte $\delta(G) \geq 3$. Weiter kann man o.B.d.A. G als 3-regulär voraussetzen. Denn hat G z.B. eine Ecke x vom Grad 4, und sind die Kanten k_1, k_2, k_3, k_4 inzident mit x, so konstruiere man aus G folgendermaßen eine neue Landkarte G'. Man ersetze x durch die Ecken a, b, verbinde diese beiden Ecken durch eine neue Kante k und lasse k_1, k_2 mit a und k_3, k_4 mit b inzidieren (man vgl. die Skizze).

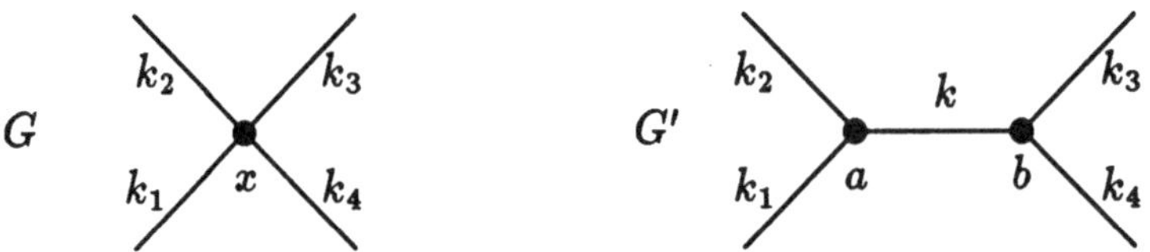

In der Landkarte G' haben die beiden Ecken a und b den Eckengrad 3, und es ist leicht einzusehen, daß aus der Färbbarkeit von G' mit 5 Farben, die Färbbarkeit von G mit 5 Farben folgt. Durch sukzessives wiederholen dieses Prozesses kann man die Färbbarkeit von G auf die Färbbarkeit einer 3-regulären Landkarte zurückführen.

Eine andere Möglichkeit, den allgemeinen Fall durch 3-reguläre Landkarten zu lösen, bietet sich dadurch, eine Ecke x mit $d(x, G) \geq 4$ durch einen Kreis C der Länge $d(x, G)$ zu ersetzen, und alle zu x inzidenten Kanten mit genau einer Ecke des Kreises C zu verbinden.

Als nächstes zeigen wir, daß es in G einen Kreis C der Länge $L(C) \leq 5$ gibt. Besitzt G die Länder $F_1, ..., F_q$, so sei n_i die Anzahl der Ecken, die zum Rand von F_i gehören $(i = 1, ..., q)$. Da G 3-regulär ist, liegt jede Ecke auf dem Rand von höchstens 3 Ländern, womit sich

$$n_1 + ... + n_q \leq 3n(G)$$

ergibt. Wegen $2m(G) = 3n(G)$ folgt aus der Eulerschen Polyederformel $n(G) = 2q - 4$, also

$$n_1 + ... + n_q \leq 6q - 12.$$

Gäbe es in G nur Kreise der Länge ≥ 6, so wäre $n_i \geq 6$ für alle $i = 1, ..., q$, was uns den Widerspruch $6q \leq 6q - 12$ liefern würde.

Der letzte Teil des Beweises erfolgt durch Induktion nach der Eckenzahl. Die kleinste 3-reguläre Landkarte besteht aus einer Kante, die an beiden Enden eine Schlinge hat. Diese Landkarte hat drei Länder, die man mit drei Farben färben kann. Beim Induktionsschluß betrachten wir die fünf möglichen Fälle, daß G einen Kreis der Länge 1,2,3,4 oder 5 besitzt. In jedem dieser Fälle werden wir aus G Kanten entfernen, die mit diesen Kanten inzidenten Ecken in den noch verbleibenden inzidenten Kanten verschmelzen, um wieder eine 3-reguläre Lankarte G' mit weniger Ecken zu erhalten. Danach werden wir aus einer Färbung von G' eine Färbung von G erzeugen (man vgl. die Skizzen).

1. *Fall:* G besitzt eine Schlinge.

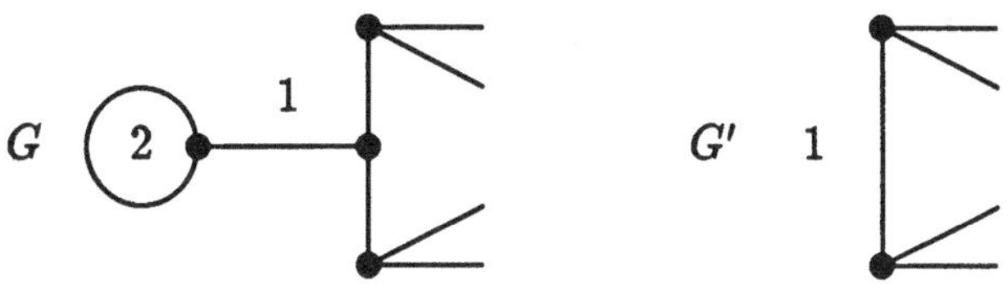

2. *Fall:* G besitzt einen Kreis der Länge 2.

Bilden in G' die mit 1 und 2 gefärbten Länder ein gemeinsames Land, so ersetze man in der Skizze jede 2 durch eine 1.

3. *Fall:* G besitzt einen Kreis der Länge 3.

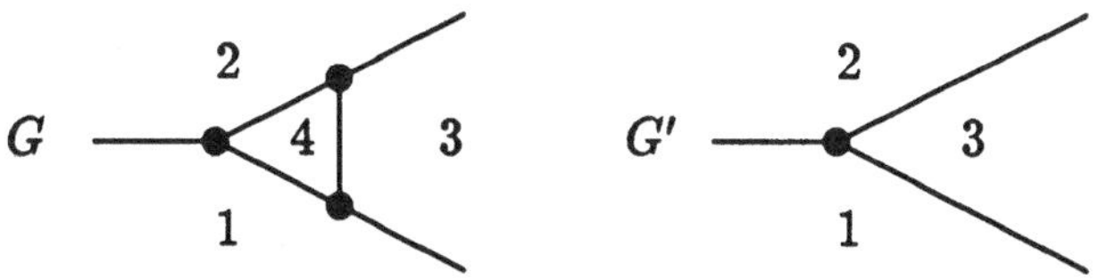

Falls in G' von den mit 1,2 und 3 gefärbten Ländern gewisse Länder zusammenfallen, so macht die Färbung von G erst recht keine Schwierigkeit.

4. *Fall:* G besitzt einen Kreis der Länge 4.

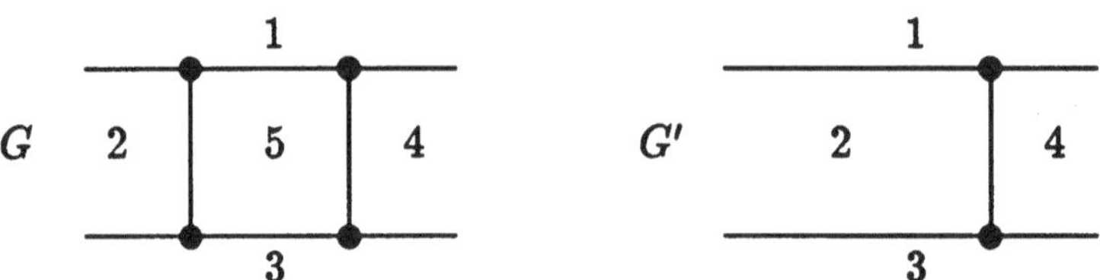

Falls in G' von den mit 1,2,3 und 4 gefärbten Ländern gewisse Länder zusammenfallen, so färbe man G entsprechend.
5. *Fall:* G besitzt einen Kreis der Länge 5.

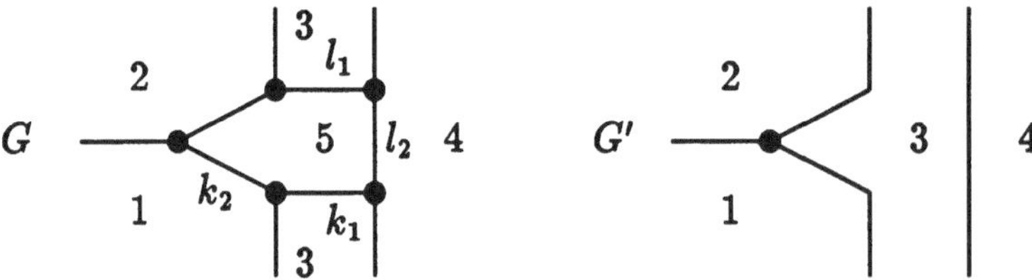

In diesem Fall ist es möglich, daß die in G mit der Farbe 3 gefärbten Länder an einer Kante zusammenstoßen, was natürlich nicht erlaubt ist. Dann kann man aber aus G die beiden Kanten k_2 und l_2 an Stelle von k_1 und l_1 entfernen, ohne daß dabei derselbe Effekt eintritt.
Da wir alle möglichen Fälle diskutiert haben, ist der Fünffarbensatz vollständig bewiesen. ||

Der hier geführte Beweis des Fünffarbensatzes stammt in wesentlichen Teilen aus den Büchern von Rademacher und Toeplitz [1] 1930 sowie Ringel [1] 1959.

Durch Eckenfärbungen der sogenannten dualen Graphen wollen wir einen weiteren Beweis des Fünffarbensatzes vorstellen.

Definition 9.5 Ist G ein ebener Graph, so bestehe die Eckenmenge des *dualen Graphen* G^* aus den Ländern von G. Gehört eine Kante k von G zum Rand von zwei verschiedenen Ländern a und b, so sei die duale Kante k^* in G^* mit a und b inzident. Gehört $k \in K(G)$ zum Rand eines einzigen Landes a, so sei k^* in G^* eine Schlinge, die mit a inzidiert.

Bemerkung 9.5 Ist G eine Landkarte, so ist es anschaulich recht einleuchtend, daß der duale Graph G^* planar ist, so daß wir auch G^* als Landkarte auffassen können. Nach Konstruktion gilt $n(G^*) =$

$l(G)$ und $m(G^*) = m(G)$. Weiter ist G^* immer zusammenhängend, denn aus jedem beschränkten Gebiet von G gelangt man über Kanten benachbarter Gebiete zum äußeren Gebiet von G. Daher liefert die Eulersche Polyederformel

$$\begin{aligned} l(G^*) &= m(G^*) - n(G^*) + 2 \\ &= m(G) - l(G) + 2 \\ &= n(G) - \kappa(G) + 1, \end{aligned}$$

womit insbesondere für zusammenhängende Landkarten G die Identität $l(G^*) = n(G)$ folgt.

Definition 9.6 Eine Landkarte G heißt *normal*, falls G weder Schlingen noch Brücken besitzt, $\kappa(G) = 1$ gilt, und $d(x, G) \geq 3$ für alle $x \in E(G)$ ist.

Bemerkung 9.6 Um zu zeigen, daß man beliebige zusammenhängende Landkarten G mit fünf Farben färben kann, genügt es, dies für normale Landkarten nachzuweisen. Denn Schlingen können wir weglassen, da das von der Schlinge berandete Land nur mit einem weiteren Land benachbart ist und somit nach Färbung des Restes eine der 4 verfügbaren Farben erhalten kann. Ferner können wir annehmen, daß G keine Brücken besitzt. Denn entsteht nach Kontraktion einer Brücke k (man vgl. Definition 2.4) die Landkarte G^k, so folgt aus der Fünffärbbarkeit von G^k die von G. Schließlich können wir alle Ecken, die nur mit zwei Kanten inzidieren, verschwinden lassen, indem wir diese beiden Kanten miteinander verschmelzen.

Definition 9.7 Ist G ein Multigraph, so nennt man eine Abbildung $h : E(G) \longrightarrow \{1, ..., q\}$ eine *echte Eckenfärbung* oder *echte q-Eckenfärbung* von G, falls $h(x) \neq h(y)$ für alle adjazenten Ecken $x, y \in E(G)$ gilt (man vgl. auch Definition 10.1).

Da der duale Graph G^* einer normalen Landkarte G ein ebener Multigraph ist, folgt der Fünffarbensatz sofort aus dem nachfolgenden Ergebnis über echte Eckenfärbungen.

Satz 9.7 Jeder ebene Multigraph besitzt eine echte 5-Eckenfärbung.

Beweis. Bei echten Eckenfärbungen sind parallele Kanten unerheblich, so daß wir o.B.d.A. G als schlicht voraussetzen können. Der

Beweis erfolgt durch Induktion nach $n = n(G)$. Für $n \leq 5$ ist der Satz offensichtlich richtig. Es sei nun $n > 5$. Nach Satz 9.5 gibt es eine Ecke $u \in E(G)$ mit $d(u,G) \leq 5$. Der Graph $H = G - u$ ist wieder ein ebener Graph, womit er nach Induktionsvoraussetzung eine echte 5-Eckenfärbung besitzt. Ist $d(u,G) \leq 4$, so ergibt sich eine echte 5-Eckenfärbung von G sofort aus der von H.
Daher behandeln wir nur noch den verbleibenden Fall $d(u,G) = 5$. Ist $N(u,G) = \{x_1, ..., x_5\}$, so seien die Nachbarn von u o.B.d.A. in der skizzierten Form angeordnet.

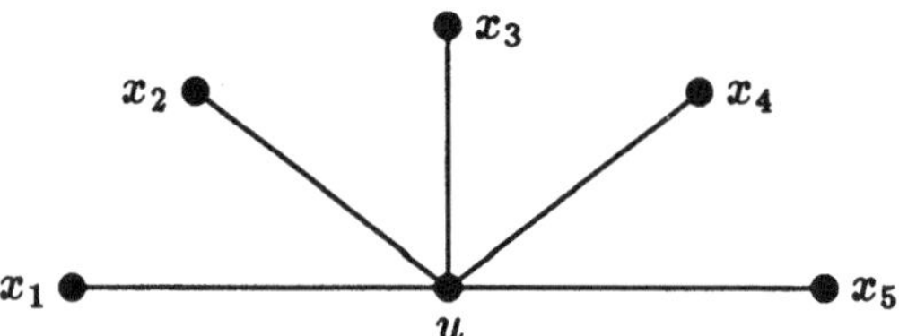

Darüber hinaus sei i die Farbe der Ecke x_i in H $(i = 1, ..., 5)$, denn sind in H zwei der Ecken x_i gleich gefärbt, so sind wir nach Induktionsvoraussetzung sofort fertig. Mit $H_{1,3}$ bezeichnen wir denjenigen Teilgraphen von H, der von den Ecken mit den Farben 1 und 3 induziert wird.
1. Fall: Gehören die Ecken x_1 und x_3 zu verschiedenen Komponenten von $H_{1,3}$, so erzielt man eine andere echte 5-Eckenfärbung von H durch Austauschen der Farben 1 und 3 in der Komponente, in der x_1 liegt. Dadurch haben die beiden Ecken x_1 und x_3 die Farbe 3, und wir können in G die Ecke u mit der Farbe 1 färben.
2. Fall: Gehören x_1 und x_3 zur gleichen Komponente von $H_{1,3}$, so existiert in H ein Weg W von x_1 nach x_3, auf dem alle Ecken die Farbe 1 oder 3 besitzen. Da G eben ist, bildet W zusammen mit dem Weg (x_1, u, x_3) in G einen Kreis, der entweder die Ecke x_2 oder die beiden Ecken x_4 und x_5 umschließt. Daher kann es in H keinen Weg von x_2 nach x_4 geben, dessen Ecken nur mit den Farben 2 oder 4 gefärbt sind. Ist $H_{2,4}$ derjenige Teilgraph von H, der durch die Ecken mit den Farben 2 und 4 induziert wird, so gehören x_2 und x_4 zu verschiedenen Komponenten von $H_{2,4}$. Durch Wiederholung des Verfahrens aus dem 1. Fall, gelangt man zu einer echten 5-Eckenfärbung von G. ||

Nach dem Beweis des Fünffarbensatzes muß natürlich die berühmte Vierfarbenvermutung angesprochen werden, von der die Graphentheorie ihre stärksten Impulse erhalten hat.

Vierfarbenvermutung. Jede Landkarte läßt sich mit vier Farben färben.

Das Beispiel 9.2 zeigt, daß im allgemeinen 4 Farben notwendig sind. Das Vierfarbenproblem wurde 1852 von einem Studenten namens Francis Guthrie über seinen Bruder Frederick dessen Lehrer Augustus de Morgan vorgelegt, der es Sir William Rowan Hamilton unterbreitete. Auf einer Sitzung der Londoner Mathematischen Gesellschaft im Jahre 1878 stellte Arthur Cayley den anwesenden Geographen und Mathematikern dieses Problem vor und diskutierte in einer Note [1] 1879 die auftretenden Schwierigkeiten. Binnen eines Jahres publizierte Kempe [1], ein Rechtsanwalt und Mitglied der Mathematischen Gesellschaft, einen interessanten und bis heute Anstöße vermittelnden, aber doch fehlerhaften Beweis. Die Lücke wurde erstmalig 1890 [1] von Heawood aufgezeigt.

Im Zusammenhang mit der Lösung der Vierfarbenvermutung möchte ich meinen Kollegen Horst Sachs aus Ilmenau zitieren. In seinem Artikel [4] "Einige Gedanken zur Geschichte und zur Entwicklung der Graphentheorie" aus dem Jahre 1989 schreibt Herr Sachs:

"Heute wird vielerorts angenommen, daß die Vierfarbenvermutung nach umfangreichen Vorarbeiten von Heinrich Heesch [1] durch Kenneth Appel und Wolfgang Haken [1] sowie Kenneth Appel, Wolfgang Haken und J. Koch [1] 1976 unter Einsatz eines Computers bewiesen worden sei. Da jedoch Fehler im Programm gefunden wurden (was jedem mit der Programmierung Vertrauten nur allzu verständlich ist), sahen sich K. Appel und W. Haken veranlaßt, 1986 in einem Artikel unter dem Titel "The Four Color Proof Suffices" [2] zu den aufgekommenen Zweifeln Stellung zu nehmen. Der Titel ist irreführend: die Autoren räumen (implizit) ein, daß es durchaus möglich (und sogar sehr wahrscheinlich) sei, daß auch die jetzt vorliegende Fassung des zum Beweis gehörigen Programms Fehler enthält. Das aber bedeutet, daß die endgültige Lösung des Vierfarbenproblems noch aussteht. (Der Verfasser hebt, um Mißverständnisse auszuschließen, hervor, daß er dem von H. Heesch geschaffenen Ideengebäude große Hochachtung entgegenbringt und auch die Leistungen von K. Appel und W. Haken zu würdigen weiß; er nimmt nicht Stellung zu der Frage, ob die

Vierfarbenvermutung wahr sei, oder zu der Frage, ob die von den genannten Autoren verwendeten Mittel ausreichen, um das Problem zu lösen; er hat auch keine Vorbehalte gegen die Verwendung eines Computers. Er bringt jedoch sein Erstaunen darüber zum Ausdruck, daß – wie es scheint – manche seiner Kollegen bedenkenlos bereit sind, zuzulassen, daß der Begriff des mathematischen Beweises – mit seiner Forderung nach absoluter Strenge und Lückenlosigkeit: das teuerste Erbe, das von den alten Griechen überkommen ist, der zentrale Begriff der Mathematik überhaupt – seiner Kraft, seiner Unbestechlichkeit und Würde beraubt wird.)"

Den an dieser Thematik interessierten Leser möchte ich auf das Buch von Aigner [1] und vor allem auf das gerade erschienene Werk von Appel und Haken [3] 1989 verweisen, in dem sie ihren Beweis der Vierfarbenvermutung neu überarbeitet haben.
Wer Interesse an Färbungsproblemen auf anderen Flächen (z.B. Torus, Möbiussches Band usw.) hat, dem empfehle ich die Bücher von Ringel [1], [3].

9.3 Der Satz von Kuratowski

In diesem Abschnitt wollen wir eine notwendige und hinreichende Bedingung für die Planarität eines Graphen herleiten, die Kuratowski [1] im Jahre 1930 entdeckt hat.

Definition 9.8 Ein Graph H heißt *homöomorph* zum Graphen G, wenn $H \cong G$ oder H ein Unterteilungsgraph von G ist. Zwei Graphen H_1 und H_2 heißen *homöomorph*, wenn es einen Graphen G gibt, zu dem sowohl H_1 als auch H_2 homöomorph ist.

Bemerkung 9.7 Homöomorphie von Graphen ist eine Äquivalenzrelation. Da für die Planarität von Graphen die Ecken vom Grad 2 keine Rolle spielen, sind zwei homöomorphe Graphen gleichzeitig planar oder nicht planar. Besitzt ein Graph G einen nicht planaren Teilgraphen, so ist G sicher auch nicht planar. Zusammen mit Satz 9.4 ergibt sich daher:
Enthält ein Graph G einen zum K_5 oder $K_{3,3}$ homöomorphen Teilgraphen, so ist G nicht planar.
Die fundamentale Entdeckung von Kuratowski war die Umkehrung dieser Aussage. Auch Schlingen und Mehrfachkanten sind für die

Planarität eines Graphen ohne Bedeutung, so daß wir im folgenden nur noch schlichte Graphen untersuchen.

Satz 9.8 Ein schlichter Graph G ist genau dann planar, wenn jeder Block von G planar ist.

Beweis. Ist G planar, so ist sicher jeder Block von G planar. Die Umkehrung beweisen wir durch vollständige Induktion nach der Anzahl der Blöcke von G, wobei wir o.B.d.A. G als zusammenhängend voraussetzen. Ist G ein Block, so sind wir fertig. Besteht G aus mehr als einem Block, so sei B ein Endblock von G mit der Schnittecke u. Nach Induktionsvoraussetzung ist $G' = G - (E(B) - \{u\})$ planar. Da nach Voraussetzung auch B planar ist, macht es keine Mühe, B und G' so in die Ebene einzubetten, daß B in einem Gebiet von G' liegt, zu dessen Rand die Ecke u gehört. Durch Verheftung von G' und B an der Ecke u erhält man die gewünschte Einbettung von G. ||

Nach diesem vorbereitenden Ergebnissen kommen wir zum Satz von Kuratowski. Der hier geführte Beweis folgt den Ideen von Dirac und Schuster [1] 1954 und ist dem Buch von Chartrand und Lesniak [1], S. 96 - 98 entnommen.

Satz 9.9 (Kuratowski [1] 1930) Ein schlichter Graph ist genau dann planar, wenn er keinen zum K_5 oder $K_{3,3}$ homöomorphen Teilgraphen besitzt.

Beweis. Nach Bemerkung 9.7 und Satz 9.8 genügt es zu zeigen, daß ein Block planar ist, wenn er keinen zum K_5 oder $K_{3,3}$ homöomorphen Teilgraphen enthält. Angenommen, dies ist nicht der Fall, und G ist ein nicht planarer Block minimaler Größe, der keinen zum K_5 oder $K_{3,3}$ homöomorphen Teilgraphen besitzt.
Zunächst zeigen wir $\delta(G) \geq 3$. Da G ein Block ist, gilt $\delta(G) \geq 2$. Angenommen, es gibt eine Ecke v mit $d(v, G) = 2$, und x, y sind die beiden Nachbarn von v.
Im Fall $xy \in K(G)$ ist auch $G - v$ ein Block, der keinen zum K_5 oder $K_{3,3}$ homöomorphen Teilgraphen hat. Wegen der minimalen Größe von G muß $G - v$ planar sein, woraus sich leicht die Planarität von G ergibt, was unserer Annahme widerspricht.
Im Fall $xy \notin K(G)$ ist der Graph $G' = (G - v) + xy$ ein Block mit $m(G') < m(G)$. Man überlegt sich leicht, daß G' keinen zum K_5 oder $K_{3,3}$ homöomorphen Teilgraphen besitzt, womit G' planar ist. Da G'

aber homöomorph zu G ist, haben wir einen Widerspruch erzielt.
Aus der nun bewiesenen Tatsache $\delta(G) \geq 3$ folgt zusammen mit Satz 6.9, daß G kein kantenkritischer Block ist. Daher existiert in G eine Kante $k = uv$, so daß $H = G - k$ wieder ein Block ist, und nach Satz 6.5 liegen die beiden Ecken u und v auf einem gemeinsamen Kreis. Da auch H keinen zum K_5 oder $K_{3,3}$ homöomorphen Teilgraphen besitzt, können wir nach Wahl von G den Graphen H als eben voraussetzen.
In H wählen wir nun einen Kreis C durch die beiden Ecken u und v, der die größte Anzahl von Gebieten im Inneren aufweist. Hat C die Gestalt

$$C = (u = x_0, x_1, ..., x_r = v, ..., x_p = u)$$

mit $1 < r < p - 1$, so enthält H Kanten im Inneren und im Äußeren von C. Denn wäre das nicht der Fall, so könnte man durch Hinzufügen der Kante k aus dem ebenen Graphen H sofort einen ebenen Graphen G erzeugen.
Weiter dürfen in H keine zwei verschiedenen Ecken aus der Menge $\{x_0, ..., x_r\}$ durch einen Weg im Äußeren von C verbunden sein, da es sonst einen Kreis durch u und v gäbe, der in seinem Inneren mehr Gebiete als C besäße. Gleiches gilt für die Menge $\{x_r, ..., x_p\}$. Daher existieren zwei Ecken x_s und x_t mit $0 < s < r$ und $r < t < p$ und ein Weg W von x_s nach x_t, der notwendig im Äußeren von C verläuft und nur die Ecken x_s und x_t mit C gemeinsam hat. Die so gewonnene Struktur hat die skizzierte Gestalt.

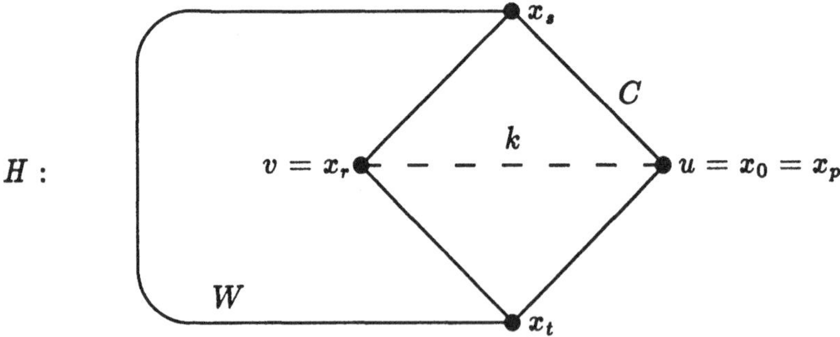

Da man W nicht in das Innere von C legen kann, ohne die Planarität von H zu zerstören, und da G nicht planar ist, gibt es für das Innere von C im wesentlichen die folgenden 4 Möglichkeiten.

I. Es existiert ein Weg P von x_i nach x_j mit $0 < i < s$ und $r < j < t$ (oder $s < i < r$ und $t < j < p$), der mit C nur die Ecken x_i und x_j

gemeinsam hat (man vgl. die Skizze).

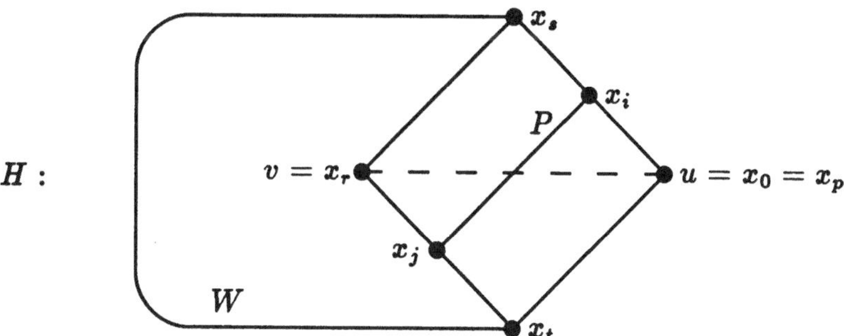

Die Eckenmengen $A = \{x_i, x_r, x_t\}$ und $B = \{x_j, x_p, x_s\}$ bilden aber eine Bipartition eines zum $K_{3,3}$ homöomorphen Teilgraphen von G, was unserer Voraussetzung widerspricht.

II. Im Inneren von C existiert eine Ecke a, die mit C durch drei eckendisjunkte (bis auf a) Wege im Inneren von C verbunden ist, wobei der von a verschiedene Endpunkt von einem dieser Wege, den wir mit P bezeichnen, in der Eckenmenge $\{x_0, x_s, x_r, x_t\}$ liegt. Ist z.B. x_0 der Endpunkt von P, so enden die beiden anderen Wege in den Ecken x_i und x_j mit $s \leq i < r$ und $r < j \leq t$, wobei nicht gleichzeitig $i = s$ und $j = t$ gilt (man vgl. die Skizze).

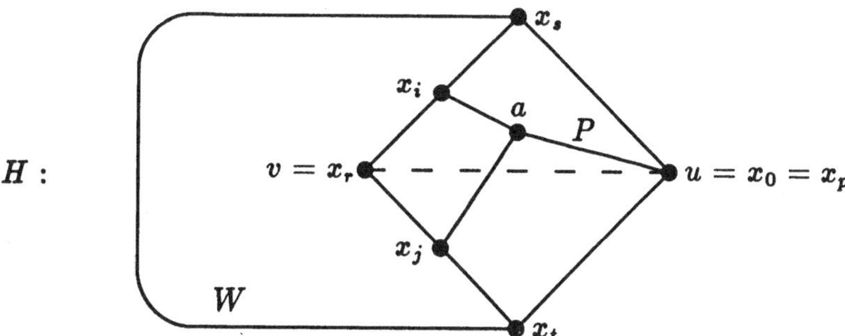

Die Eckenmengen $A = \{x_0, x_i, x_j\}$ und $B = \{a, x_r, x_t\}$ bilden eine Bipartition eines zum $K_{3,3}$ homöomorphen Teilgraphen von G, was unserer Voraussetzung widerspricht. Analog behandelt man die Fälle, in denen x_s, x_r oder x_t Endpunkte von P sind.

III. Im Inneren von C existiert eine Ecke a, die mit drei Ecken aus der Menge $\{x_0, x_s, x_r, x_t\}$ durch drei eckendisjunkte (bis auf a) Wege P_1, P_2 und P_3 im Inneren von C verbunden ist. O.B.d.A. seien die Endpunkte von P_1, P_2 und P_3 die Ecken x_0, x_s und x_r. Zusätzlich gebe es im Inneren von C noch einen Weg P_4 von einer Ecke b auf den Wegen P_1 oder P_3 mit $b \neq x_r, a, x_0$ nach x_t, der eckendisjunkt (bis auf b) mit P_1 und P_3 ist (man vgl. die Skizze).

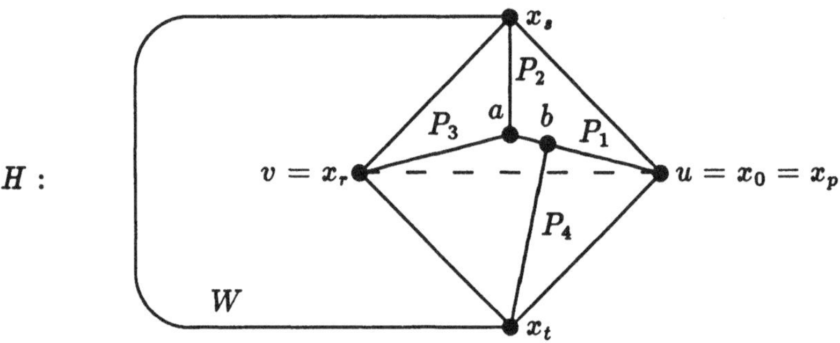

Die Eckenmengen $A = \{x_0, a, x_t\}$ und $B = \{b, x_r, x_s\}$ bilden eine Bipartition eines zum $K_{3,3}$ homöomorphen Teilgraphen von G, was unserer Voraussetzung widerspricht. Die verbleibenden Fälle für P_1, P_2 und P_3 behandelt man analog.

IV. Im Inneren von C existiert eine Ecke a, die mit x_0, x_s, x_r, x_t durch vier eckendisjunkte (bis auf a) Wege im Inneren von C verbunden ist (man vgl. die Skizze).

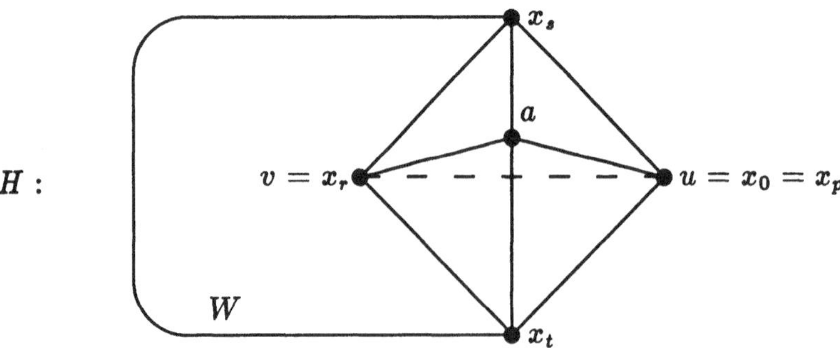

In diesem Fall erkennt man sofort, daß G einen zum K_5 homöomorphen Teilgraphen besitzt, was nach Voraussetzung verboten ist.
Da wir alle möglichen Fälle zum Widerspruch geführt haben, muß

jeder nicht planare Graph einen zum K_5 oder $K_{3,3}$ homöomorphen Teilgraphen enthalten. ||

Für Erweiterungen, Verallgemeinerungen oder andere Beweise des Satzes von Kuratowski vgl. man z.B. Bodendiek und Wagner [1] 1989, Klotz [1] 1989, Thomassen [2] 1981, Thomassen [3] 1984 oder Tverberg [1] 1989.
Gute Planaritätsalgorithmen findet man in den Büchern von Bondy und Murty [1] sowie Chartrand und Lesniak [1].

9.4 Aufgaben

Aufgabe 9.1 Ist G ein schlichter und planarer Graph der Ordnung $n \geq 11$, so zeige man, daß $\bar{G}$ nicht planar ist.

Aufgabe 9.2 Es sei G ein schlichter, planarer Graph und $t(G) \geq 3$ die Länge eines kürzesten Kreises von G (man vgl. dazu auch Definition 10.5). Ist G kein Wald, so zeige man als Verallgemeinerung von Satz 9.3:

$$m(G) \leq \frac{t(G)(n(G) - 1 - \kappa(G))}{t(G) - 2} \leq \frac{t(G)(n(G) - 2)}{t(G) - 2}$$

Aufgabe 9.3 Man beweise: Ein Graph ist genau dann planar, wenn man ihn in die Oberfläche einer Kugel einbetten kann.
Hinweis: Stereographische Projektion.

Aufgabe 9.4 Es sei G ein planarer Graph und $u \in E(G)$. Man zeige, daß es eine Einbettung von G in die Ebene gibt, bei der die Ecke u zum Rand des äußeren Gebietes gehört.
Hinweis: Aufgabe 9.3.

Aufgabe 9.5 Für eine Landkarte G zeige man, daß der duale Graph G^{**} von G^* genau dann zu G isomorph ist, wenn G zusammenhängend ist.

Aufgabe 9.6 Ein ebener Graph heißt *selbstdual*, wenn er isomorph zum dualen Graphen ist.
i) Ist der ebene Graph G selbstdual, so zeige man $m(G) = 2n(G) - 2$.
ii) Für alle $n \geq 4$ gebe man einen selbstdualen Graphen der Ordnung n an.

Aufgabe 9.7 Sind G und H homöomorph, so zeige man

$$m(G) - n(G) = m(H) - n(H).$$

Aufgabe 9.8 Man zeige, daß der im Abschnitt 11.1 skizzierte Petersen-Graph nicht planar ist.

Aufgabe 9.9 Es sei G ein schlichter Graph. Ist G nicht planar, so beweise man, daß auch der Line-Graph $\mathcal{L}(G)$ nicht planar ist.

Aufgabe 9.10 Man zeige: Eine zusammenhängende Landkarte G ohne Brücken ist genau dann 2-färbbar, wenn G Eulersch ist.

Kapitel 10

Eckenfärbung

10.1 Die chromatische Zahl

Definition 10.1 Ist G ein Multigraph, so nennt man eine Abbildung $h : E(G) \longrightarrow \{1, ..., q\}$ *Eckenfärbung*, *q-Eckenfärbung* oder *q-Färbung* von G. Ist E_i die Menge aller Ecken von G mit der Farbe i, so nennen wir E_i *Farbenklasse*.
Gilt zusätzlich $h(x) \neq h(y)$ für alle adjazenten Ecken x, y, so sprechen wir von einer *echten Eckenfärbung*, *echten q-Eckenfärbung* oder *echten q-Färbung* von G.
Eine q-Eckenfärbung heißt *vollständige q-Eckenfärbung* oder *vollständige q-Färbung*, wenn für alle $i, j \in \{1, ..., q\}$ mit $i \neq j$ eine Kante xy existiert mit $h(x) = i$ und $h(y) = j$.
Die *chromatische Zahl* $\chi = \chi(G)$ von G ist die kleinste Zahl q, für die G eine echte q-Eckenfärbung besitzt.
Die *achromatische Zahl* $\psi = \psi(G)$ von G ist die größte Zahl q, für die G eine vollständige und echte q-Eckenfärbung besitzt.
Die *pseudoachromatische Zahl* $\psi_s = \psi_s(G)$ von G ist die größte Zahl q, für die G eine vollständige q-Eckenfärbung besitzt.

Bemerkung 10.1 Da Mehrfachkanten keinen Einfluß auf die Eckenfärbungen haben, beschränken wir uns im allgemeinen auf schlichte Graphen.
Färbt man jede Ecke eines schlichten Graphen G mit einer anderen Farbe, so ist das eine echte Eckenfärbung, womit die Existenz der chromatischen Zahl gesichert ist. Färbt man alle Ecken von G mit einer Farbe, so ist das eine vollständige Färbung, womit die pseudoachromatische Zahl existiert. Ist h eine echte q-Färbung von G mit

$q = \chi(G)$, so sieht man leicht, daß h eine vollständige q-Färbung sein muß. Daher existiert auch die achromatische Zahl, und es ergeben sich sofort die folgenden Ungleichungen:

$$\omega(G) \leq \chi(G) \leq \psi(G) \leq \psi_s(G) \tag{10.1}$$

Beispiel 10.1 Für den skizzierten Graphen G erhält man durch Probieren $\chi(G) = 2 < \psi(G) = 3 < \psi_s(G) = 4$. Daher gibt es Graphen, für die die chromatische Zahl, die achromatische Zahl und die pseudoachromatische Zahl verschieden ausfallen.

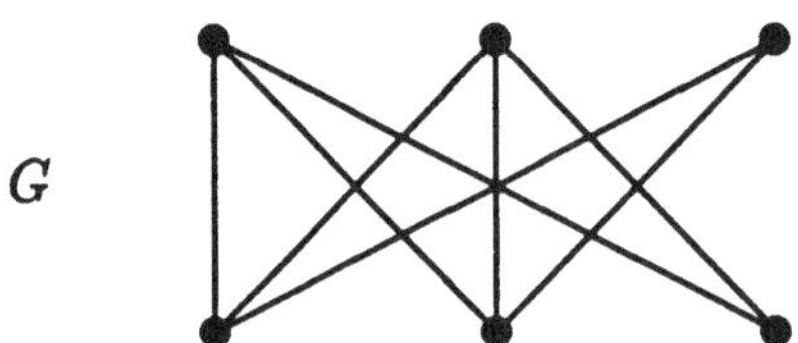

Bemerkung 10.2 Ist h eine echte q-Eckenfärbung eines Multigraphen G und $E_i = \{x | x \in E(G) \text{ mit } h(x) = i\}$ eine Farbenklasse, so gilt $E(G) = \bigcup_{i=1}^{q} E_i$ mit $E_i \cap E_j = \emptyset$ für alle $1 \leq i < j \leq q$, und jede Farbenklasse E_i ist eine unabhängige Eckenmenge von G. Daher ist jeder Graph G ohne Schlingen $\chi(G)$-partit. Umgekehrt liefert natürlich jede Zerlegung von $E(G)$ in q disjunkte unabhängige Eckenmengen eine echte q-Eckenfärbung von G.

Aus Bemerkung 10.2 folgt ohne Mühe

Satz 10.1 Es sei G ein Multigraph.

i) Es gilt $\chi(G) = 1$ genau dann, wenn G ein Nullgraph ist.

ii) Es gilt $\chi(G) = 2$ genau dann, wenn G bipartit ist mit $K(G) \neq \emptyset$.

iii) Allgemein gilt $\chi(G) = p$ genau dann, wenn G p-partit, aber nicht $(p-1)$-partit ist.

Definition 10.2 Ein schlichter Graph G heißt *kritisch,* wenn für jeden echten Teilgraphen H gilt: $\chi(H) < \chi(G)$. G heißt *q-kritisch,* wenn G kritisch ist und $\chi(G) = q$ gilt.

Bemerkung 10.3 i) Ein kritischer Graph ist zusammenhängend.

ii) Ist $\chi(G) = q \geq 2$, so besitzt G einen q-kritischen Teilgraphen. Man erreicht dies durch sukzessive Herausnahme von Kanten und Ecken.

iii) Ein q-kritischer Graph G besitzt keine Schnittecke. Denn gäbe es eine Schnittecke v, und wären $E_1, ..., E_r$ die Eckenmengen der Komponenten von $G - v$, so besäßen die echten Teilgraphen $G[E_i \cup \{v\}]$ $(i = 1, ..., r)$ eine echte $(q-1)$-Färbung. Da man diese r echten $(q-1)$-Färbungen so einrichten kann, daß die Ecke v immer die gleiche Farbe besitzt, so hätte man eine echte $(q-1)$-Färbung von G, was $\chi(G) = q$ widerspricht.

iv) Offensichtlich ist der K_1 der einzige 1-kritische Graph. Genauso leicht sieht man, daß der K_2 der einzige 2-kritische Graph ist. Die einzigen 3-kritischen Graphen sind die Kreise ungerader Länge. Denn ist G ein 3-kritischer Graph, so ist G nach Satz 10.1 nicht bipartit. Damit besitzt G einen Kreis C ungerader Länge. Hätte der Graph G neben $E(C)$ und $K(C)$ noch weitere Ecken oder Kanten, so wäre C ein echter Teilgraph von G mit $\chi(C) = \chi(G) = 3$. Da Kreise ungerader Länge offensichtlich 3-kritische Graphen sind, haben wir das gewünschte Resultat nachgewiesen.

Satz 10.2 Ist G ein q-kritischer Graph, so gilt $q - 1 \leq \delta(G) = \delta$.

Beweis. Wir nehmen an, daß $\delta < q - 1$ gilt. Es sei a eine Ecke mit $d(a, G) = \delta$. Da G q-kritisch ist, gibt es eine echte $(q-1)$-Färbung von $G - a$. Sind $E_1, ..., E_{q-1}$ die Farbenklassen dieser Färbung, so existiert wegen $\delta < q - 1$ eine Farbenklasse E_j, so daß a zu keiner Ecke aus E_j adjazent ist. Färbt man nun die Ecke a mit der Farbe j, so hat man eine echte $(q-1)$-Färbung von G gefunden, was ein Widerspruch zu $\chi(G) = q$ ist. $\|$

Satz 10.3 (Gallai [2] 1968) Ist G ein schlichter Graph, so gilt

$$\chi(G) \leq 1 + \ell(G),$$

wobei $\ell(G)$ die Länge eines längsten Weges in G bedeute.

Beweis. Da die Fälle $\chi(G) = 1, 2$ sofort einzusehen sind, sei im weiteren $\chi(G) = q \geq 3$. Ist H ein q-kritischer Teilgraph von G, so gilt nach Satz 10.2 $\delta(H) \geq q-1$. Wegen Satz 1.9 gibt es in H einen Weg der Länge $\delta(H)$. Daraus folgt

$$\ell(G) \geq \ell(H) \geq \delta(H) \geq \chi(G) - 1,$$

womit wir die gewünschte Abschätzung bewiesen haben. ||

Satz 10.4 Ist G ein schlichter Graph, so gilt

$$\chi(G) \leq \Delta(G) + 1. \tag{10.2}$$

Beweis. Ist $\chi(G) = q$ und H ein q-kritischer Teilgraph von G, so folgt mit Satz 10.2

$$\chi(G) - 1 = q - 1 \leq \delta(H) \leq \Delta(G)$$

und daraus die Ungleichung (10.2). ||

Im Jahre 1941 fand Brooks folgende interessante Verschärfung von (10.2).

Satz 10.5 (Brooks [1] 1941) Für einen schlichten, zusammenhängenden Graphen G, der weder ein Kreis ungerader Länge noch vollständig ist, gilt $\chi(G) \leq \Delta(G)$.

Beweis. Es sei G ein schlichter, zusammenhängender Graph, der weder ein Kreis ungerader Länge noch vollständig ist. Setzen wir $\chi(G) = q$, so gilt notwendig $q \geq 2$. Nach Bemerkung 10.3 ii) besitzt G einen q-kritischen Teilgraphen H mit $\Delta(H) \leq \Delta(G)$, der gemäß Bemerkung 10.3 iii) ein Block ist.
Ist H ein Kreis ungerader Länge oder $H \cong K_q$, so gilt $G \neq H$, und da G zusammenhängend ist, gibt es in G noch mindestens eine Kante, die nicht zu H gehört, die aber mit einer Ecke aus H inzidiert. Diese Überlegungen liefern uns sofort $\Delta(H) < \Delta(G)$. Daraus folgt im Fall $H \cong K_q$

$$\chi(G) = q = \Delta(H) + 1 \leq \Delta(G)$$

und im Fall, daß H ein Kreis ungerader Länge ist,

$$\chi(G) = \chi(H) = 3 = \Delta(H) + 1 \leq \Delta(G).$$

Daher können wir im folgenden annehmen, daß H weder vollständig noch ein Kreis ungerader Länge ist, womit wir insbesondere nach Bemerkung 10.3 iv) $q \geq 4$ voraussetzen dürfen. Da H nicht vollständig ist, ergibt sich daraus $n = n(H) \geq 5$. Für den weiteren Beweis unterscheiden wir zwei Fälle.

1. Fall: Der q-kritische Graph H ist 3-fach eckenzusammenhängend, d.h. $H - \{a, b\}$ ist für alle $a, b \in E(H)$ zusammenhängend (man vgl. auch Definition 12.1). Zunächst zeigen wir, daß in H drei Ecken x, w, y existieren mit $xw, wy \in K(H)$, so daß x und y in H nicht adjazent sind (man vgl. Aufgabe 1.18). Da H nicht vollständig ist, existieren zwei Ecken u und v mit $d_H(u, v) \geq 2$. Ist $W = (u, u_1, ..., u_t, v)$ ein kürzester Weg von u nach v in H, so wähle man $x = u$, $w = u_1$ und $y = v$ im Fall $d_H(u, v) = 2$ bzw. $y = u_2$ im Fall $d_H(u, v) \geq 3$. Nun setzen wir $x = v_1$ und $y = v_2$, und es sei $v_3, ..., v_n$ eine Anordnung der Ecken aus $H - \{x, y\}$, so daß für $3 \leq i < n$ jede Ecke v_i zu mindestens einer Ecke v_j mit $j > i$ adjazent ist. Da $H - \{x, y\}$ zusammenhängend ist, kann man eine solche Reihenfolge z.B. dadurch gewinnen, daß man die Ecken in einer nicht zunehmenden Folge bezüglich der Entfernung zu w anordnet. Damit ist $v_n = w$ und für alle $1 \leq i < n$ ist v_i in H zu mindestens einer Ecke v_j mit $j > i$ adjazent, denn v_1 und v_2 sind zu v_n adjazent. Daher sind alle Ecken v_i mit $1 \leq i < n$ zu höchstens $\Delta(H) - 1$ Ecken v_j mit $j < i$ adjazent. Nun sind wir in der Lage eine echte Eckenfärbung von H anzugeben, die nur die Farben $1, 2, ..., \Delta(H)$ benötigt. Man färbe die Ecken v_1 und v_2 mit der Farbe 1. Jede der Ecken $v_3, ..., v_{n-1}$ wird mit einer der Farben $1, ..., \Delta(H)$ gefärbt, die nicht bei den adjazenten Vorgängern auftritt. Die Ecke $v_n = w$ ist zu den Ecken $v_1 = x$ und $v_2 = y$ adjazent, die beide mit 1 gefärbt wurden. Daher findet man auch für $v_n = w$ eine zulässige Farbe. Insgesamt ergibt sich für diesen Fall

$$\chi(G) = \chi(H) \leq \Delta(H) \leq \Delta(G).$$

2. Fall: Der q-kritische Graph H ist nicht dreifach eckenzusammenhängend. D.h. es gibt zwei Ecken a und b in H, so daß $H - \{a, b\}$ in verschiedene Komponenten zerfällt.
Zunächst zeigen wir, daß H nicht nur Ecken vom Grad 2 oder Grad $n - 1$ enthält. Wegen $\chi(H) \geq 4$ besitzt H nicht nur Ecken vom Grad 2. Da H nicht vollständig ist, kann H nicht $(n - 1)$-regulär sein. Besitzt H Ecken vom Grad 2 und vom Grad $n - 1$ und keine anderen Ecken, so gibt es natürlich höchstens zwei Ecken vom Grad $n - 1$. Enthält H zwei Ecken vom Grad $n - 1$, so gilt $H \cong K_{1,1,n-2}$, also $\chi(H) = 3$, was unserer Voraussetzung widerspricht. Ist a die einzige

Ecke mit $d(a,H) = n-1$, so ist a eine Schnittecke von H, was auch nicht möglich ist.
Nun sei u eine Ecke mit $2 < d(u,H) < n-1$. Ist $H-u$ wieder ein Block, so sei v eine Ecke aus H mit $d_H(u,v) = 2$. Eine solche Ecke v existiert, da u nicht zu allen Ecken aus $H-u$ adjazent ist. Mit $x = u$ und $y = v$ verfahre man wie im 1. Fall.
Ist $H-u$ kein Block, so besitzt $H-u$ nach Folgerung 6.2 mindestens zwei Endblöcke B_1 und B_2 mit den Schnittecken w_1 und w_2 ($w_1 = w_2$ ist dabei möglich). Da H ein Block ist, überlegt man sich leicht, daß es Ecken $u_1 \in E(B_1) - \{w_1\}$ und $u_2 \in E(B_2) - \{w_2\}$ gibt, die in H zu u adjazent sind. Mit $x = u_1$ und $y = u_2$ kann man wieder wie im 1. Fall vorgehen, womit der Satz von Brooks vollständig bewiesen ist. ||

Der hier geführte Beweis des Satzes von Brooks ist dem Buch von Chartrand und Lesniak [1], S. 275 - 276 entnommen und folgt einer Idee von Lovász [2] aus dem Jahre 1975.
Ohne Beweis geben wir eine weitere interessante Abschätzung der chromatischen Zahl an, die auf Erdös und Gallai [2] zurückgeht.

Satz 10.6 (Erdös, Gallai [2] 1964) Ist G ein schlichter, regulärer und nicht vollständiger Graph der Ordnung $n(G) \geq 5$, so gilt

$$\chi(G) \leq \frac{3}{5} n(G).$$

10.2 Die (pseudo-) achromatische Zahl

Satz 10.7 Ist G ein schlichter Graph, so gilt

$$\psi_s(G) \leq \frac{1}{2}(n(G) + \omega(G)).$$

Beweis. Es sei $\psi_s(G) = p$ und $1, ..., p$ die Farben einer vollständigen p-Färbung von G. Dann besitzt diese Färbung höchstens $\omega(G)$ Farben, die nur einmal auftreten, denn gäbe es mehr, so müßten diese alle untereinander adjazent sein, und wir hätten dann eine größere Clique. Daraus folgt die gewünschte Abschätzung

$$\psi_s(G) \leq \omega(G) + \frac{1}{2}(n(G) - \omega(G)) = \frac{1}{2}(n(G) + \omega(G)). \quad ||$$

Aus Satz 10.7 und (10.1) ergibt sich sofort der folgende Zusammenhang zwischen der chromatischen und pseudoachromatischen Zahl, der auf Bhave [1] 1979 zurückgeht. Implizit ist dieses Ergebnis allerdings schon bei Auerbach und Laskar [1] 1976 zu finden.

Folgerung 10.1 (Bhave [1] 1979) Ist G ein schlichter Graph, so gilt

$$\psi_s(G) \leq \frac{1}{2}(n(G) + \chi(G)). \tag{10.3}$$

Satz 10.8 (Harary, Hedetniemi, Prins [1] 1967) Ist der Graph G schlicht, so gilt

$$\psi_s(G) \leq n(G) + 1 - \alpha(G). \tag{10.4}$$

Beweis. Es sei S eine maximale unabhängige Menge, und es seien $1, ..., t$ die Farben einer vollständigen p-Färbung von G, die in der Eckenmenge $\bar{S}$ auftreten. Dann ist $t \leq |\bar{S}| = n(G) - \alpha(G)$, und in S kann höchstens eine weitere Farbe $t+1$ vorkommen. Daraus folgt $\psi_s(G) \leq t + 1 \leq n(G) + 1 - \alpha(G)$. ||

Für den bipartiten Fall liefert Satz 10.8 unmittelbar folgende Verbesserung der Ungleichung (10.3).

Folgerung 10.2 Ist G ein Faktor des vollständigen bipartiten Graphen $K_{r,t}$ mit $1 \leq r \leq t$, so gilt

$$\psi(G) \leq \psi_s(G) \leq r + 1. \tag{10.5}$$

Beispiel 10.2 Es sei G der vollständige bipartite Graph $K_{r,t}$ mit der Bipartition $E_1 = \{x_1, ..., x_r\}$, $E_2 = \{y_1, ..., y_t\}$ und $1 \leq r \leq t$. Färbt man die Ecken x_i und y_i mit der Farbe i für alle $1 \leq i \leq r-1$, die Ecke x_r mit der Farbe r und die Ecken $y_r, ..., y_t$ mit der Farbe $r+1$, so hat man eine vollständige $(r+1)$-Färbung von G. Wegen Folgerung 10.2 gilt sogar $\psi_s(G) = r + 1$, womit die zweite Ungleichung in (10.5) scharf ist.

Entfernt man aus G das Matching $M = \{x_1y_1, ..., x_{r-1}y_{r-1}\}$, so ist unsere Färbung in $G' = G - M$ sogar eine echte und vollständige $(r+1)$-Färbung. Daher folgt aus (10.5)

$$\psi(G') = \psi_s(G') = r + 1,$$

womit auch die Ungleichung $\psi(G) \leq r+1$ für bipartite Graphen scharf ist.

Allgemeiner als in Beispiel 10.2, wollen wir im nächsten Satz für alle vollständigen p-partiten Graphen die pseudoachromatische Zahl bestimmen.

Satz 10.9 (Auerbach, Laskar [1] 1976) Ist G der vollständige p-partite Graph $K_{r_1,...,r_p}$ mit $1 \leq r_1 \leq ... \leq r_p$, so gilt

$$\psi_s(G) = \min\left\{\left\lfloor \frac{n(G)+p}{2} \right\rfloor, n(G)+1-r_p\right\}. \tag{10.6}$$

Beweis. Wir setzen $n(G) = n$ und bezeichnen mit t die rechte Seite von (10.6). Aus (10.3) und (10.4) folgt sofort $\psi_s(G) \leq t$.
Es sei $E_1, ..., E_p$ eine Partition von G mit $|E_i| = r_i$. Wir wählen die Ecken $a_1, ..., a_n$ aus G mit $a_i \in E_i$ für $i \leq p$ und für $i, j > p$, so daß aus $i < j$, $a_i \in E_l$ und $a_j \in E_q$ folgt: $l \leq q$. Nun geben wir allen Ecken a_i folgende Färbung h:

i) $h(a_i) = i$ für $i \leq t$.

ii) $h(a_{n+1-i}) = \max\{1, t+1-i\}$ für $i \leq n-t$.

Diese Färbung benutzt t Farben, wobei die Farben $1, ..., p$ in verschiedenen Mengen E_i vorkommen und die Farben $p+1, ..., t$ mindestens zweimal auftreten. Denn ist $p+1 \leq i \leq t$, so ergibt sich aus $2t \leq n+p$ die Ungleichung $t-i+1 \leq n-t$, und daher folgt aus der Definition von h für alle $p+1 \leq i \leq t$

$$h(a_i) = h(a_{n+i-t}) = h(a_{n+1-(t-i+1)}) = i.$$

Um zu zeigen, daß h eine vollständige t-Färbung von G ist, genügt es nachzuweisen, daß für $p+1 \leq i \leq t$ die Ecken a_i und a_{n+i-t} in verschiedenen Partitionsmengen liegen. Angenommen, die Ecken a_i und a_{n+i-t} gehören zu der gleichen Menge E_s. Dann sind nach Definition die Ecken $a_i, ..., a_{n+i-t}$ und die Ecke a_s Elemente von E_s. Daraus ergibt sich wegen $t \leq n+1-r_p$

$$|E_s| \geq n-t+2 \geq n+2-(n+1-r_p) = 1+r_p,$$

was natürlich nicht möglich ist. Daher gilt $\psi_s(G) \geq t$, womit wir insgesamt (10.6) nachgewiesen haben. ||

Bemerkung 10.4 Satz 10.9 zeigt, daß im Fall

$$\left\lfloor \frac{n(G)+p}{2} \right\rfloor \leq n(G)+1-r_p$$

in (10.3) das Gleichheitszeichen und im Fall

$$\left\lfloor \frac{n(G)+p}{2} \right\rfloor \geq n(G) + 1 - r_p$$

in (10.4) das Gleichheitszeichen steht, womit die Ungleichungen (10.3) und (10.4) bestmöglich sind.

Als nächstes wollen wir eine Abschätzung von $\psi(G)$ nach unten geben. Dazu benötigen wir ein Resultat, das auf Geller und Kronk zurückgeht.

Satz 10.10 (Geller, Kronk [1] 1974) Ist G ein schlichter Graph und a eine beliebige Ecke von G, so gilt

$$\psi(G) \geq \psi(G-a) \geq \psi(G) - 1.$$

Beweis. Ist $\psi(G-a) = q$, so besitzt auch G eine echte und vollständige q-Färbung, außer wenn jede der q Farben zur Ecke a adjazent ist. In diesem Fall besitzt G aber eine echte und vollständige $(q+1)$-Färbung, womit wir $\psi(G) \geq \psi(G-a)$ bewiesen haben.
Ist $\psi(G) = q$, so betrachte man die echte Färbung von $G - a$, die durch eine echte und vollständige q-Färbung von G induziert wird. Ist diese q-Färbung von $G - a$ nicht vollständig, und hat a die Farbe i, so existiert eine Farbe j, die in $G - a$ zu keiner mit i gefärbten Ecke adjazent ist. Geben wir nun jeder Ecke mit der Farbe i aus $G - a$ die Farbe j, so erhalten wir eine echte und vollständige $(q-1)$-Färbung von $G - a$, womit wir $\psi(G-a) \geq \psi(G) - 1$ gezeigt haben. ||

Folgerung 10.3 Ist G ein schlichter Graph und H ein induzierter Teilgraph von G, so gilt $\psi(H) \leq \psi(G)$.

Analog zum Beweis von Satz 10.10 zeigt man

Satz 10.11 (Geller, Kronk [1] 1974) Ist G ein schlichter Graph und k eine beliebige Kante von G, so gilt

$$\psi(G) + 1 \geq \psi(G-k) \geq \psi(G) - 1.$$

Satz 10.12 Es sei G ein schlichter Graph und B eine Clique von G mit $E(B) = \{x_1, ..., x_t\}$. Weiter sei $M = \{k_1, ..., k_s\}$ ein Matching von $\bar{G}$ mit $E(M) \cap E(B) = \emptyset$ und

$$N(x_i, G) \cap E(k_j) \neq \emptyset \tag{10.7}$$

für alle $1 \leq i \leq t$ und $1 \leq j \leq s$. Ist $\bar{G}[E(k_i) \cup E(k_j)] \not\cong K_4$ für alle $1 \leq i, j \leq s$, so gilt

$$\psi(G) \geq s + t. \tag{10.8}$$

Beweis. Für alle $1 \leq i \leq s$ färben wir die beiden Ecken, die mit der Kante k_i inzident sind, mit der Farbe i. Da $\bar{G}[E(k_i) \cup E(k_j)] \not\cong K_4$ für $i \neq j$ gilt, existiert in G eine Kante, die mit k_i und k_j inzidiert. Da dies für alle $1 \leq i < j \leq s$ gilt, besitzt der induzierte Teilgraph $G[E(M)]$ eine echte und vollständige s-Färbung.
Nun färben wir die Ecken $x_1, ..., x_t$ der Clique B mit den Farben $s+1, ..., s+t$. Da B eine Clique ist, und $E(M) \cap E(B) = \emptyset$ gilt, ergibt sich zusammen mit der Bedingung (10.7), daß der induzierte Teilgraph $G[E(M) \cup E(B)]$ eine echte und vollständige $(s+t)$-Färbung besitzt. Folgerung 10.3 liefert uns sofort das gewünschte Ergebnis. ||

Aus Satz 10.12 ergeben sich einige Folgerungen.

Folgerung 10.4 (Geller, Kronk [1] 1974) Es sei G ein schlichter Graph und $\zeta(G)$ die Anzahl der Ecken vom Grad $n(G) - 1$. Ist $\kappa^*(\bar{G})$ die Anzahl der nicht trivialen Komponenten von $\bar{G}$, so gilt

$$\psi(G) \geq \zeta(G) + \kappa^*(\bar{G}).$$

Folgerung 10.5 (Geller, Kronk [1] 1974) Es sei G ein Faktor vom $K_{r,t}$ und E_1, E_2 eine Bipartition von G. Weiter sei $\tilde{G} = K_{r,t} - G$ und $\kappa^*(\tilde{G})$ die Anzahl der nicht trivialen Komponenten von $\tilde{G}$. Für $i = 1, 2$ setzen wir $\tau_i = 1$, wenn in E_i mindestens eine Ecke existiert, die zu allen Ecken aus E_{3-i} adjazent ist, und $\tau_i = 0$ sonst. Dann gilt

$$\psi(G) \geq \tau_1 + \tau_2 + \kappa^*(\tilde{G}).$$

Folgerung 10.6 Ist G ein $(r-1)$-regulärer Faktor des Graphen $K_{r,r}$ $(r > 1)$, so gilt

$$\psi(G) = r = \psi_s(G).$$

Beweis. Da das relative Komplement $\tilde{G} = K_{r,r} - G$ 1-regulär ist, ergibt sich aus Folgerung 10.5 $\psi(G) \geq r$. Nun ist leicht einzusehen, daß $\psi_s(G) \geq r + 1$ nicht möglich ist, womit unsere Behauptung aus (10.1) folgt. ||

Folgerung 10.7 Ist G ein $(r-2)$-regulärer Faktor des Graphen $K_{r,r}$ $(r > 2)$, und enthält das relative Komplement $\tilde{G} = K_{r,r} - G$ keinen Kreis C_4 der Länge 4, so gilt

$$\psi(G) = r = \psi_s(G).$$

Beweis. Jede Komponente von $\tilde{G}$ ist 2-regulär und gerade, womit ein perfektes Matching

$$M = \{k_1, ..., k_r\} \subseteq K(\tilde{G}) \subseteq K(\bar{G})$$

existiert. Da der Graph $\tilde{G}$ keinen Kreis C_4 der Länge 4 enthält, gilt $\bar{G}[E(k_i) \cup E(k_j)] \not\cong K_4$ für alle $1 \leq i < j \leq r$, womit aus Satz 10.12 $\psi(G) \geq r$ folgt. Aus der Tatsache, daß $\psi_s(G) \geq r+1$ nicht möglich ist, ergibt sich unsere Behauptung. ||

Satz 10.13 Ist M ein Matching des vollständigen Graphen K_n und $G = K_n - M$, so gilt

$$\psi(G) = n - |M|.$$

Beweis. Es sei $M = \{k_1, ..., k_r\}$ das gegebene Matching mit $k_i = a_i b_i$ für $i = 1, ..., r$. Dann induzieren die Ecken $E(G) - \{a_1, ..., a_r\}$ in G eine Clique H der Ordnung $n - r = n - |M|$, womit dann nach (10.1) $\psi(G) \geq n - |M|$ gilt.
Ist $r = 1$, so folgt sofort $\psi(G) = n - |M| = n - 1$. Im Fall $r \geq 2$ nehmen wir einmal an, daß es eine echte und vollständige $(n-r+i)$-Färbung von G gibt mit $i \geq 1$. Da H eine Clique ist, müssen alle Ecken von H verschiedene Farben besitzen. Seien die Ecken von H o.B.d.A. mit den Farben $1, ..., n-r$ gefärbt, wobei die Ecke b_j die Farbe j haben soll. Besitzt nun eine Ecke a_j eine weitere Farbe, sagen wir die Farbe $n-r+1$, so muß eine Ecke $a_p \neq a_j$ mit der Farbe $n-r+1$ oder mit der Farbe j gefärbt sein. Da aber die Ecke a_p zu den Ecken b_j und a_j adjazent ist, liegt dann keine echte Eckenfärbung mehr vor, womit wir einen Widerspruch erzielt haben. ||

10.3 Chromatische Polynome

Definition 10.3 Es sei G ein schlichter Graph. Die Anzahl der Abbildungen $h : E(G) \longrightarrow \{1, ..., q\}$ mit $h(x) \neq h(y)$ für alle adjazenten Ecken x, y bezeichnen wir mit $P(q, G)$. Damit bedeutet $P(q, G)$ die Anzahl der verschiedenen echten q-Färbungen von G.

Beim Versuch die Vierfarbenvermutung zu lösen, wurde die Größe $P(q, G)$ 1913 von G. D. Birkhoff [1], [2] für Landkarten G eingeführt. Als erstes Hauptergebnis hat Birkhoff gezeigt, daß $P(q, G)$ stets ein Polynom in q ist, welches man als *chromatisches Polynom* von G bezeichnet. Wir wollen Birkhoffs Resultate und einige Ergänzungen von Whitney [3] 1932, Read [1] 1968 und Meredith [1] 1972 für beliebige schlichte Graphen beweisen. Dazu berechnen wir $P(q, G)$ zunächst für zwei spezielle Graphen.

Bemerkung 10.5 a) Es sei G ein Nullgraph der Ordnung n. Als Kombination n-ter Ordnung von q Elementen mit Wiederholung und mit Berücksichtigung der Reihenfolge ergibt sich

$$P(q, G) = q^n. \tag{10.9}$$

b) Es sei G der vollständige Graph K_n. Ist $q \geq n$, so hat man für die erste Ecke q Möglichkeiten, für die zweite Ecke $q - 1$ Möglichkeiten usw. und für die n-te Ecke $q - n + 1$ Möglichkeiten für eine echte Eckenfärbung. Daraus ergibt sich

$$P(q, K_n) = q(q-1)...(q-n+1). \tag{10.10}$$

c) Ein Graph G besitzt natürlich genau dann eine echte q-Färbung, wenn $P(q, G) > 0$ gilt.

Im allgemeinen Fall werden wir eine einfache, aber fundamentale Rekursionsformel für $P(q, G)$ herleiten. Dazu benötigen wir den Begriff der Kantenkontraktion aus Definition 2.4 in etwas modifizierter Form.

Definition 10.4 Es sei G ein schlichter Graph und $l = ab$ eine Kante von G. Der Graph G^l entstehe aus G durch Kontraktion von l, d.h. l wird gelöscht, die Ecken a und b werden identifiziert, und eventuell auftretende parallele Kanten werden zu einer Kante vereinigt.

Beispiel 10.3 In der folgenden Skizze führen wir eine Kontraktion der Kante l gemäß Definition 10.4 durch.

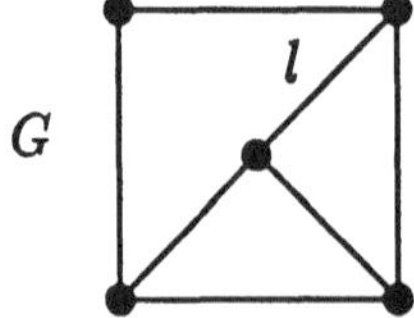

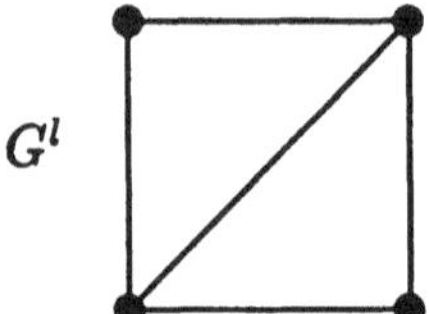

Bemerkung 10.6 Nach Definition 10.4 ist G^l wieder ein schlichter Graph. Es gilt offensichtlich $\kappa(G^l) = \kappa(G)$, $n(G^l) = n(G) - 1$ und $m(G^l) \le m(G) - 1$. Ist G ein Baum, so ergibt sich daraus

$$\begin{aligned} \mu(G^l) &= m(G^l) - n(G^l) + \kappa(G^l) \\ &\le m(G) - 1 - n(G) + 1 + 1 = 0, \end{aligned}$$

womit G^l nach Folgerung 2.1 auch ein Baum ist.

Satz 10.14 (Rekursionsformel) Ist G ein schlichter Graph, so gilt für alle $l \in K(G)$

$$P(q, G) = P(q, G - l) - P(q, G^l). \tag{10.11}$$

Beweis. Es sei $l = ab$ und u diejenige Ecke von G^l, die durch Identifizierung von a und b entstanden ist. Jeder echten q-Färbung von $G - l$, bei der die Ecken a und b die gleiche Farbe j haben, entspricht genau einer echten q-Färbung von G^l, bei der die Ecke u die Farbe j hat, und umgekehrt. Jeder echten q-Färbung von $G - l$, bei der a und b verschiedene Farben haben, entspricht genau eine echte q-Färbung von G und umgekehrt. Daraus ergibt sich

$$P(q, G - l) = P(q, G^l) + P(q, G), \tag{10.12}$$

womit die Rekursionsformel (10.11) bewiesen ist. ||

Zur Formulierung des nächsten Satzes benötigen wir noch folgende

Definition 10.5 Es sei G ein Graph und C ein Kreis minimaler Länge von G. Dann heißt C *Gürtel* und $t(G) = m(C)$ *Taillenweite* von G. Ist G ein Wald, so setzt man $t(G) = \infty$.

Bemerkung 10.7 Im Zusammenhang mit der Taillenweite sind folgende Tatsachen leicht nachzuweisen:
Für $l \in K(G)$ gilt $t(G - l) \ge t(G)$, $t(G^l) \ge t(G) - 1$, und im Fall $t(G) \ge 4$ ist $m(G^l) = m(G) - 1$.

Satz 10.15 Ist G ein schlichter Graph und $n = n(G)$, so gilt

$$P(q, G) = \sum_{i=0}^{n} (-1)^i a_i(G) q^{n-i}. \tag{10.13}$$

Setzen wir $m(G) = m$, $\kappa(G) = \kappa$ und $a_i(G) = a_i$, so gelten für das *chromatische Polynom* (10.13) und seine Koeffizienten folgende Aussagen:

i) Es sei $l \in K(G)$. Mit $a_{-1}(G^l) = 0$ gilt für alle $0 \leq i \leq n$

$$a_i = a_i(G - l) + a_{i-1}(G^l).$$

ii) $P(q, G)$ ist ein Polynom vom Grad n mit $a_0 = 1$ und $a_1 = m$.

iii) Die Koeffizienten a_i sind nicht negative ganze Zahlen, und es gilt $a_i \neq 0$ genau dann, wenn $0 \leq i \leq n - \kappa$ ist.

iv) Für alle $0 \leq i \leq n - \kappa$ gilt

$$\binom{n-\kappa}{i} \leq a_i \leq \binom{m}{i}.$$

v) Für $0 \leq i \leq t(G) - 2$ ist $a_i = \binom{m}{i}$.

vi) Sind $G_1, ..., G_\kappa$ die Komponenten von G, so gilt

$$P(q, G) = \prod_{i=1}^{\kappa} P(q, G_i).$$

vii) Ist G die Vereinigung zweier Teilgraphen G_1 und G_2, deren Durchschnitt ein vollständiger Graph K_r ist, so gilt

$$P(q, G) = \frac{P(q, G_1)P(q, G_2)}{P(q, K_r)} = \frac{P(q, G_1)P(q, G_2)}{q(q-1)...(q-r+1)}.$$

Beweis. Der Beweis von (10.13) und den Aussagen ii) – v) erfolgt durch Induktion nach $m = m(G)$. Wegen Bemerkung 10.5 a) sind (10.13) und ii) – v) für $m = 0$ erfüllt. Nun gelte (10.13) und ii) – v) für alle Graphen mit weniger als m Kanten, also z.B. für $G - l$ und G^l. Daraus ergibt sich wegen $n = n(G - l) = n(G^l) + 1$

$$\begin{aligned} P(q, G - l) &= \sum_{i=0}^{n} (-1)^i a_i(G - l) q^{n(G-l)-i}, \\ P(q, G^l) &= \sum_{i=0}^{n-1} (-1)^i a_i(G^l) q^{n(G^l)-i} = \sum_{i=1}^{n} (-1)^{i-1} a_{i-1}(G^l) q^{n-i} \end{aligned}$$

und daraus zusammen mit (10.11)

$$\begin{aligned} P(q, G) &= \sum_{i=0}^{n} (-1)^i \{a_i(G - l) + a_{i-1}(G^l)\} q^{n-i} \\ &= \sum_{i=0}^{n} (-1)^i a_i(G) q^{n-i}. \qquad (10.14) \end{aligned}$$

Damit sind (10.13) und i) bewiesen. Wegen $a_0(G-l) = a_0(G^l) = 1$, $a_{-1}(G^l) = 0$ und $a_1(G-l) = m-1$ ergibt sich ii) aus i).
iii) Nach Induktionsvoraussetzung sind die Koeffizienten $a_i(G-l)$ und $a_i(G^l)$ nicht negative ganze Zahlen mit $a_i(G^l) \neq 0$ genau dann, wenn $0 \leq i \leq n-1-\kappa$ und $a_i(G-l) = 0$ für $i > n-\kappa$ und $a_i(G-l) \neq 0$ für $0 \leq i \leq n-1-\kappa$. Mit i) folgt daraus iii).
iv) Nach Induktionsvoraussetzung und Bemerkung 10.6 gilt für alle $0 \leq i \leq n-\kappa$:

$$\begin{aligned}\binom{n-\kappa-1}{i} &\leq a_i(G-l) \leq \binom{m-1}{i} \\ \binom{n-\kappa-1}{i-1} &\leq a_{i-1}(G^l) \leq \binom{m-1}{i-1}\end{aligned}$$

Zusammen mit der Rekursionsformel für die Binomialkoeffizienten und i) ergeben sich aus diesen Ungleichungen die Abschätzungen iv).
v) Für $t(G) = 3$ folgt v) aus ii). Ist aber $t(G) \geq 4$, so gilt nach Induktionsvoraussetzung und Bemerkung 10.7 $a_i(G-l) = \binom{m-1}{i}$ für $0 \leq i \leq t(G)-2$ und $a_{i-1}(G^l) = \binom{m-1}{i-1}$ für $1 \leq i \leq t(G)-2$. Daraus leitet man analog zum Beweis von iv) die gewünschte Identität $a_i = \binom{m}{i}$ für alle $0 \leq i \leq t(G)-2$ her.
vi) Die Behauptung vi) ist sofort einzusehen, denn die echten Färbungen der einzelnen Komponenten können unabhängig voneinander vorgenommen werden.
vii) Jede echte Eckenfärbung von G entspricht genau einem Paar (h_1, h_2) von echten Eckenfärbungen von G_1 und G_2, die auf K_r übereinstimmen und umgekehrt. Ist h_1 eine echte q-Färbung von G_1, so gibt es genau $\frac{P(q,G_2)}{P(q,K_r)}$ echte q-Färbungen h_2 von G_2, die auf K_r mit h_1 übereinstimmen. Zusammen mit (10.10) erhält man daraus unmittelbar die Aussage vii). ||

Satz 10.15 zeigt uns, daß sich an den Koeffizienten des chromatischen Polynoms einige Eigenschaften des Graphen ablesen lassen. Der Idealfall wäre, wenn der Graph aus dem chromatischen Polynom eindeutig zurückgewonnen werden könnte. Doch das ist keineswegs der Fall, wie wir an Hand des nächsten Satzes demonstrieren werden.

Satz 10.16 Es sei G ein schlichter Graph der Ordnung $n = n(G)$ und der Größe $m = m(G)$. Ist G ein Wald, so gilt

$$P(q, G) = q^\kappa (q-1)^{n-\kappa}, \tag{10.15}$$

wobei $\kappa = \kappa(G)$ ist. Gilt umgekehrt (10.15) für eine natürliche Zahl κ mit $1 \leq \kappa \leq n$, so ist G ein Wald mit κ Komponenten.

Beweis. Ist G ein Wald mit κ Komponenten, so gilt nach Satz 2.4 $m = n - \kappa$. Daraus ergibt sich zusammen mit Satz 10.15

$$\begin{aligned} P(q,G) &= \sum_{i=0}^{n-\kappa}(-1)^i\binom{m}{i}q^{n-i} \\ &= q^\kappa \sum_{i=0}^{n-\kappa}\binom{n-\kappa}{i}(-1)^i q^{n-\kappa-i} = q^\kappa(q-1)^{n-\kappa}. \end{aligned}$$

Gilt umgekehrt (10.15), so besitzt G nach Satz 10.15 iii) κ Komponenten. Darüber hinaus liefert (10.15) sofort $a_1(G) = n - \kappa$, womit nach Satz 10.15 ii) $m = n - \kappa$ gilt. Daher ist G nach Satz 2.4 ein Wald mit κ Komponenten. ||

Bemerkung 10.8 Aus Satz 10.15 i) folgen für jeden Faktor H eines schlichten Graphen G die Ungleichungen $a_i(H) \leq a_i(G)$.
Zur algorithmischen Bestimmung eines chromatischen Polynoms kann man einerseits (10.11) solange anwenden, bis alle auftretenden Graphen Wälder sind oder andererseits (10.12) solange verwenden, bis alle auftretenden Graphen vollständig sind. Dabei ist die erste Methode günstig für Graphen mit wenig Kanten, die zweite für Graphen mit viel Kanten.
Die kleinste natürliche Zahl q mit $P(q,G) > 0$ ist natürlich $\chi(G)$. Daraus ergibt sich zusammen mit (10.12)

$$\chi(G - l) = \min\{\chi(G^l), \chi(G)\}. \tag{10.16}$$

Wegen Gleichung (10.16) führt folgende Methode zu einer echten Eckenfärbung von G. Man wende (10.12) solange an, bis alle auftretenden Graphen vollständig sind. Versieht man den kleinsten vollständigen Graphen mit einer echten Eckenfärbung, so erhält man dann rückwärts eine echte Eckenfärbung des Ausgangsgraphen.
Dieser Algorithmus ist nicht effizient, denn ist r die Anzahl der zum vollständigen Graphen fehlenden Kanten, so benötigt der Algorithmus 2^r Schritte.
Allerdings ist bis heute keine guter Algorithmus zur Bestimmung der chromatischen Zahl und des chromatischen Polynoms bekannt.

Eine interessante Interpretation der Koeffizienten des chromatischen Polynoms gab Whitney [1] 1932.

Satz 10.17 (Whitney [1] 1932) Es sei G ein schlichter Graph mit $n = n(G)$ und $m = m(G)$. Ist $\sum_{i=0}^{n}(-1)^i a_i q^{n-i}$ das chromatische Polynom von G, so gilt

$$(-1)^i a_i = \sum_{t=0}^{m}(-1)^t N(t, n-i), \qquad (10.17)$$

wobei $N(t,j)$ die Anzahl der Faktoren von G zählt, die t Kanten und j Komponenten besitzen.

Einen Beweis von Satz 10.17 findet man z.B. in dem Buch von Aigner [1], S. 116 - 117. Mit der Formel (10.17) von Whitney lassen sich weitere Koeffizienten des chromatischen Polynoms berechnen (man vgl. z.B. Farrell [1] 1980 sowie Chao und Li [1] 1985). Zusätzliche Informationen über chromatische Polynome liefert der Artikel von Read und Tutte [1] aus dem Jahre 1988.

10.4 Aufgaben

Aufgabe 10.1 Für jeden Multigraphen G beweise man die Ungleichung

$$m(G) \geq \frac{1}{2}\chi(G)(\chi(G)-1).$$

Aufgabe 10.2 Es sei $\mathbf{P}$ der im Abschnitt 11.1 skizzierte Petersensche Graph.
i) Man zeige $\chi(\mathbf{P}) = 3$.
ii) Man gebe einen 3-kritischen Teilgraphen H von $\mathbf{P}$ mit maximaler Eckenzahl an.

Aufgabe 10.3 Man zeige für Beispiel 10.1

$$\chi(G) = 2 < \psi(G) = 3 < \psi_s(G) = 4.$$

Aufgabe 10.4 Man beweise Satz 10.11.

Aufgabe 10.5 Es seien G und H zwei disjunkte Multigraphen. Man beweise

$$\psi(G+H) = \psi(G) + \psi(H).$$

Aufgabe 10.6 Es sei $f : E(G) \longrightarrow \{1, ..., q\}$ eine Eckenfärbung des schlichten Graphen G. Man beweise:
a) f ist genau dann eine echte Eckenfärbung, wenn f einen Homomorphismus $(f, F) : G \longrightarrow K_q$ induziert.
b) Ist $q \geq \chi(G)$, so sind folgende Aussagen äquivalent:
i) $q = \chi(G)$.
ii) Jedes $(f, F) : G \longrightarrow K_q$ ist kantensurjektiv.
iii) Jedes $(f, F) : G \longrightarrow K_q$ ist eckensurjektiv.
iv) G ist q-partit, aber nicht $(q-1)$-partit.

Aufgabe 10.7 Ist G ein schlichter Graph, $a \in E(G)$ und $k \in K(G)$, so zeige man:

$$\begin{aligned} \psi_s(G) &\geq \psi_s(G-a) \geq \psi_s(G) - 1 \\ \psi_s(G) &\geq \psi_s(G-k) \geq \psi_s(G) - 1 \end{aligned}$$

Aufgabe 10.8 Man zeige, daß $q^4 - 3q^3 + 3q^2$ kein chromatisches Polynom ist.

Aufgabe 10.9 Es sei a eine Endecke des schlichten Graphen G. Man zeige $P(q, G) = (q-1)P(q, G-a)$.

Aufgabe 10.10 Der schlichte Graph G habe das chromatische Polynom

$$P(q, G) = (q-1)^r R(q),$$

wobei $r \in \mathbf{N}_0$ und $R(q)$ ein Polynom mit $R(1) \neq 0$ ist. Man beweise, daß G höchstens r Endkanten besitzt.

Aufgabe 10.11 Für welche $r, s \in \mathbf{Z}$ ist

$$R(q) = q^5 - 5q^4 + 9q^3 - rq^2 + sq$$

ein chromatisches Polynom? Man bestimme bis auf Isomorphie alle Graphen G mit $P(q, G) = R(q)$.

Aufgabe 10.12 Wie muß $r \in \mathbf{Z}$ notwendig gewählt werden, damit

$$R(q) = q^5 - 5q^4 + 10q^3 - 9q^2 + rq$$

ein chromatisches Polynom ist? Man bestimme für diese r bis auf Isomorphie alle schlichten Graphen G mit $P(q, G) = R(q)$.

Kapitel 11

Kantenfärbung

11.1 Der chromatische Index

Definition 11.1 Es sei G ein Multigraph und $h : K(G) \longrightarrow \{1, ..., q\}$ eine Abbildung. h heißt *Kantenfärbung* oder *q-Kantenfärbung*, wenn $h(k_1) \neq h(k_2)$ für alle inzidenten Kanten k_1, k_2 aus $K(G)$ gilt. Die Werte $1, ..., q$ heißen in diesem Fall *Farben*. G heißt *q-färbbar*, wenn eine q-Kantenfärbung existiert. Ist G q-färbbar, aber nicht $(q-1)$-färbbar, so nennt man q den *chromatischen Index* von G, in Zeichen $q = \chi'(G) = \chi'$. Ist h eine Kantenfärbung von G und K_i die Menge aller Kanten von G mit der Farbe i, so nennen wir K_i *Farbenklasse*.

Der Begriff der Kantenfärbung ist einer der ältesten in der Graphentheorie. Er wurde 1880 von Tait [1] eingeführt, der bewies, daß die Vierfarbenvermutung äquivalent zu der Aussage ist, daß jeder kubische, planare Graph ohne Brücken 3-kantenfärbbar ist.

Bemerkung 11.1 Für jeden schlichten Graphen G gilt die Identität $\chi'(G) = \chi(\mathcal{L}(G))$.

Bemerkung 11.2 Ist h eine q-Kantenfärbung des Multigraphen G, so ist jede Farbenklasse ein Matching von G, und es gilt $\bigcup_{i=1}^{q} K_i = K(G)$ mit $K_i \cap K_j = \emptyset$ für alle $1 \leq i < j \leq q$, d.h. die q-Kantenfärbung h liefert eine Zerlegung der Kantenmenge in kantendisjunkte Matchings. Umgekehrt kann natürlich durch jede solche Zerlegung eine Kantenfärbung definiert werden.
Man erhält aber in der Regel keine optimale Kantenfärbung, d.h. eine solche, die mit möglichst wenig Farben auskommt, indem man sukzessive maximale Matchings sucht. Beginnt man beispielsweise in dem

skizzierten Graphen G mit dem maximalen Matching, das aus den drei Endkanten besteht, so gelangt man zu einer Zerlegung in vier kantendisjunkte Matchings, während offensichtlich $\chi'(G) = 3$ gilt.

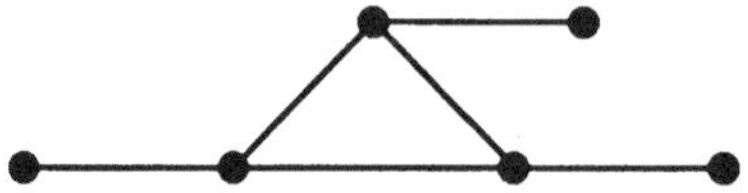

Trotz der in den Bemerkungen angegebenen Beziehungen zur Eckenfärbung und Matchingtheorie hat sich die Kantenfärbung zu einer eigenständigen Disziplin innerhalb der Graphentheorie entwickelt. Dies ist auf die zentralen Resultate von Vizing aus den sechziger Jahren zurückzuführen. Sein bekanntestes Ergebnis, *Satz von Vizing* genannt, liefert eine nicht triviale obere Schranke für den chromatischen Index.

Satz 11.1 (Satz von Vizing, Vizing [1] 1964) Für jeden schlichten Graphen G gilt

$$\Delta(G) \leq \chi'(G) \leq \Delta(G) + 1.$$

Um diesen Satz beweisen zu können, benötigen wir weitere Bezeichnungen sowie Hilfssatz 11.1. Die Vorgehensweise stützt sich auf Goldberg [2] 1984.

Definition 11.2 Es sei G ein schlichter Graph und $k = vw_1$ eine Kante von G. $G - k$ besitze eine q-Kantenfärbung h. Ein Tupel $(vw_1, ..., vw_t)$ von Kanten aus G heißt *h-Fächer* oder *Fächer* um v, falls $h(vw_i) \in \Omega(w_{i-1})$ für $i = 2, ..., t$ gilt, wobei $\Omega(z)$ für eine beliebige Ecke z die Menge der Farben bezeichnet, die an z nicht vorkommen. Die Menge der Ecken w_i aller Fächer um v heißt *Fächermenge*, in Zeichen $F = F_{h,v}$. Sind i, j zwei Farben und ist $i \in \Omega(z)$, so heißt der längste in z beginnende, abwechselnd mit j und i gefärbte Weg, die *$\{i, j\}$-Kette* von z (im Fall $j \in \Omega(z)$ besteht die $\{i, j\}$-Kette von z nur aus der Ecke z).

Bemerkung 11.3 Färbt man in der Situation von Definition 11.2 die Kante vw_{i-1} mit $h(vw_i)$ für $i = 2, ..., t$ und entfärbt die Kante vw_t, so erhält man eine q-Kantenfärbung von $G - vw_t$. Dieses Vorgehen bezeichnet man als *Umfärben des Fächers*.

Hilfssatz 11.1 Es sei G ein schlichter Graph und $k = vw_1$ eine Kante von G. Weiter seien $\chi'(G) = q+1, d(v,G) \leq q$ und h eine q-Kantenfärbung von $G-k$. Dann gelten folgende Aussagen:

i) Für alle $z \in F_{h,v}$ ist $\Omega(v) \cap \Omega(z) = \emptyset$.

ii) Sind $z \in F_{h,v}$, $j \in \Omega(z)$ und $i \in \Omega(v)$, so ist die $\{i,j\}$-Kette von z gleich der $\{i,j\}$-Kette von v.

iii) Für verschiedene $z, u \in F_{h,v}$ gilt $\Omega(z) \cap \Omega(u) = \emptyset$.

iv) Es gilt $\sum_{u \in F_{h,v}} |\Omega(u)| \leq |F_{h,v}| - 1$.

v) In keinem Fächer um v kommt eine Kante mehr als einmal vor.

Beweis. i) Wir nehmen an, daß i) falsch ist. Dann existieren ein Fächer $(vw_1, ..., vw_t)$ mit $w_t = z$ und eine Farbe $i \in \Omega(v) \cap \Omega(z)$. Das Umfärben des Fächers und das Färben der Kante vz mit i ergeben eine q-Kantenfärbung von G. Dies widerspricht $\chi'(G) = q+1$.
ii) Wir nehmen an, daß ii) für ein $z \in F_{h,v}$ falsch ist. Dann existiert ein Fächer $(vw_1, ..., vw_t)$ mit $w_t = z$, von dem wir o.B.d.A. annehmen dürfen, daß er unter allen Fächern, die ii) widersprechen, minimale Kantenzahl besitzt. Aufgrund dieser Minimalität ist für $r < t$ kein w_r Endecke der $\{i,j\}$-Kette von z. Vertauscht man nun in der $\{i,j\}$-Kette von z die Farben, so erhält man eine q-Kantenfärbung h' von $G-k$ bezüglich der $(vw_1, ..., vw_t)$ wiederum ein Fächer ist. Nun gilt aber $i \in \Omega(v) \cap \Omega(z)$, was i) widerspricht.
iii) Da $d(v, G-k) < q$ gilt, existiert ein $j \in \Omega(v)$. Seien nun $z, u \in F_{h,v}$ und $i \in \Omega(z) \cap \Omega(u)$. Nach i) ist $i \neq j$ und wegen ii) sind die $\{i,j\}$-Ketten von z und u gleich der $\{i,j\}$-Kette von v, woraus natürlich $z = u$ folgt.
iv) Es sei $z \in F_{h,v}$ und $i \in \Omega(z)$. Dann existiert nach i) eine Kante $k_0 = vy$ mit $h(k_0) = i$. Durch Angabe eines Fächers zeigen wir $y \in F_{h,v}$. Wegen $z \in F_{h,v}$ existiert ein Fächer $(vw_1, ..., vw_t)$ mit $w_t = z$. Ist $k_0 \in \{vw_1, ..., vw_t\}$, so ist bereits dieser Fächer geeignet. Anderenfalls aber ist $(vw_1, ..., vw_t, k_0)$ ein solcher Fächer. Damit ist gezeigt, daß zu jedem $i \in \bigcup_{u \in F_{h,v}} \Omega(u)$ eine mit i gefärbte Kante existiert, die v mit einem Element aus $F_{h,v}$ verbindet. Da alle diese Kanten mit v inzidieren, sind sie notwendigerweise verschieden. Die Anzahl dieser Kanten ist höchstens $|F_{h,v}| - 1$. Mit iii) folgt schließlich

$$\sum_{u \in F_{h,v}} |\Omega(u)| = |\bigcup_{u \in F_{h,v}} \Omega(u)| \leq |F_{h,v}| - 1.$$

v) Angenommen, in dem Fächer $(vw_1, ..., vw_t)$ gibt es eine Kante, die zweimal oder öfter vorkommt. Wählen wir dann die kleinsten Indizes $i < j$ mit $k = vw_i = vw_j$, so gilt $w_{i-1} \neq w_{j-1}$ und $h(k) \in \Omega(w_{i-1}) \cap \Omega(w_{j-1})$, im Widerspruch zu iii). ||

Beweis von Satz 11.1. Die Ungleichung $\Delta(G) \leq \chi'(G)$ ist klar, da an jeder Ecke maximalen Grades genau $\Delta(G)$ Farben vorkommen müssen. Nun zu $\chi'(G) \leq \Delta(G)+1$. Wir gehen dabei indirekt vor und wählen ein Gegenbeispiel G mit minimaler Kantenzahl. Dann gilt für eine beliebige Kante $k = vw_1 \in K(G)$

$$\chi'(G-k) \leq \Delta(G-k)+1 \leq \Delta(G)+1,$$

wonach eine $(\Delta(G)+1)$-Kantenfärbung h von $G-k$ existiert. Bezüglich h gilt nun für jede Ecke u

$$|\Omega(u)| = \Delta(G)+1-d(u, G-k) \geq 1.$$

Daraus folgt

$$\sum_{u \in F_{h,v}} |\Omega(u)| \geq |F_{h,v}|,$$

was Hilfssatz 11.1 iv) mit $q = \Delta(G)+1$ widerspricht. ||

Mit etwas mehr Aufwand, aber ohne wesentlich andere Ideen zu benutzen, kann man Satz 11.1 auf Multigraphen ausweiten. Wir geben hier nur Vizings Abschätzung an. Für Verschärfungen sei der Leser auf Andersen [1] 1977 bzw. Goldberg [2] 1984 verwiesen.

Satz 11.2 (Satz von Vizing, Vizing [1] 1964) Ist G ein Multigraph, so gilt

$$\Delta(G) \leq \chi'(G) \leq \Delta(G) + \max_{a,b \in E(G)} m_G(a,b).$$

Folgerung 11.1 (Shannon [1] 1949) Für jeden Multigraphen G gilt $\chi'(G) \leq \frac{3}{2}\Delta(G)$.

Beweis. Wir nehmen an, die Folgerung sei falsch. Dann existiert ein Multigraph G mit $\chi'(G) = q > \frac{3}{2}\Delta(G)$ und $\chi'(G-k) = q-1$ für jede Kante $k \in K(G)$. Nach Satz 11.2 gibt es dann zwei Ecken u und v

mit $m_G(u,v) \geq q - \Delta(G)$. Ist k_0 eine Kante, die u und v verbindet und h eine $(q-1)$-Kantenfärbung von $G - k_0$, so gilt

$$|\Omega(u)| \geq q - 1 - (\Delta(G) - 1) = q - \Delta(G)$$

und analog $|\Omega(v)| \geq q - \Delta(G)$.
Daraus folgt $|\Omega(u) \cap \Omega(v)| \geq 2(q - \Delta(G)) - \Delta(G) = 2q - 3\Delta(G) > 0$. Demnach kann h zu einer $(q-1)$-Kantenfärbung von G fortgesetzt werden, indem k_0 mit einer Farbe aus $\Omega(u) \cap \Omega(v)$ gefärbt wird. Dies widerspricht $\chi'(G) = q$. ||

Bevor wir den chromatischen Index einiger Graphen berechnen und damit auch die Schärfe der gegebenen Abschätzungen zeigen, führen wir eine Klassifizierung ein, die wegen Satz 11.1 naheliegend ist.

Definition 11.3 Ein Multigraph G heißt *Klasse* 1-*Graph* oder *Klasse* 1, falls $\chi'(G) = \Delta(G)$ ist, anderenfalls heißt G *Klasse* 2-*Graph* oder *Klasse* 2.

Beispiel 11.1 i) Der *Shannonsche Multigraph* $Sh(m)$ besteht aus drei Ecken, die untereinander mit $\lfloor \frac{1}{2}m \rfloor$, $\lfloor \frac{1}{2}m \rfloor$ und $\lfloor \frac{1}{2}(m+1) \rfloor$ Kanten verbunden sind. Offensichtlich gilt

$$\chi'(Sh(m)) = |K(Sh(m))| = \left\lfloor \frac{3m}{2} \right\rfloor.$$

Für gerades m werden also die oberen Schranken aus Satz 11.2 und Folgerung 11.1 angenommen.

ii) Der vollständige Graph K_{2n} ist Klasse 1 (man vgl. Satz 5.10). Bezeichnet K_{2n}^* den Graphen, der aus K_{2n} durch Entfernen eines perfekten Matchings hervorgeht, so ist auch K_{2n}^* Klasse 1 (man vgl. Folgerung 5.2).

iii) Jeder reguläre Graph mit ungerader Eckenzahl und nicht leerer Kantenmenge ist Klasse 2, also insbesondere Kreise ungerader Länge und der K_{2n+1} für $n \geq 1$, denn keiner dieser Graphen besitzt ein perfektes Matching.

iv) Jeder bipartite Graph ist Klasse 1, also insbesondere Kreise gerader Länge (man vgl. Satz 4.11).

v) Der skizzierte 3-reguläre Graph **P** ist der berühmte *Petersen-Graph* [2] 1898.

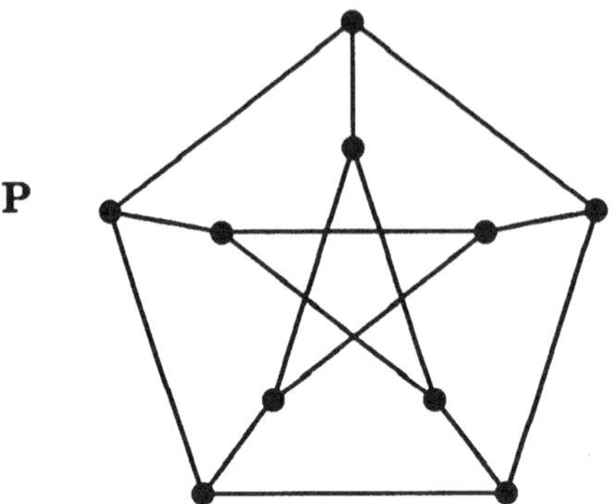

Es gilt $\chi'(\mathbf{P}) = 4$. Dies sieht man wohl am einfachsten wie folgt ein: Man versuche eine 3-Kantenfärbung zu konstruieren, indem man zunächst den äußeren Kreis färbt und sich dann nach innen vorarbeitet. Zwangsläufig benötigt man dann eine weitere Farbe und erkennt auch, daß man mit diesen vier Farben auskommt.
Alle aus dem Petersen-Graphen durch Entfernen einer Ecke hervorgehenden Graphen sind isomorph. Wir nennen einen solchen Graphen $\mathbf{P}^*$. Es gilt $\chi'(\mathbf{P}^*) = 4$ (man vgl. Aufgabe 11.1).

Als nächstes wollen wir die untere Schranke Δ für den chromatischen Index verbessern. Das dieser Verbesserung zugrundeliegende einfache Abzählargument wurde unabhängig von verschiedenen Personen beobachtet. Implizit ist es sogar schon bei Vizing [4] 1965 vorhanden.

Definition 11.4 Ist G ein Multigraph mit $|E(G)| \geq 3$, so setzen wir

$$\varphi(G) = \frac{2|K(G)|}{|E(G)| - 1}$$

und

$$\Phi(G) = \max \varphi(H),$$

wobei das Maximum über alle Teilgraphen H von G ungerader Ordnung mit $n(H) \geq 3$ zu bilden ist.

Satz 11.3 Für jeden Multigraphen G mit $|E(G)| \geq 3$ gilt

$$\chi'(G) \geq \max\{\Delta(G), \lceil \Phi(G) \rceil\}.$$

Beweis. Es genügt natürlich zu zeigen, daß $\chi'(G) \geq \Phi(G)$ gilt. Sei dazu H ein Teilgraph von G ungerader Ordnung mit $n(H) \geq 3$ und $\Phi(G) = \varphi(H)$. Ist h eine q-Kantenfärbung von G, so ist die Einschränkung von h auf $K(H)$ eine q-Kantenfärbung von H. Da höchstens $\frac{1}{2}(|E(H)|-1)$ Kanten von H mit einer Farbe gefärbt sein können, folgt $q \geq \frac{2|K(H)|}{|E(H)|-1}$. Daraus ergibt sich

$$\chi'(G) \geq \chi'(H) \geq \varphi(H) = \Phi(G). \quad \|$$

Satz 11.3 ist ein starkes Klasse 2-Kriterium. Wir geben einige Anwendungen.

Folgerung 11.2 (Vizing [4] 1965) Es sei G ein schlichter, r-regulärer Graph ($r > 0$) ungerader Ordnung. Ist $K' \subseteq K(G)$ mit $|K'| < \frac{r}{2}$, so ist $G' = G - K'$ Klasse 2.

Beweis. Da $n(G)$ ungerade ist, etwa $n(G) = 2p + 1$, muß r notwendigerweise gerade sein. Da G schlicht ist, gilt $r < n(G)$, woraus $\Delta(G') = r$ folgt. Es ist

$$|K(G')| = |K(G)| - |K'| > \frac{r}{2}(2p+1) - \frac{r}{2} = rp,$$

woraus sich

$$\Phi(G') \geq \varphi(G') > r = \Delta(G')$$

ergibt. Mit Satz 11.3 folgt die Behauptung. ||

Folgerung 11.3 (Vizing [4] 1965) Es sei G ein schlichter, r-regulärer Graph ($r \geq 2$) gerader Ordnung. Besitzt G eine Schnittecke, so ist G Klasse 2.

Beweis. Es sei v eine Schnittecke von G. Nach Voraussetzung ist $|E(G - v)|$ ungerade, womit $G - v$ eine ungerade Komponente H der Ordnung $n(H) \geq 3$ besitzt. Da v eine Schnittecke ist, liegen nicht alle Nachbarn von v in $E(H)$, woraus sich $m_G(v, E(H)) < r$ ergibt. Es folgt

$$\varphi(H) = \frac{2|K(H)|}{|E(H)|-1} = \frac{|E(H)|r - m_G(v, E(H))}{|E(H)|-1} > r,$$

also $\Phi(G) \geq \varphi(H) > r$, womit G nach Satz 11.3 Klasse 2 ist. ||

Bemerkung 11.4 Aus den Folgerungen 11.2 und 11.3 ergibt sich: Für jede Zahl $d \geq 2$ existiert ein Klasse 2-Graph G mit $\Delta(G) = d$.

11.2 Kritische Graphen

In Anlehnung an eine Arbeit von Dirac [1] 1952 über Eckenfärbungen wurden 1965 von Vizing [4] wie folgt kritische Graphen in der Kantenfärbungstheorie eingeführt.

Definition 11.5 Ein schlichter, zusammenhängender Klasse 2-Graph G heißt *kritisch*, falls für jede Kante $k \in K(G)$ gilt:

$$\chi'(G-k) < \chi'(G) \tag{11.1}$$

Dies ist nicht die einzige Möglichkeit kritische Graphen einzuführen. So forderten etwa Beineke und Wilson [1] 1973 (11.1) nicht für Kanten, sondern für Ecken. Diese Graphen nennt man heute *Ecken-kritisch.* Natürlich ist jeder kritische Graph auch Ecken-kritisch. Die Umkehrung davon gilt jedoch nicht, was man z.B. an den Graphen K_{2n+1} für $n \geq 2$ erkennt (man vgl. Aufgabe 11.3). Es hat sich aber gezeigt, daß die Menge der Ecken-kritischen Graphen zu groß gewählt ist, um starke Ergebnisse zu erzielen.

Bemerkung 11.5 Aus Satz 11.1 folgt, daß für jede Kante k eines kritischen Graphen G, der Teilgraph $G-k$ eine $\Delta(G)$-Kantenfärbung besitzt.

Bevor wir das zentrale Ergebnis über kritische Graphen herleiten (Satz 11.4), wollen wir zwei einfach zu zeigende Eigenschaften festhalten. Diese wurden erstmals von Vizing [4] 1965 formuliert, lassen sich aber über die in Bemerkung 11.1 angegebene Beziehung zu Eckenfärbungen auch sofort aus Ergebnissen von Dirac [1] 1952 ableiten.

Hilfssatz 11.2 Ist G ein kritischer Graph, und sind u und v zwei adjazente Ecken von G, so gilt

$$d(u,G) + d(v,G) \geq \Delta(G) + 2.$$

Beweis. Da G kritisch ist, existiert eine $\Delta(G)$-Kantenfärbung von $G - uv$. Mit Hilfssatz 11.1 i) folgt

$$\begin{aligned}\Delta(G) &\geq |\Omega(u) \cup \Omega(v)| = |\Omega(u)| + |\Omega(v)| \\ &\geq \Delta(G) + 1 - d(u,G) + \Delta(G) + 1 - d(v,G),\end{aligned}$$

was äquivalent zur Behauptung ist. ||

Hilfssatz 11.3 Ein kritischer Graph hat keine Schnittecken.

Beweis. Angenommen es existiert ein kritischer Graph G mit einer Schnittecke v. Es seien $H_1, ..., H_p$ die Komponenten von $G - v$. Nach Voraussetzung lassen sich die von den Mengen $E(H_i) \cup \{v\}, i = 1, ..., p$, in G induzierten Teilgraphen mit $\Delta(G)$ Farben färben. Benennt man die Farben derart, daß alle mit v inzidenten Kanten verschieden gefärbt sind, so erhält man eine $\Delta(G)$-Kantenfärbung von G. Dies ist ein Widerspruch, da G Klasse 2 ist. ||

Definition 11.6 Es sei G ein schlichter Graph und $v \in E(G)$. Die Anzahl der mit v adjazenten Ecken maximalen Grades bezeichnen wir mit $d^*(v) = d^*(v, G)$.

Der folgende Satz heißt *Vizings Adjazenz Lemma*; er wird häufig durch VAL abgekürzt. Er gibt in kritischen Graphen eine untere Schranke für $d^*(v)$, welche starke Konsequenzen für deren Struktur hat.

Satz 11.4 (Vizings Adjazenz Lemma, Vizing [3] 1965) Es sei G ein kritischer Graph. Sind v und w zwei adjazente Ecken von G, so gilt

$$d^*(v, G) \geq \max\{2, \Delta(G) - d(w, G) + 1\}.$$

Beweis. Ist h eine $\Delta(G)$-Kantenfärbung von $G - vw$, so werden wir zunächst die beiden folgende Aussagen beweisen.

1) Sind $(vw, vw_1, ..., vw_r)$ und $(vw, vz_1, ..., vz_t)$ zwei Fächer um v mit $w_1 \neq z_1$, so gilt $w_i \neq z_j$ für alle Indizes i und j.

2) Ist $(vw, vw_1, ..., vw_r)$ ein Fächer um v, der nicht durch Anfügen einer weiteren Kante vergrößert werden kann, so gilt $d(w_r, G) = \Delta(G)$.

Angenommen, es existieren Indizes i und j mit $w_i = z_j$. Dann wählen wir solche Indizes kleinstmöglich und erhalten deshalb $w_{i-1} \neq z_{j-1}$. Dies liefert einen Widerspruch zum Hilfssatz 11.1 iii), denn wegen $vw_i = vz_j$ ist dann $h(vw_i) \in \Omega(v_{i-1}) \cap \Omega(z_{j-1})$.

Angenommen, es gilt $d(w_r, G) < \Delta(G)$. Dann fehlt an w_r eine Farbe i. Nach Hilfssatz 11.1 i) existiert eine zu v inzidente und mit i gefärbte Kante. Da der Fächer nicht vergrößert werden kann, ist diese Kante eine Fächerkante, etwa vw_j mit $j < r$. Aus Hilfssatz 11.1 iii) folgt dann $w_{j-1} = w_r$ und demnach $vw_{j-1} = vw_r$, im Widerspruch zu Hilfssatz 11.1 v). Somit sind die Aussagen 1) und 2) bewiesen.

Wählt man nun zu jeder Farbe i aus $\Omega(w)$ einen nicht vergrößerbaren Fächer aus, dessen zweite Kante mit i gefärbt ist, so ergibt sich mit 1) und 2)

$$d^*(v, G) \geq |\Omega(w)| = \Delta(G) - d(w, G) + 1.$$

Ist $d(w,G) < \Delta(G)$, so ist das die Behauptung. Anderenfalls ist w selbst eine weitere mit v adjazente Ecke maximalen Grades, und es folgt $d^*(v,G) \geq 2$. ||

Folgerung 11.4 (Vizing [3] 1965) Jeder kritische Graph hat mindestens drei Ecken maximalen Grades.

Beweis. Nach Satz 11.4 ist jede Ecke mit mindestens zwei Ecken maximalen Grades adjazent. Angewandt auf eine Ecke maximalen Grades liefert dies die Behauptung. ||

Folgerung 11.5 (Fiorini, Wilson [1] 1977) Ist G ein kritischer Graph mit ζ Ecken maximalen Grades, so gilt

$$\delta(G) \geq \Delta(G) - \zeta + 2.$$

Beweis. Sei $w \in E(G)$ mit $d(w,G) = \delta(G)$. Nach VAL ist w zu einer Ecke v maximalen Grades adjazent. Für v folgt mit VAL

$$d^*(v,G) \geq \Delta(G) - d(w,G) + 1 = \Delta(G) - \delta(G) + 1.$$

Also besitzt G außer v noch mindestens $\Delta(G) - \delta(G) + 1$ Ecken maximalen Grades, woraus sich $\zeta \geq \Delta(G) - \delta(G) + 2$ ergibt. ||

Folgerung 11.6 (Chetwynd, Hilton [2] 1985) Ist G ein kritischer Graph mit ζ Ecken maximalen Grades, so gilt

$$\Delta(G) \geq \frac{2|E(G)|}{\zeta}.$$

Beweis. Mit VAL folgt

$$\zeta\Delta(G) = \sum_{v\in E(G)} d^*(v,G) \geq 2|E(G)|. \quad ||$$

Kritische Graphen wurden eingeführt, um mehr über die Klasse 2-Graphen zu erfahren. Dazu ist natürlich unabdingbar, das Verhältnis von kritischen Graphen zu Klasse 2-Graphen zu untersuchen.

Satz 11.5 (Vizing [3] 1965) Ist G ein schlichter Klasse 2-Graph, so besitzt G für jedes $p = 2, 3, ..., \Delta(G)$ einen kritischen Teilgraphen H_p mit $\Delta(H_p) = p$.

Beweis. Nach Satz 11.1 gilt $\chi'(G) = \Delta(G) + 1$. Sei zuerst $p = \Delta(G)$. Entfernt man sukzessive Kanten aus G, solange dadurch der chromatische Index nicht verringert wird, so resultiert ein Graph G^* mit $\chi'(G^*) = \Delta(G)+1$ und $\chi'(G^* - k) < \chi'(G^*)$ für alle $k \in K(G^*)$. Nach Satz 11.1 gilt $\Delta(G^*) \geq \chi'(G^*)-1 = \Delta(G)$, also $\Delta(G^*) = \Delta(G)$. Nach Konstruktion besitzt G^* eine Komponente H mit $\Delta(G^*) = \Delta(H)$ und sonst allenfalls noch isolierte Ecken. $H_{\Delta(G)} = H$ ist ein kritischer Teilgraph von G mit $\Delta(H) = \Delta(G)$.
Sei nun $p < \Delta(G)$. Man färbe die Kanten von $H_{\Delta(G)}$ mit Ausnahme von $k = vw$ mit $\Delta(G)$ Farben. Dann fehlt an v eine Farbe i und an w eine Farbe $j \neq i$. Nun wähle man $\Delta(G) - p$ von i und j verschiedene Farben aus und entferne alle mit diesen Farben gefärbten Kanten aus $H_{\Delta(G)}$. Der resultierende Graph hat Maximalgrad p und chromatischen Index $p + 1$. Verfährt man mit ihm wie mit G im Fall $p = \Delta(G)$, so folgt die Existenz von H_p. ||

Unmittelbar aus Satz 11.5 und Folgerung 11.4 ergibt sich

Folgerung 11.7 Jeder schlichte Graph mit höchstens zwei Ecken maximalen Grades ist Klasse 1.

Der folgende Hilfssatz zeigt, daß gewisse Ecken und Kanten keinen Einfluß auf die Klasse eines Graphen haben. Er wird im nächsten Abschnitt mit Erfolg angewendet werden.

Hilfssatz 11.4 (Chetwynd, Hilton [2] 1985) Es sei G ein schlichter Graph mit mindestens drei Ecken maximalen Grades. Weiter seien $v \in E(G)$ und $vw \in K(G)$, und es gelte $d^*(v, G) \leq 1$. Dann sind folgende Aussagen äquivalent:

i) G ist Klasse 1.

ii) $G - vw$ ist Klasse 1.

iii) $G - v$ ist Klasse 1.

Beweis. Da G mindestens drei Ecken maximalen Grades besitzt und v mit höchstens einer von diesen adjazent ist, gilt $\Delta(G) = \Delta(G - vw) = \Delta(G - v)$. Daraus ergeben sich unmittelbar die beiden Implikationen i) $\Longrightarrow$ ii) und ii) $\Longrightarrow$ iii).
Um iii) $\Longrightarrow$ i) nachzuweisen, nehmen wir an, daß $G - v$ Klasse 1, G aber Klasse 2 ist. Nach Satz 11.5 besitzt G einen kritischen Teilgraphen H mit $\Delta(H) = \Delta(G)$. Mit VAL ist jede Ecke aus H zu

mindestens zwei Ecken maximalen Grades adjazent. Demnach ist $v \notin E(H)$ und deshalb H ein Teilgraph von $G - v$. Dies ergibt einen Widerspruch, denn wegen $\Delta(H) = \Delta(G) = \Delta(G - v)$ ist dann auch $G - v$ Klasse 2. ||

Wir wollen nun Beispiele für kritische Graphen vorstellen. Dazu untersuchen wir zunächst Graphen von niedriger Ordnung. Die Resultate ergeben sich dabei aus Arbeiten von Jakobsen [2] 1974, Beineke und Fiorini [1] 1976 sowie Chetwynd und Yap [1] 1983.

Satz 11.6 Unter allen schlichten Graphen G ohne isolierte Ecken der Ordnung $n(G) \leq 5$ sind genau vier kritisch, und dies sind gerade die Graphen mit

$$|K(G)| = \left\lfloor \frac{|E(G)|}{2} \right\rfloor \Delta(G) + 1. \tag{11.2}$$

Insbesondere sind alle diese Graphen von ungerader Ordnung.

Beweis. Es sei G ein kritischer Graph der Ordnung $|E(G)| \leq 5$.
Ist $\Delta(G) = 2$, so ist G zwangsläufig ein Kreis ungerader Länge. Die beiden Kreise C_3 und C_5 erfüllen die Bedingung (11.2).
Ist $\Delta(G) = 3$, so gilt nicht nur $|E(G)| \geq 4$, sondern sogar $|E(G)| = 5$, denn der K_4 ist Klasse 1 und daher auch jeder seiner Teilgraphen mit Maximalgrad 3. Da G keine Endecke besitzen kann und nach Folgerung 11.4 mindestens 3 Ecken vom Grad 3 haben muß, schließen wir aus Satz 11.4, daß G vier Ecken vom Grad 3 und eine Ecke vom Grad 2 besitzt. Damit ist aber G bis auf Isomorphie eindeutig bestimmt, denn von den vier Ecken vom Grad 3 sind nur die beiden Nachbarn der Ecke von Grad 2 nicht adjazent. Aus $\varphi(G) = \frac{7}{2} > 3$ folgt mit Satz 11.3, daß G Klasse 2 ist. Darüber hinaus erfüllt dieser Graph die Identität (11.2) und ist kritisch, da keiner seiner echten Teilgraphen vom Maximalgrad 3 kritisch ist.
Im verbleibenden Fall $\Delta(G) = 4$ ist $|E(G)| = 5$. Da G mindestens drei Ecken vom Grad 4 besitzt, gibt es noch genau die beiden Möglichkeiten, daß G der K_5 oder $G = K_5 - k$ ist, wobei k eine beliebige Kante des K_5 bedeutet. Wegen $\varphi(K_5 - k) = \frac{9}{2} > 4$ ist der $K_5 - k$ kritisch und der K_5 nicht. Auch für den $K_5 - k$ gilt (11.2).
Erfüllt ein Graph G die Bedingung (11.2), so ist $|E(G)|$ ungerade, denn anderenfalls wäre

$$|K(G)| = \frac{1}{2} \sum_{v \in E(G)} d(v, G) \leq \frac{|E(G)|}{2} \Delta(G) = \left\lfloor \frac{|E(G)|}{2} \right\rfloor \Delta(G).$$

Daß genau die vier als kritisch nachgewiesenen Graphen diejenigen sind, die der Identität (11.2) genügen, sei dem Leser überlassen (man vgl. Aufgabe 11.4). ||

Ohne Beweis geben wir folgendes weitergehende Ergebnis an.

Satz 11.7 Mit Ausnahme von $\mathbf{P}^*$ (man vgl. Beispiel 11.1) gilt für jeden kritischen Graphen G mit höchstens zehn Ecken die Identität (11.2). Insbesondere sind diese kritischen Graphen alle von ungerader Ordnung.

Unser nächstes Ziel ist es, Beispiele für kritische Graphen mit beliebig hohem Maximalgrad und Minimalgrad 2 anzugeben.

Definition 11.7 Es seien G ein Graph, $k \in K(G)$ und $a \notin E(G)$. Mit $G^{k,a}$ bezeichnen wir den durch k und a erzeugten Unterteilungsgraphen.

Satz 11.8 (Fiorini [1] 1974) Ist $n \geq 2$, so sind die beiden Graphen $(K_{n,n})^{k,a}$ und $(K_{2n})^{k,a}$ kritisch.

Beweis. Wir beweisen den Satz für $(K_{n,n})^{k,a}$. Für $(K_{2n})^{k,a}$ kann die Argumentation analog durchgeführt werden.
Es gilt

$$\Phi((K_{n,n})^{k,a}) \geq \varphi((K_{n,n})^{k,a}) = \frac{2n^2+1}{2n} > n = \Delta((K_{n,n})^{k,a}),$$

womit dieser Graph nach Satz 11.3 Klasse 2 ist. Satz 11.5 liefert die Existenz eines kritischen Teilgraphen H von $(K_{n,n})^{k,a}$ mit $\Delta(H) = n$. Da $K_{n,n}$ und somit auch $K_{n,n} - k$ Klasse 1 sind, ist $a \in E(H)$. Für die beiden in $(K_{n,n})^{k,a}$ mit a adjazenten Ecken x_1 und x_2 folgt nach VAL, daß sie auch in H Ecken maximalen Grades sind, woraus sich $E(H) = E((K_{n,n})^{k,a})$ ergibt. Aus Satz 11.4 erhalten wir für $i = 1, 2$

$$d^*(x_i, H) \geq \Delta(H) - d(a, H) + 1 = n - 1,$$

wonach alle Ecken aus $(K_{n,n})^{k,a}$, die von a verschieden sind, in H den Grad n besitzen. Daher ist $H = (K_{n,n})^{k,a}$ ein kritischer Graph. ||

Die in Satz 11.8 angegebenen kritischen Graphen können bei dem folgenden Konstruktionsverfahren als Ausgangsgraphen benutzt werden. Die bemerkenswerte Idee dieser Konstruktion geht auf Hajós [1] 1961 zurück.

Definition 11.8 Es seien G und G' zwei disjunkte Graphen mit nicht leeren Kantenmengen. Sind $uv \in K(G)$ und $u'v' \in K(G')$, so wird eine *Hajós-Vereinigung* von G und G' folgendermaßen gebildet: Man entferne die beiden Kanten uv und $u'v'$, identifiziere u mit u' und verbinde die beiden Ecken v und v' durch eine neue Kante.

Bemerkung 11.6 In der Regel sind verschiedene Hajós-Vereinigungen zweier Graphen nicht isomorph. In seltenen Fällen ist dies jedoch möglich, so ist z.B. jede Hajós-Vereinigung zweier Kreise C_n und C_p ein Kreis C_{n+p-1}.

Satz 11.9 (Jakobsen [1] 1973) Es seien G und G' zwei kritische Graphen mit $\Delta = \Delta(G) = \Delta(G')$. Sind $u \in E(G)$ und $u' \in E(G')$ mit $d(u,G) + d(u',G') \leq \Delta + 2$, so ist jede Hajós-Vereinigung von G und G', bei der u und u' identifiziert werden, ein kritischer Graph.

Beweis. Es sei H eine Hajós-Vereinigung von G und G', bei der die Ecken u und u' zur Ecke u^* identifiziert und die Kanten uv und $u'v'$ entfernt wurden. Mit der Voraussetzung $d(u,G) + d(u',G') \leq \Delta + 2$ ergibt sich $d(u^*,H) \leq \Delta$. Da die Eckengrade der verbleibenden Ecken aus H mit den entsprechenden aus G und G' übereinstimmen, gilt zusammen mit Folgerung 11.4 $\Delta(H) = \Delta$. Zuerst zeigen wir, daß H Klasse 2 ist. Angenommen, H ist Klasse 1. Dann besitzt H eine Δ-Kantenfärbung h, die jeweils eine Δ-Kantenfärbung für $G - uv$ und $G' - u'v'$ liefert, wobei die Farbe $h(vv')$ an u oder an u' nicht vorkommt. Da dann aber G oder G' mit Δ Farben gefärbt werden kann, erhalten wir einen Widerspruch.
Um zu zeigen, daß H kritisch ist, müssen wir für jede Kante $k \in K(H)$ nachweisen, daß $H-k$ mit Δ Farben gefärbt werden kann. Ist $k = vv'$, so ist dies klar, da Δ-Kantenfärbungen von $G-uv$ und $G'-u'v'$, nach eventueller Umbenennung der Farben, zu einer Δ-Kantenfärbung von $H - vv'$ zusammengefügt werden können. Sei nun o.B.d.A. k eine Kante von $G - uv$. Da $G' - u'v'$ Δ-färbbar ist, kann auch der Teilgraph von H mit der Eckenmenge $E(G') \cup \{v\}$ und der Kantenmenge $(K(G') - \{u'v'\}) \cup \{vv'\}$ mit Δ Farben gefärbt werden. Ist f eine Δ-Kantenfärbung dieses Graphen, so muß die Farbe $f(vv')$ an u' vorkommen, da anderenfalls G' Δ-färbbar wäre. Nach Voraussetzung ist $G - k$ auch Δ-färbbar. Mittels einer Δ-Kantenfärbung von $G - k$ erhält man leicht eine Δ-Kantenfärbung g des Graphen mit der Eckenmenge $E(G) \cup \{v'\}$ und der Kantenmenge $(K(G) - \{uv, k\}) \cup \{vv'\}$,

bei der die Farbe $g(vv')$ an u nicht vorkommt. O.B.d.A. dürfen wir deshalb annehmen, daß $g(vv') = f(vv')$ gilt, und daß die Farben, die an u und u' vorkommen, alle verschieden sind (ist dies nicht der Fall, so kann dies durch eine Umbenennung der Farben erreicht werden). Nun können die Kantenfärbungen f und g zu einer Δ-Kantenfärbung von $H - k$ zusammengefügt werden. ||

Die in den Sätzen 11.7 und 11.8 gegebenen Beispiele kritischer Graphen sind alle von ungerader Ordnung. Auch eine Hajós-Vereinigung zweier Graphen ungerader Ordnung liefert einen Graphen ungerader Ordnung, so daß wir auch mit Satz 11.9 keine kritischen Graphen gerader Ordnung konstruieren können, ohne vorher mindestens einen solchen zu kennen. Jakobsen [2] hat 1974 die Vermutung geäußert, daß jeder kritische Graph von ungerader Ordnung ist. Im Jahre 1981 gelang es jedoch Goldberg [1], eine Familie kritischer Graphen gerader Ordnung mit Maximalgrad 3 zu konstruieren, so daß die in die Literatur unter dem Namen "*critical graph conjecture*" eingegangene Vermutung widerlegt ist.

11.3 Klassifizierung

Die Frage, welche Graphen Klasse 1 und welche Klasse 2 sind, bezeichnet man heute mit *Klassifizierung* oder *Klassifizierungsproblem.* Die Schwierigkeit dieses Problems erkennt man daran, daß - wie oben erwähnt - die Vierfarbenvermutung dazu äquivalent ist, daß jede normale, 3-reguläre Landkarte Klasse 1 ist.
In den vorangegangenen Abschnitten haben wir schon einige Klassifizierungen durchgeführt. Mit den Ergebnissen über kritische Graphen wird diese Arbeit in zwei Richtungen fortgefüht. Zunächst beschäftigen wir uns mit planaren Graphen.

Satz 11.10 (Vizing [4] 1965) Jeder schlichte, planare Graph G mit $\Delta(G) \geq 10$ ist Klasse 1.

Beweis. Angenommen, es existiert ein planarer Klasse 2-Graph mit $\Delta(G) \geq 10$. Dann gibt es nach Satz 11.5 einen planaren, kritischen Graphen H mit $\Delta(H) = 10$. Ist $S = \{v \in E(H) | d(v, H) \leq 5\}$, so ist S wegen Satz 9.5 nicht leer. Da auch $H - S$ planar ist, existiert wiederum nach Satz 9.5 eine Ecke w in $H - S$ mit $d(w, H - S) \leq 5$.

Die Ecke w ist natürlich mit einer Ecke $v \in S$ adjazent, woraus sich mit VAL

$$d(w, H - S) \geq d^*(w, H) \geq 10 - d(v, H) + 1 \geq 6$$

ergibt, was ein offensichtlicher Widerspruch ist. ||

Bemerkung 11.7 Im gleichen Jahr gelang es Vizing [3] selber, diesen Satz auf planare Graphen mit Maximalgrad acht oder neun zu erweitern. In dieser Arbeit äußerte er die nach wie vor ungelöste Vermutung, daß Satz 11.10 sogar für alle planaren Graphen mit $\Delta \geq 6$ gilt. Im Fall $3 \leq \Delta \leq 5$ gibt es sowohl planare Klasse 1-Graphen als auch planare Klasse 2-Graphen (man vgl. Aufgabe 11.9).

Abschließend wollen wir Klassifizierungsergebnisse neueren Datums betrachten. Diese beruhen auf einer Idee von Chetwynd und Hilton [2] aus dem Jahre 1985, die vereinfacht wie folgt beschrieben werden kann.
Betrachtet man in einem Graphen G den von den Ecken maximalen Grades induzierten Teilgraphen, so kann man manchmal - etwa mit Folgerung 11.7 - schon an diesem erkennen, daß G Klasse 1 ist. Ist dies nicht der Fall, so besteht noch die Möglichkeit, geeignete Matchings $M_1, ..., M_t$ zu suchen, so daß bewiesen werden kann, daß die Farbenklassen einer Klasse 1-Färbung von $G - (M_1 \cup ... \cup M_t)$ zusammen mit den Matchings $M_1, ..., M_t$ die Farbenklassen einer Klasse 1-Färbung von G bilden.
Das erste mit dieser Methode erzielte Ergebnis war die Klassifizierung aller Graphen mit genau drei Ecken maximalen Grades.

Satz 11.11 (Chetwynd, Hilton [2] 1985) Ist G ein schlichter, zusammenhängender Graph mit genau drei Ecken maximalen Grades, so sind folgende Aussagen äquivalent:

i) G ist Klasse 2.

ii) G ist kritisch.

iii) G ist von ungerader Ordnung $n(G) = 2p + 1$, und die Kantenmenge von $\bar{G}$ ist ein $(p-1)$-elementiges Matching.

Beweis. Aus i) folgt ii). Nach Satz 11.5 besitzt G einen kritischen Teilgraphen H mit $\Delta(G) = \Delta(H)$, der nach Folgerung 11.4 dieselben drei Ecken maximalen Grades wie G haben muß. Aus Folgerung 11.5

ergibt sich $\delta(H) \geq \Delta(H) - 1$, womit $d(a, G) = d(a, H)$ für alle $a \in E(H)$ gilt. Der Zusammenhang von G liefert notwendig $E(G) = E(H)$ und damit $G = H$.
Aus ii) folgt iii). Da für den K_3 die Behauptung offensichtlich richtig ist, können wir von $|E(G)| \geq 4$ und daher auch von $\delta(G) < \Delta(G)$ ausgehen. Mit Folgerung 11.5 erhalten wir $\delta(G) \geq \Delta(G) - 1$, also $\delta(G) = \Delta(G) - 1$. Daher gilt

$$2|K(G)| = |E(G)|(\Delta(G) - 1) + 3,$$

womit $|E(G)|$ ungerade ist. Setzen wir $|E(G)| = 2p + 1$, so ist iii) bewiesen, falls wir $\Delta(G) = 2p$ gezeigt haben.
Angenommen, $\Delta(G) \leq 2p - 1$. Dann erhalten wir für $p \leq 4$

$$\begin{aligned} |K(G)| &= \frac{1}{2}(2p\Delta(G) + \Delta(G) + 2 - 2p) \\ &= p\Delta(G) + \frac{1}{2}(\Delta(G) + 2 - 2p) \\ &\leq p\Delta(G) + \frac{1}{2} = \left\lfloor \frac{|E(G)|}{2} \right\rfloor \Delta(G) + \frac{1}{2}, \end{aligned}$$

was einen Widerspruch zum Satz 11.7 bedeutet.
Ist $p \geq 5$ und sind u, v und w die drei Ecken maximalen Grades von G, so sind diese nach Satz 11.4 paarweise adjazent. Wegen $\Delta(G) \leq 2p-1$ existiert eine Ecke $x \in E(G) - \{u, v, w\}$, die nicht mit u adjazent ist. Zusammen mit Folgerung 11.6 erhalten wir

$$\begin{aligned} \delta(G - \{u, v\}) &\geq \Delta(G) - 3 \geq \left\lceil \frac{2|E(G)|}{3} \right\rceil - 3 = \left\lceil \frac{4p + 2}{3} \right\rceil - 3 \\ &\geq \frac{2p - 1}{2} = \frac{1}{2}|E(G - \{u, v\})|. \end{aligned}$$

Daher liefert der Satz von Dirac (Satz 3.15) die Existenz eines Hamiltonkreises in $G - \{u, v\}$ und damit auch die Existenz eines Matchings M, das mit Ausnahme von x alle Ecken von $G - \{u, v\}$ berührt. Setzen wir $G^* = G - (M \cup \{uv\})$, so besitzt G^* genau die vier Ecken u, v, w und x von maximalem Grad $\Delta(G) - 1$. Da $d^*(u, G^*) = 1$ gilt, sind die beiden Graphen G^* und $G^* - uw$ nach Hilfssatz 11.4 von der gleichen Klasse. Der Graph $G^* - uw$ besitzt genau zwei Ecken maximalen Grades, so daß er und damit auch G^* wegen Folgerung 11.7 Klasse 1 ist. Die Farbenklassen einer $(\Delta(G) - 1)$-Kantenfärbung von G^* und das Matching $M \cup \{uv\}$ bilden die Farbenklassen einer

$\Delta(G)$-Kantenfärbung von G, was der Voraussetzung widerspricht, daß G kritisch ist.
Aus iii) folgt i). Diese Implikation erhält man unmittelbar aus Folgerung 11.2. ||

Die Klassifizierung der Graphen mit genau vier Ecken maximalen Grades findet man bei Chetwynd und Hilton [1] 1984. Sie ist wesentlich aufwendiger als der Beweis von Satz 11.11. Dafür ist die Tatsache verantwortlich, daß die untere Schranke für den Minimalgrad aus Folgerung 11.5 bei größerer Anzahl von Ecken maximalen Grades kleiner wird. Deshalb muß bei beliebig vorgegebener Anzahl der Ecken maximalen Grades den Voraussetzungen eine Minimalgradbedingung hinzugefügt werden, damit die skizzierte Beweisidee Früchte trägt. Die diesbezüglich erzielten Ergebnisse sind in den beiden folgenden Sätzen zusammengefaßt.

Satz 11.12 (Niessen, Volkmann [1] 1990) Es sei G ein schlichter Graph der Ordnung $2p$ mit genau ζ Ecken maximalen Grades. Ist

$$\delta(G) \geq p + \zeta - 2,$$

so ist G Klasse 1.

Satz 11.13 (Niessen, Volkmann [1] 1990) Es sei G ein schlichter Graph der Ordnung $2p+1$ mit genau ζ Ecken maximalen Grades. Ist

$$\delta(G) \geq p + \zeta + \left\lfloor \frac{\zeta\Delta(G)}{2p+1} \right\rfloor,$$

so ist $\chi'(G) = \max\{\Delta(G), \lceil\varphi(G)\rceil\}$.

Satz 11.13 hat eine interessante Anwendung auf die *1-Faktorisierungs-Vermutung*, deren Ursprung schon in den fünfziger Jahren liegt.

1-Faktorisierungs-Vermutung. Jeder schlichte, r-reguläre Graph der Ordnung $2p$ mit $r \geq p$ ist 1-faktorisierbar bzw. Klasse 1.

Hilfssatz 11.5 (Chetwynd, Hilton [2] 1985) Ist G ein schlichter, r-regulärer Graph der Ordnung $2p$ mit $p \geq 2$, so gilt für jede Ecke $v \in E(G)$

$$\chi'(G) = \chi'(G - v).$$

Beweis. Ist $G \cong K_{2p}$, so folgt die Behauptung aus Satz 11.1 sowie den Beispielen 11.1 ii) und iii).
Ist G nicht isomorph zum K_{2p}, so gilt $\Delta(G-v) = \Delta(G) = \Delta$. Im Fall $\chi'(G-v) = \Delta + 1$ folgt wegen $\chi'(G-v) \leq \chi'(G)$ mit Satz 11.1 sofort $\chi'(G) = \Delta + 1$. Ist aber $\chi'(G-v) = \Delta$ und h eine Δ-Kantenfärbung von $G - v$, so sind $|K(G-v)| = \Delta(p-1)$ Kanten mit Δ Farben gefärbt. Da mit einer Farbe höchstens $\lfloor \frac{1}{2}|E(G-v)| \rfloor = p - 1$ Kanten gefärbt sein können, folgt sogar, daß mit jeder Farbe genau $p-1$ Kanten gefärbt sind. Daher fehlt jede dieser Δ Farben an genau einer Ecke von $G-v$ und die Ecken, an denen eine Farbe fehlt, können nur die Nachbarn von v in G sein, weil alle anderen Ecken in $G-v$ den Grad Δ besitzen. Demnach läßt sich h zu einer Δ-Kantenfärbung von G fortsetzen, indem man die mit v inzidenten Kanten mit der an der Nachbarecke von v fehlenden Farbe färbt. ||

Wendet man Satz 11.13 auf einen Teilgraphen $G-v$ eines schlichten, regulären Graphen G gerader Ordnung an, so erhält man mit Hilfssatz 11.5 das folgende Ergebnis, das unabhängig auch von Chetwynd und Hilton [3] 1989 auf direktem Wege bewiesen wurde.

Satz 11.14 (Chetwynd, Hilton [3] 1989, Niessen, Volkmann [1] 1990) Jeder schlichte, r-reguläre Graph der geraden Ordnung $2p$ mit $r \geq (\sqrt{7}-1)p$ ist 1-faktorisierbar.

Viele weitere interessante Aspekte und Anwendungen der Kantenfärbungen findet man in den Büchern von Fiorini und Wilson [1] 1977 und Yap [1] 1986.

11.4 Aufgaben

Aufgabe 11.1 Man beweise die beiden folgenden Aussagen.
i) Der Petersen-Graph $\mathbf{P}$ ist Klasse 2.
ii) Alle aus dem Petersen-Graphen durch Entfernen einer Ecke hervorgehenden Graphen sind isomorph. Bezeichnet man diesen Isomorphietyp mit $\mathbf{P}^*$, so gilt $\chi'(\mathbf{P}^*) = 4$.

Aufgabe 11.2 Man zeige, daß für $n \geq 2$ die Graphen K_{2n+1} Ecken-kritisch, aber nicht kritisch sind.

Aufgabe 11.3 Man beweise: Ist G ein schlichter Graph, so gilt genau dann $\Phi(G) > \Delta(G)$, wenn G einen Teilgraphen H mit

$$|K(H)| \geq \left\lfloor \frac{|E(H)|}{2} \right\rfloor \Delta(H) + 1$$

besitzt. Ist dies der Fall, so gilt $\Delta(H) = \Delta(G)$.

Aufgabe 11.4 Man zeige, daß es genau vier schlichte Graphen mit höchstens fünf Ecken gibt, für die

$$|K(G)| = \left\lfloor \frac{|E(G)|}{2} \right\rfloor \Delta(G) + 1$$

gilt (man vgl. Satz 11.6).

Aufgabe 11.5 Man zeige, daß $\mathbf{P}^*$ kritisch ist.

Aufgabe 11.6 Man zeige, daß $(K_{2n})^{k,a}$ kritisch ist (man vgl. Satz 11.8).

Aufgabe 11.7 Man beweise: Ist G ein schlichter, r-regulärer Graph der Ordnung $2n$ mit $r \geq 2$, so ist $G^{k,a}$ für jede Kante $k \in K(G)$ Klasse 2.

Aufgabe 11.8 Es seien G und G' zwei schlichte Graphen mit $\Delta = \Delta(G) = \Delta(G')$ und $\Phi(G), \Phi(G') > \Delta$. Man zeige für jede Hajós-Vereinigung H der Graphen G und G' mit $\Delta(H) = \Delta$ die Ungleichung $\Phi(H) > \Delta$.

Aufgabe 11.9 Für $3 \leq \Delta \leq 5$ gebe man schlichte, planare Klasse 1- und Klasse 2-Graphen G mit $\Delta(G) = \Delta$ an.

Aufgabe 11.10 Man beweise Satz 11.14.

Kapitel 12

Mehrfacher Zusammenhang

12.1 Ecken- und Kantenzusammenhang

Definition 12.1 Ein nicht trivialer, zusammenhängender Multigraph G heißt *q-fach eckenzusammenhängend* oder *q-fach zusammenhängend* ($q \in \mathbb{N}$), wenn $|E(G)| \geq q+1$ gilt, und $G - E'$ für alle $E' \subseteq E(G)$ mit $|E'| \leq q-1$ zusammenhängend ist. Ist G q-fach eckenzusammenhängend, aber nicht $(q+1)$-fach eckenzusammenhängend, so heißt $q = \sigma(G) = \sigma$ *Eckenzusammenhangszahl* oder *Zusammenhangszahl* von G. Ist der Multigraph G nicht zusammenhängend, oder ist G der triviale Graph, so heißt G *0-fach zusammenhängend*, und wir setzen $\sigma(G) = 0$.
Ein nicht trivialer, zusammenhängender Multigraph G heißt *q-fach kantenzusammenhängend* ($q \in \mathbb{N}$), wenn $G - K'$ für alle $K' \subseteq K(G)$ mit $|K'| \leq q-1$ zusammenhängend ist. Ist G q-fach kantenzusammenhängend, aber nicht $(q+1)$-fach kantenzusammenhängend, so heißt $q = \lambda(G) = \lambda$ *Kantenzusammenhangszahl* von G. Ist der Multigraph G nicht zusammenhängend, oder ist G der triviale Graph, so heißt G *0-fach kantenzusammenhängend*, und wir setzen $\lambda(G) = 0$.

Bemerkung 12.1 i) Nach Definition 12.1 ist

$$\sigma(K_n) = \lambda(K_n) = \delta(K_n) = n - 1.$$

ii) Ist G ein zusammenhängender Multigraph, so ist $\lambda(G) = 1$ genau dann, wenn G eine Brücke besitzt.
iii) Ist G ein zusammenhängender Multigraph, so ist $\sigma(G) = 1$ genau dann, wenn G eine Schnittecke besitzt, oder G aus genau zwei Ecken und p parallelen Kanten besteht.

Satz 12.1 (Whitney [2] 1932) Ist G ein Multigraph, so gilt

$$\sigma(G) \leq \lambda(G) \leq \delta(G). \tag{12.1}$$

Beweis. Wir setzen $\sigma(G) = \sigma$, $\lambda(G) = \lambda$ und $\delta(G) = \delta$. Ist G nicht zusammenhängend, oder ist G der triviale Graph, so gilt nach Definition 12.1 $\sigma = \lambda = 0$, womit (12.1) erfüllt ist. Daher sei im folgenden $\kappa(G) = 1$ und $|E(G)| \geq 2$.
Zunächst zeigen wir $\lambda \leq \delta$. Nach Voraussetzung gilt $\delta \geq 1$. Ist a eine Ecke aus G mit $d(a, G) = \delta$, so entferne man aus G alle Kanten, die mit a inzidieren. Da dieser neue Graph nicht mehr zusammenhängend ist, ergibt sich sofort $\lambda \leq \delta$.
Um $\sigma \leq \lambda$ zu beweisen, können wir o.B.d.A. G als schlicht voraussetzen. Denn entfernt man aus einem Graphen alle parallelen Kanten, so bleibt die Zusammenhangszahl unverändert, während die Kantenzusammenhangszahl kleiner werden kann.
Ist $\lambda = 1$, so besitzt G nach Bemerkung 12.1 eine Brücke $k = ab$. Dann gilt aber auch $\sigma = 1$, denn entweder ist $G \cong K_2$, oder mindestens eine der beiden Ecken a, b ist eine Schnittecke.
Ist $\lambda \geq 2$, so existiert in G eine Kantenmenge $K' = \{k_1, ..., k_\lambda\}$ mit der Eigenschaft, daß $G - K'$ nicht zusammenhängend ist, und $H = G - \{k_2, ..., k_\lambda\}$ die Brücke $k_1 = ab$ besitzt. Wählt man für $2 \leq i \leq \lambda$ zu jeder Kante k_i eine inzidente Ecke $x_i \neq a, b$, so ist einer der beiden Graphen $G - \{a, x_2, ..., x_\lambda\}$ bzw. $G - \{b, x_2, ..., x_\lambda\}$ nicht zusammenhängend, oder einer dieser beiden Graphen besteht nur aus einer Ecke. Wegen $|\{x_2, ..., x_\lambda\}| \leq \lambda - 1$ ergibt sich daraus die gewünschte Ungleichung $\sigma \leq \lambda$. ||

Bemerkung 12.2 Im Zusammenhang mit der Ungleichung (12.1) von Whitney konstruierten Chartrand und Harary [1] 1968 Beispiele von Graphen G mit $\sigma(G) = p$, $\lambda(G) = q$ und $\delta(G) = r$ für beliebig vorgegebene natürliche Zahlen $0 < p \leq q \leq r$.

Beispiel 12.1 Für den skizzierten Graphen G gilt $\sigma(G) = 2$, $\lambda(G) = 3$ und $\delta(G) = 4$.

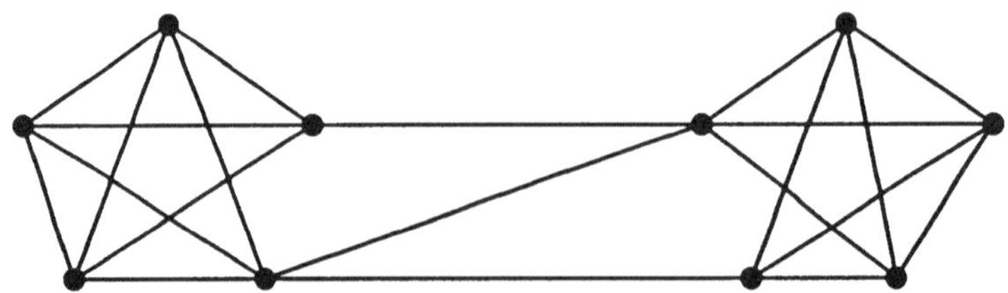

Dabei ist $\sigma = 2$, aber vor allen Dingen $\lambda = 3$ erst durch längeres "scharfes" Hinsehen zu erkennen. Mit Hilfe einiger der folgenden Resultate werden wir diese Größen nochmals bestimmen.

Satz 12.2 (Chartrand, Harary [1] 1968) Ist G ein schlichter, nicht vollständiger Graph, so gilt

$$\sigma(G) \geq 2\delta(G) + 2 - n(G).$$

Beweis. Wir wählen eine Eckenmenge $S \subseteq E(G)$ mit $|S| = \sigma(G)$, so daß $\kappa(G - S) \geq 2$ gilt. Sind H_1 und H_2 zwei Komponenten von $G - S$, so gilt für $x_i \in E(H_i)$ $(i = 1, 2)$

$$\bar{N}(x_i, G) \subseteq E(H_i) \cup S$$

und daher

$$2 + 2\delta(G) \leq |\bar{N}(x_1, G)| + |\bar{N}(x_2, G)| \leq n(G) + |S|.$$

Wegen $|S| = \sigma(G)$ folgt daraus die Behauptung. ||

Folgerung 12.1 Ist G ein schlichter Graph mit $n(G) \leq \delta(G) + 2$, so gilt $\sigma(G) = \lambda(G) = \delta(G)$.

Bemerkung 12.3 Es seien G_1 und G_2 zwei disjunkte Multigraphen sowie $x_1, ..., x_r \in E(G_1)$ und $y_1, ..., y_r \in E(G_2)$ jeweils r verschiedene Ecken aus G_1 und G_2. Ist G die Vereinigung der Graphen G_1 und G_2 zusammen mit den r neuen Kanten $x_1y_1, ..., x_ry_r$, so ist folgende Ungleichung leicht einzusehen:

$$\sigma(G) \geq \min\{\sigma(G_1), \sigma(G_2), r\}$$

Aus Folgerung 12.1 und Bemerkung 12.3 ergibt sich für den Graphen G aus Beispiel 12.1 sofort $\sigma(G) = 2$.
Das nächste Resultat liefert eine Erweiterung von Folgerung 12.1.

Satz 12.3 (Topp, Volkmann [3] 1990) Es sei G ein schlichter, p-partiter Graph mit $p \geq 2$. Ist

$$n(G) \leq \delta(G)\frac{2p-1}{2p-3},$$

so gilt $\sigma(G) = \delta(G)$.

Beweis. Es sei $E_1, ..., E_p$ eine Partition von $E(G)$ in p unabhängige Mengen. Nehmen wir an, es gilt $\sigma(G) = \sigma < \delta = \delta(G)$. Dann ist G nicht vollständig, womit eine Eckenmenge S von G mit $|S| \leq \delta - 1$ existiert, so daß $G - S$ nicht zusammenhängend ist. Nun sei G_1 eine Komponente von $G - S$ und $G_2 = G - S - E(G_1)$. Für alle $i \in J = \{1, ..., p\}$ und $j = 1, 2$ setzen wir $S_i = S \cap E_i$, $E_{i,j} = E_i \cap E(G_j)$ und $W_{i,j} = (E(G_j) \cup S) - (E_{i,j} \cup S_i)$. Weiter sei I_j für $j = 1, 2$ eine Teilmenge von J, wobei $i \in I_j$ genau dann gilt, wenn $E_{i,j} \neq \emptyset$ ist. Zur Abkürzung setzen wir $|I_1| = t$ und $|I_2| = r$.
Sei x eine beliebige Ecke von G_j, also $x \in E_{i,j}$ für ein $i \in I_j$ und $j = 1, 2$. Dann ergibt sich aus

$$|N(x, G)| \geq \delta > \delta - 1 \geq |S|$$

und

$$N(x, G) \subseteq (E(G_j) - E_{i,j}) \cup (S - S_i) = W_{i,j}:$$

$t, r \geq 2$ und $|W_{i,j}| \geq \delta$ für $i \in I_j$ und $j = 1, 2$. Außerdem gilt $|E(G_1)| = n - |S| - |E(G_2)|$, $|E(G_2)| = n - |S| - |E(G_1)|$, $|E(G_2)| \leq n - |S| - |I_1|$ und $|S_i| \leq n - \delta$ für $i \in J$. Ist o.B.d.A. $t \leq r$, so folgt aus den obigen Ungleichungen

$$\begin{aligned}
\delta(t + r) &\leq \sum_{j=1}^{2} \sum_{i \in I_j} |W_{i,j}| = \sum_{j=1}^{2} \sum_{i \in I_j} (|E(G_j)| - |E_{i,j}| + |S| - |S_i|) \\
&= (t-1)|E(G_1)| + (r-1)|E(G_2)| + (t+r)|S| - \sum_{j=1}^{2} \sum_{i \in I_j} |S_i| \\
&= (t-1)|E(G_1)| + (r-1)|E(G_2)| + (t+r-2)|S| + \sum_{j=1}^{2} \sum_{i \in J - I_j} |S_i| \\
&\leq (t-1)(n - |E(G_2)| - |S|) + (r-1)|E(G_2)| \\
&\quad + (t+r-2)|S| + (2p - t - r)(n - \delta) \\
&\leq (t-1)n + (r-t)(n - |S| - t) + (r-1)|S| + (2p - t - r)(n - \delta)
\end{aligned}$$

und damit

$$2p\delta + t(r - t) \leq n(2p - t - 1) + (t - 1)|S|.$$

Daraus ergibt sich zusammen mit der Voraussetzung $n \leq \delta \frac{2p-1}{2p-3}$ und $|S| \leq \delta - 1$:

$$2p\delta + t(r - t) \leq \delta \frac{2p - 1}{2p - 3}(2p - t - 1) + (t - 1)(\delta - 1)$$

und damit wegen $t \geq 2$:

$$(2p-3)(t-1+t(r-t)) \leq 2\delta(2-t) \leq 0$$

Da aber $p \geq 2$ und $t \leq r$ gilt, ist $(2p-3)(t-1+t(r-t)) > 0$, womit wir einen Widerspruch erzielt haben. Zusammen mit dem Satz von Whitney (Satz 12.1) folgt insgesamt $\sigma(G) = \delta(G)$. ||

Folgerung 12.2 Ist G ein schlichter und bipartiter Graph der Ordnung $n(G) \leq 3\delta(G)$, so gilt $\sigma(G) = \delta(G)$.

Für schlichte, bipartite und reguläre Graphen konnten Topp und Volkmann [3] die Voraussetzung in Folgerung 12.2 durch die Bedingung

$$n(G) < 3\delta(G) + \sqrt{2\delta(G) - 1}$$

noch abschwächen.
Für eine spezielle Klasse regulärer Graphen, den sogenannten stark regulären Graphen, zeigten Brouwer und Mesner [1] 1985 $\sigma = \delta$. Den an dieser Klasse von Graphen interessierten Leser verweisen wir auf Bose [1] 1963 und auf die Übersichtsartikel von Cameron [1] 1978 sowie Seidel [1] 1979.

Nun wenden wir uns dem Problem zu, hinreichende Bedingungen für $\lambda = \delta$ zu finden. Ein erstes solches Ergebnis (man vgl. Satz 12.5) geht auf Chartrand zurück. Zum Beweis dieses Resultats verwenden wir folgende nützliche Charakterisierung des q-fachen Kantenzusammenhangs.

Satz 12.4 Ein Multigraph G ist genau dann q-fach kantenzusammenhängend, wenn für alle $S \subseteq E(G)$ mit $S \neq E(G), \emptyset$ gilt:

$$m_G(S, \bar{S}) \geq q$$

Beweis. Es sei G q-fach kantenzusammenhängend. Ist $q = 0$, so gibt es nichts zu zeigen. Daher sei nun $q \geq 1$. Angenommen, es gibt eine Eckenmenge S in G mit $S \neq E(G), \emptyset$ und $m_G(S, \bar{S}) = r < q$. Entfernt man aus G die r Kanten zwischen S und $\bar{S}$, so zerfällt der zusammenhängende Graph G in verschiedene Komponenten, was einen Widerspruch zur Voraussetzung bedeutet.
Nun gelte umgekehrt $m_G(S, \bar{S}) \geq q$ für alle $S \subseteq E(G)$ mit $S \neq E(G), \emptyset$. Der Fall $q = 0$ ist sofort klar. Sei also $q \geq 1$. Angenommen,

es existiert eine Kantenmenge K' mit $|K'| = r < q$, so daß $G - K'$ aus mindestens zwei Komponenten besteht. Ist A die Eckenmenge einer Komponente von $G - K'$, so gilt $A \neq E(G), \emptyset$ und $m_G(A, \bar{A}) \leq r < q$, was einen Widerspruch zur Voraussetzung ergibt. ||

Satz 12.5 (Chartrand [1] 1966) Ist G ein schlichter Graph der Ordnung $n(G) \leq 2\delta(G) + 1$, so gilt $\lambda(G) = \delta(G)$.

Beweis. Ist $\delta(G) = 0$, so ist nichts zu beweisen. Im Fall $\delta(G) \geq 1$ wollen wir für jede echte Teilmenge $S \neq \emptyset$ von $E(G)$ die Ungleichung $m_G(S, \bar{S}) \geq \delta(G)$ nachweisen. Es gelte o.B.d.A. $1 \leq |S| \leq \frac{1}{2}n(G)$, also $1 \leq |S| \leq \delta(G)$. Da G schlicht ist, folgt $2|K(G[S])| \leq |S|(|S| - 1)$, woraus sich

$$m_G(S, \bar{S}) \geq |S|\delta(G) - |S|(|S| - 1) \geq \delta(G)|S| - \delta(G)(|S| - 1) = \delta(G)$$

ergibt. Zusammen mit den Sätzen 12.1 und 12.4 erhält man daraus das gewünschte Resultat. ||

Ein Analogon zu Bemerkung 12.3 ist

Bemerkung 12.4 Es seien G_1 und G_2 zwei disjunkte Multigraphen. Ist G die Vereinigung der Graphen G_1 und G_2 zusammen mit r neuen Kanten, die G_1 mit G_2 verbinden, so gilt

$$\lambda(G) \geq \min\{\lambda(G_1), \lambda(G_2), r\}.$$

Aus dieser Bemerkung und Satz 12.5 ergibt sich für den Graphen G aus Beispiel 12.1 sofort $\lambda(G) = 3$.

Das Ergebnis von Chartrand erfuhr die folgenden interessanten Verallgemeinerungen.

Satz 12.6 (Lesniak [1] 1974) Gilt für alle verschiedenen, nicht adjazenten Ecken x und y eines schlichten Graphen G die Bedingung $d(x, G) + d(y, G) \geq n(G) - 1$, so ist $\lambda(G) = \delta(G)$.

Satz 12.7 (Plesnik [1] 1975) Es sei G ein schlichter Graph. Ist der Durchmesser $\mathrm{dm}(G) \leq 2$, so gilt $\lambda(G) = \delta(G)$.

Satz 12.8 (Plesnik, Znám [1] 1989) Es sei G ein schlichter, zusammenhängender Graph. Gibt es in G keine vier Ecken a_1, b_1, a_2, b_2 mit

$$d(a_1, a_2),\ d(a_1, b_2),\ d(b_1, a_2),\ d(b_1, b_2) \geq 3, \tag{12.2}$$

so gilt $\lambda = \lambda(G) = \delta(G) = \delta$.

Beweis. Im Fall $n(G) = 1$ ist alles klar. Im Fall $n(G) \geq 2$ nehmen wir an, daß $\lambda < \delta$ ist. Nun existiert eine Kantenmenge $K' \subseteq K(G)$ mit $|K'| = \lambda$, so daß $G - K'$ aus genau zwei Komponenten G_1 und G_2 besteht. Wir setzen $S = E(G_1)$ und $\bar{S} = E(G_2)$. Weiter seien $S_1 \subseteq S$ und $\bar{S}_1 \subseteq \bar{S}$ diejenigen Eckenmengen, die mit den Kanten aus K' inzidieren und $S_0 = S - S_1$ sowie $\bar{S}_0 = \bar{S} - \bar{S}_1$ (man vgl. die Skizze).

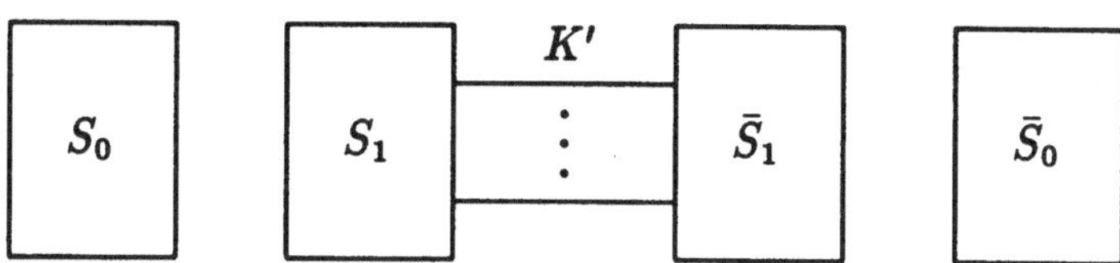

Wären $|S_0| \geq 2$ und $|\bar{S}_0| \geq 2$, so gäbe es vier Ecken $a_1, b_1 \in S_0$ und $a_2, b_2 \in \bar{S}_0$, die die Abstandsbedingung (12.2) erfüllen würden. Daher gelte o.B.d.A. $s_0 = |S_0| \leq 1$. Wegen $s_1 = |S_1| \leq \lambda$ ergibt sich aus der Schlichtheit von G und unserer Annahme $\lambda < \delta$ im Fall $s_0 = 0$ einerseits

$$\sum_{x \in S} d(x, G) \leq s_1(s_1 - 1) + \lambda \leq \lambda(s_1 - 1) + \lambda = \lambda s_1$$

und andererseits

$$\sum_{x \in S} d(x, G) \geq s_1 \delta \geq s_1(\lambda + 1) = \lambda s_1 + s_1,$$

was offensichtlich nicht möglich ist. Im noch verbleibenden Fall $s_0 = 1$ erhalten wir die beiden Ungleichungen

$$\sum_{x \in S} d(x, G) \leq (s_1 + 1)s_1 + \lambda \leq \lambda s_1 + s_1 + \lambda,$$

$$\sum_{x \in S} d(x, G) \geq (s_1 + 1)\delta \geq (s_1 + 1)(\lambda + 1) = \lambda s_1 + s_1 + \lambda + 1,$$

die sich auch widersprechen. Daher liefert uns der Satz von Whitney die gewünschte Aussage. ||

Bemerkung 12.5 Folgende Implikationskette ist leicht einzusehen: Satz 12.8 $\Longrightarrow$ Satz 12.7 $\Longrightarrow$ Satz 12.6 $\Longrightarrow$ Satz 12.5.

Zum Abschluß dieses Abschnitts beweisen wir ein zum Satz 12.3 analoges Resultat für den Kantenzusammenhang.

Satz 12.9 (Volkmann [3] 1989) Es sei G ein schlichter, p-partiter Graph ($p \geq 2$) vom Minimalgrad $\delta = \delta(G)$ und von der Ordnung $n = n(G)$. Ist

$$n \leq 2\left\lfloor \frac{p\delta}{p-1} \right\rfloor - 1,$$

so gilt $\lambda(G) = \lambda = \delta$.

Beweis. Für jede echte Teilmenge $S \neq \emptyset$ von $E(G)$ wollen wir die Ungleichung $m_G(S, \bar{S}) \geq \delta$ nachweisen. Für S gelte nun o.B.d.A. $1 \leq |S| \leq \frac{n}{2}$ und damit nach Voraussetzung $1 \leq |S| \leq \lfloor \frac{p\delta}{p-1} \rfloor - \frac{1}{2}$. Da $|S|$ ganzzahlig ist, folgt daraus

$$1 \leq |S| \leq \left\lfloor \frac{p\delta}{p-1} \right\rfloor - 1 \leq \frac{p\delta}{p-1} - 1. \tag{12.3}$$

Es sei $E_1, ..., E_p$ eine Partition von $E(G)$ in p unabhängige Mengen. Setzen wir $s_i = |E_i \cap S|$, $G' = G[S]$ und $s = |S| = s_1 + ... + s_p$, so ergibt sich aus dem Handschlaglemma

$$\begin{aligned}
2|K(G')| &= \sum_{i=1}^{p} \sum_{x \in S \cap E_i} d(x, G') \leq \sum_{i=1}^{p} |S \cap E_i||S - E_i| \\
&= \sum_{i=1}^{p} s_i(s - s_i) = s^2 - \sum_{i=1}^{p} s_i^2 \\
&= s^2 - \frac{1}{p}\Big(\sum_{i=1}^{p} s_i^2 + \sum_{i<j}(s_i^2 + s_j^2)\Big) \\
&\leq s^2 - \frac{1}{p}\Big(\sum_{i=1}^{p} s_i^2 + 2\sum_{i<j} s_i s_j\Big) \\
&= s^2 - \frac{1}{p}\Big(\sum_{i=1}^{p} s_i\Big)^2 = s^2 - \frac{s^2}{p} = \frac{p-1}{p}s^2.
\end{aligned}$$

Daraus folgt

$$m_G(S, \bar{S}) \geq \delta s - \frac{p-1}{p}s^2. \tag{12.4}$$

Um $m_G(S, \bar{S})$ weiter nach unten abzuschätzen, setzen wir

$$g(x) = -\frac{p-1}{p}x^2 + \delta x$$

und bestimmen wegen (12.3) das Minimum der Parabel g im Intervall $I:\ 1 \leq x \leq \frac{p\delta}{p-1} - 1$. Weil

$$\min_{x \in I}\{g(x)\} = g(1) = g\Big(\frac{p\delta}{p-1} - 1\Big) = \delta - \frac{p-1}{p}$$

ist, ergibt sich somit aus (12.4)

$$m_G(S, \bar{S}) \geq \delta - \frac{p-1}{p}.$$

Da $m_G(S, \bar{S})$ und δ ganze Zahlen sind, und weil $0 < \frac{p-1}{p} < 1$ gilt, folgt daraus $m_G(S, \bar{S}) \geq \delta$. Die Sätze 12.1 und 12.4 liefern uns schließlich die Behauptung. ||

Folgerung 12.3 (Volkmann [1] 1988) Ist G schlicht und bipartit mit $n \leq 4\delta - 1$, so gilt $\lambda = \delta$.

Beweis. Setzt man in Satz 12.9 $p = 2$, so erhält man das gewünschte Ergebnis. ||

Plesnik und Znám [1] haben 1989 Folgerung 12.3 durch eine Abstandsbedingung verallgemeinert, die derjenigen aus Satz 12.8 sehr ähnlich ist. Weitere hinreichende Bedingungen für $\lambda = \delta$ und Abschätzungen von λ findet man in den Arbeiten von Bollobás [2] 1979, Goldsmith und Entringer [1] 1979, Esfahanian [1] 1985 sowie Soneoka, Nakada, Imase und Peyrat [1].

12.2 Mehrfacher Bogenzusammenhang

Definition 12.2 Ein nicht trivialer, stark zusammenhängender Multidigraph D heißt *q-fach stark zusammenhängend* ($q \in \mathbb{N}$), wenn $|E(D)| \geq q + 1$ gilt, und $D - E'$ für alle $E' \subseteq E(D)$ mit $|E'| \leq q - 1$ stark zusammenhängend ist. Ist D q-fach stark zusammenhängend, aber nicht $(q+1)$-fach stark zusammenhängend, so heißt $q = \tau(D) = \tau$ *starke Zusammenhangszahl* von D. Ist D nicht stark zusammenhängend, oder ist D der triviale Digraph, so heißt D *0-fach stark zusammenhängend*, und wir setzen $\tau(D) = 0$.
Ein nicht trivialer, stark zusammenhängender Multidigraph D heißt *q-fach bogenzusammenhängend* ($q \in \mathbb{N}$), wenn $D - B'$ für alle $B' \subseteq$

$B(D)$ mit $|B'| \leq q-1$ stark zusammenhängend ist. Ist D q-fach bogenzusammenhängend, aber nicht $(q+1)$-fach bogenzusammenhängend, so heißt $q = \eta(D) = \eta$ *Bogenzusammenhangszahl* von D. Ist D nicht stark zusammenhängend, oder ist D der triviale Digraph, so heißt D *0-fach bogenzusammenhängend*, und wir setzen $\eta(D) = 0$.

Definition 12.3 Ist D ein Digraph, und sind A und B zwei disjunkte Teilmengen aus $E(D)$, so bezeichnen wir mit $m_D(A, B)$ die Anzahl der Bogen, die ihre Anfangsecke in A und ihre Endecke in B besitzen. Im Fall $A = \{a\}$ und $B = \{b\}$ schreiben wir kurz $m_D(a, b)$ (man vgl. Definition 1.6).

Satz 12.10 Ein Multidigraph D ist genau dann q-fach bogenzusammenhängend, wenn für alle $S \subseteq E(D)$ mit $S \neq E(D), \emptyset$ gilt:

$$m_D(S, \bar{S}) \geq q$$

Beweis. Es sei D q-fach bogenzusammenhängend. Ist $q = 0$, so gibt es nichts zu beweisen. Daher sei nun $q \geq 1$. Angenommen, es gibt eine Eckenmenge S in D mit $S \neq E(D), \emptyset$ und $m_D(S, \bar{S}) = r < q$. Entfernt man aus D die r Bogen von S nach $\bar{S}$, so ist der verbleibende Digraph nicht mehr stark zusammenhängend, was einen Widerspruch zur Voraussetzung bedeutet.
Nun gelte umgekehrt $m_D(S, \bar{S}) \geq q$ für alle $S \subseteq E(D)$ mit $S \neq E(D), \emptyset$. Ist $q = 0$, so sind wir fertig. Sei also $q \geq 1$. Angenommen, es existiert eine Bogenmenge $B' \subseteq B(D)$ mit $|B'| = r < q$, so daß $D' = D - B'$ nicht stark zusammenhängend ist. Dann gibt es eine Ecke a in D, so daß nicht alle Ecken in D' von a aus erreichbar sind. Es sei $S = S(a)$ diejenige Eckenmenge von $E(D)$, die in D' von a aus erreichbar ist. Insbesondere gilt $a \in S$ und somit $S \neq E(D), \emptyset$. Nach Voraussetzung ist

$$m_{D'}(S, \bar{S}) \geq m_D(S, \bar{S}) - r \geq q - r \geq 1,$$

womit in D' mindestens ein Bogen von S nach $\bar{S}$ existiert, was nach Definition von S aber nicht möglich ist. ||

Definition 12.4 Es sei G ein Multigraph. Ersetzt man in G jede Kante durch zwei entgegengesetzt gerichtete Bogen, so erhält man einen eindeutig definierten Multidigraphen $D(G)$. $D(G)$ heißt der dem Graphen G *zugeordnete Digraph*.

Satz 12.11 Ist G ein Multigraph, so gilt:

i) Es gibt eine bijektive Zuordnung der Wege von G (mit Berücksichtigung des Anfangspunktes gemäß Definition 1.9) zu den orientierten Wegen von $D(G)$.

ii) $\sigma(G) = \tau(D(G))$.

iii) $\lambda(G) = \eta(D(G))$.

Beweis. i) Nach Definition von $D(G)$ ist die Aussage klar.
ii) Für $E' \subseteq E(G) = E(D(G))$ ergibt sich $\sigma(G) = \tau(D(G))$ aus der Tatsache, daß $G - E'$ genau dann zusammenhängend ist, wenn $D(G) - E'$ stark zusammenhängend ist.
iii) Ist G q-fach kantenzusammenhängend, so gilt für alle $S \subseteq E(G)$ mit $S \neq E(G), \emptyset$ nach Satz 12.4: $m_G(S, \bar{S}) \geq q$. Aus der Definition von $D(G)$ folgt dann wegen $E(G) = E(D(G))$ sofort $m_{D(G)}(S, \bar{S}) \geq q$ und daher zusammen mit Satz 12.10 der q-fache Bogenzusammenhang von $D(G)$. Analog zeigt man die umgekehrte Richtung, womit iii) bewiesen ist. ||

Definition 12.5 Ist D ein Digraph, so setzen wir

$$\delta(D) = \min\{\delta^+(D), \delta^-(D)\}.$$

Bemerkung 12.6 Ist D ein schlichter Digraph mit $n(D) = \delta(D)+1$, so gilt $D = D(K_{n(D)})$ und damit nach Bemerkung 12.1 und Satz 12.11

$$\tau(D) = \eta(D) = \delta(D) = n(D) - 1.$$

Ähnlich wie Satz 12.1 von Whitney beweist man

Satz 12.12 Ist D ein Multidigraph, so gilt

$$\tau(D) \leq \eta(D) \leq \delta(D). \tag{12.5}$$

Folgendes Analogon zum Satz 12.2 läßt sich beweisen.

Satz 12.13 Ist D ein schlichter Digraph mit $n(D) \geq \delta(D)+2$, so gilt

$$\tau(D) \geq 2\delta(D) + 2 - n(D).$$

Im Zusammenhang mit der Konstruktion von "guten Einbahnstraßensystemen" ist folgendes Ergebnis von Robbins aus dem Jahre 1939 interessant.

Satz 12.14 (Robbins [1] 1939) Ist G ein 2-fach kantenzusammenhängender Multigraph, so besitzt G eine stark zusammenhängende Orientierung.

Dieses Resultat von Robbins folgt induktiv aus dem nächsten Satz, der sich mit sogenannten gemischten Graphen beschäftigt, die wir in der folgenden Definition kurz erklären werden.

Definition 12.6 Ein *gemischter Graph* $Q = (E(Q), K(Q))$ besteht aus einer Eckenmenge $E(Q)$ und einer Menge von Kanten und Bogen $K(Q)$.

$$W = (a_0, k_1, a_1, k_2, a_2, ..., a_{i-1}, k_i, a_i, ..., k_s, a_s)$$

heißt *orientierter Weg* von Q, wenn die Ecken a_i paarweise verschieden sind, und k_i eine Kante oder ein Bogen von a_{i-1} nach a_i ist. Q heißt *stark zusammenhängend*, wenn für je zwei Ecken a, b ein orientierter Weg von a nach b und von b nach a existiert.

Satz 12.15 (Boesch, Tindell [1] 1980) Es sei Q ein stark zusammenhängender gemischter Graph ohne Schlingen und k eine Kante von Q. Genau dann kann k so orientiert werden, daß der neu entstehende gemischte Graph wieder stark zusammenhängend ist, wenn k keine Brücke des untergeordneten Graphen G von Q ist.

Beweis. Die angegebene Bedingung ist offensichtlich notwendig. Für die Umkehrung nehmen wir an, daß keine Orientierung von $k = ab$ zu einem stark zusammenhängenden gemischten Graphen führt. Dann bleibt zu zeigen, daß k eine Brücke von G ist.
Setzt man $H = Q - k$, so gibt es wegen unserer Annahme in H keinen orientierten Weg von a nach b und keinen orientierten Weg von b nach a. Ist $S = S(a)$ diejenige Eckenmenge von $E(Q)$, die man in H durch einen orientierten Weg von a aus erreichen kann, so gibt es in H für alle $x \in S$ auch einen orientierten Weg von x nach a. Denn nach Voraussetzung existiert in Q ein orientierter Weg von x nach a. Würde k zu diesem Weg gehören, so gäbe es in H einen orientierten Weg von a über x nach b, im Widerspruch zur obigen Aussage.
Wegen $b \in \bar{S}$ ist $\bar{S} \neq \emptyset$, und zu jeder Ecke y aus $\bar{S}$ existiert in H ein orientierter Weg von b nach y. Denn in Q gibt es einen orientierten Weg von b nach y. Dieser Weg kann die Kante k nicht enthalten, weil sonst $y \in S$ gelten würde.
Nach diesen Überlegungen zeigen wir, daß k die einzige Kante des

untergeordneten Graphen G ist, die von S nach $\bar{S}$ geht.
Denn nach Definition von S kann es in H keine Kante und keinen Bogen von S nach $\bar{S}$ geben. Würde in H ein Bogen von $\bar{S}$ nach S existieren, so gäbe es in H auch einen Weg von b nach a, was aber nicht möglich ist. ||

Im Jahre 1960 gab Nash-Williams eine tiefliegende Verallgemeinerung des Satzes von Robbins.

Satz 12.16 (Nash-Williams [1] 1960) Ist G ein $2p$-fach kantenzusammenhängender Multigraph ($p \in \mathbb{N}$), so besitzt G eine p-fach bogenzusammenhängende Orientierung.

Für eine Verallgemeinerung dieses Resultats vgl. man Mader [3] 1978. Da der Beweis des Satzes sehr lang ist, begnügen wir uns mit dem Beweis eines Spezialfalles, der uns gleichzeitig eine Methode liefert, eine solche Orientierung zu konstruieren.

Satz 12.17 Es seien $q, s \in \mathbb{N}$ mit $s - 1 \le \frac{q}{2}$. Ist G ein q-fach kantenzusammenhängender Multigraph mit $2s$ Ecken ungeraden Grades, so besitzt G eine $(\lfloor \frac{q}{2} \rfloor + 1 - s)$-fach bogenzusammenhängende Orientierung.

Beweis. Verbindet man $2(s-1)$ Ecken ungeraden Grades paarweise durch $s-1$ neue Kanten, so entsteht ein semi-Eulerscher Multigraph H. Es sei $(a_0, k_1, a_1, \dots, k_m, a_m)$ ein Eulerscher Kantenzug von H. Gibt man jeder Kante k_i die Orientierung $\tilde{k}_i = (a_{i-1}, a_i)$ für $1 \le i \le m$, so erhalten wir eine Orientierung R von H. Ist $S \subseteq E(G)$ mit $S \ne E(G), \emptyset$, so gilt nach Voraussetzung und Satz 12.4

$$m_H(S, \bar{S}) \ge m_G(S, \bar{S}) = r \ge q.$$

Ist nun $(a_0, \tilde{k}_1, a_1, \dots, \tilde{k}_m, a_m)$ der entsprechende orientierte Eulersche Kantenzug von R, so erkennt man, daß die Anzahl der Bogen von S nach $\bar{S}$ und $\bar{S}$ nach S sich maximal um 1 unterscheiden kann. Daraus ergibt sich sofort

$$m_R(S, \bar{S}) \ge \left\lfloor \frac{r}{2} \right\rfloor \ge \left\lfloor \frac{q}{2} \right\rfloor.$$

Entfernt man aus R die $s-1$ Bogen, die den $s-1$ hinzugefügten Kanten entsprechen, so erhält man eine Orientierung D von G mit

$$m_D(S, \bar{S}) \ge m_R(S, \bar{S}) - (s-1) \ge \left\lfloor \frac{q}{2} \right\rfloor + 1 - s \ge 0,$$

womit die Orientierung D von G nach Satz 12.10 ($\lfloor \frac{q}{2} \rfloor + 1 - s$)-fach bogenzusammenhängend ist. ||

Setzt man in Satz 12.17 $q = 2p$ und $s = 1$, so erhält man den angekündigten Spezialfall des Satzes von Nash-Williams.

Folgerung 12.4 Ein $2p$-fach kantenzusammenhängender und semi-Eulerscher Multigraph G besitzt eine p-fach bogenzusammenhängende Orientierung D.

Beispiel 12.2 Gegeben sei der skizzierte schlichte, semi-Eulersche Graph G mit $\delta(G) = 4$.

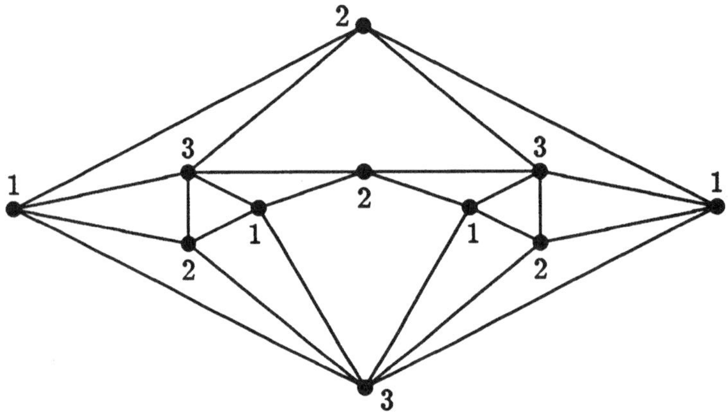

Die angegebene Eckenfärbung zeigt, daß $\chi(G) = 3$ gilt, womit der Graph 3-partit ist. Nach Satz 12.9 ist G daher 4-fach kantenzusammenhängend (dies läßt sich auch mit Satz 12.8 nachweisen). Nach Folgerung 12.4 besitzt G eine 2-fach bogenzusammenhängende Orientierung D. Eine solche Orientierung ergibt sich unmittelbar aus einem Eulerschen Kantenzug von G.

12.3 Die Mengerschen Sätze

Definition 12.7 Es sei D ein schlichter Digraph und a, b zwei verschiedene Ecken von D. Zwei orientierte Wege von a nach b heißen *kreuzungsfrei* in D, falls sie außer a und b keine weitere gemeinsame Ecke besitzen. Liegen p orientierte Wege ($p \geq 3$) von a nach b vor, so heißen diese *kreuzungsfrei*, wenn sie paarweise kreuzungsfrei sind.

Gehört der Bogen (a, b) nicht zu D, so heißt b von a aus *q-fach erreichbar* in D ($q \in \mathbb{N}$), wenn für alle $S \subseteq E(D) - \{a, b\}$ mit $|S| \leq q - 1$ die Ecke b in $D - S$ von a aus erreichbar ist. Gibt es in D keinen orientierten Weg von a nach b, so ist b von a aus *0-fach erreichbar.*

Von den nächsten 8 Sätzen wurden Satz 12.19 von Menger [1] 1927 und Satz 12.21 von Whitney [2] 1932 publiziert. Wegen der Ähnlichkeit und Verwandtheit dieser Sätze, und da Menger als erster ein solches Resultat veröffentlicht hat, nennt man heute alle diese Ergebnisse "Mengersche Sätze".

Satz 12.18 Es sei D ein schlichter Digraph und a, b zwei verschiedene Ecken von D, die durch keinen Bogen (a, b) verbunden sind. Die Ecke b ist genau dann von a aus q-fach erreichbar in D, wenn es q kreuzungsfreie orientierte Wege von a nach b in D gibt.

Beweis. **(McCuaig [1] 1984)** Gibt es q kreuzungsfreie orientierte Wege von a nach b, so ist b von a aus q-fach erreichbar. Denn entfernt man aus D höchstens $q - 1$ Ecken, so bleibt mindestens einer der q kreuzungsfreien orientierten Wege von a nach b erhalten.
Die Umkehrung beweisen wir durch vollständige Induktion nach q, wobei die Aussage für $q = 0, 1$ sofort ersichtlich ist.
Ist b von a aus $(q+1)$-fach erreichbar, so existieren nach Induktionsvoraussetzung q kreuzungsfreie orientierte Wege $P_1, ..., P_q$ von a nach b in D. Es sei A die Menge der Ecken, die auf den q Wegen $P_1, ..., P_q$ der Ecke a unmittelbar folgen. Dann ist $|A| = q$, und da es keinen Bogen (a, b) gibt, ist $b \in E(D) - A$, und die Ecke b ist in $D - A$ von a aus erreichbar. Es sei P ein orientierter Weg von a nach b in $D - A$ und $x \neq a$ die erste Ecke von P, die auch auf einem Weg P_i liegt $(1 \leq i \leq q)$. Mit P_{q+1} bezeichnen wir den (a, x)-Abschnitt des orientierten Weges P.
Nun seien $P_1, ..., P_q, P$ so gewählt, daß der Abstand (d.h. die Länge eines kürzesten orientierten Weges) von x nach b in $D - a$ minimal ist. Ist $x = b$, so sind wir fertig. Also nehmen wir an, daß $x \neq b$ gilt.
In $D - x$ ist b von a aus q-fach erreichbar, womit nach Induktionsvoraussetzung q kreuzungsfreie orientierte Wege $W_1, ..., W_q$ von a nach b in $D - x$ existieren. Wir wählen die orientierten Wege $W_1, ..., W_q$ so, daß

$$\left|\left(\bigcup_{i=1}^{q} B(W_i)\right) \cap \left(B(D) - \bigcup_{i=1}^{q+1} B(P_i)\right)\right|$$

minimal wird.
Der Digraph Q bestehe aus allen Ecken und Bogen von $W_1, ..., W_q$ und der Ecke x. Nun wählen wir einen orientierten Weg P_j $(1 \leq j \leq q+1)$, dessen erster Bogen nicht zu $B(Q)$ gehört, und es sei $y \neq a$ die erste Ecke von P_j, die in $E(Q)$ liegt. Ist $y = b$, so sind wir fertig. Annahme, $y \neq b$. Im folgenden werden wir zeigen, daß dieser Fall nicht eintreten kann.
Ist $y = x$, so sei V der kürzeste orientierte Weg von x nach b in $D - a$ und z die erste Ecke von V auf einem orientierten Weg W_i. Dann ist aber in $D - a$ der Abstand von z zu b geringer als der Abstand von x zu b, womit wir einen Widerspruch zur Wahl der Wege $P_1, ..., P_q, P$ erzeugt haben.
Ist $y \in E(W_r)$ für ein $1 \leq r \leq q$, so liegt auf dem (a, y)-Abschnitt von W_r ein Bogen, der zu keinem $P_1, ..., P_{q+1}$ gehört, denn sonst hätten zwei orientierte Wege aus $\{P_1, ..., P_{q+1}\}$ die Ecke y gemeinsam, die nicht zu der Menge $\{a, b, x\}$ gehört. Ersetzen wir den (a, y)-Abschnitt von W_r durch den (a, y)-Abschnitt von P_j, so erhalten wir einen Widerspruch zur Wahl der Wege $W_1, ..., W_q$. ||

Definition 12.8 Es sei G ein schlichter Graph und a, b zwei verschiedene Ecken aus G. Zwei Wege von a nach b heißen *kreuzungsfrei* in G, falls sie außer a und b keine weitere gemeinsame Ecke besitzen. Liegen p Wege $(p \geq 3)$ von a nach b vor, so heißen diese *kreuzungsfrei*, wenn sie paarweise kreuzungsfrei sind.
Sind a, b nicht adjazent, so heißen a und b *q-fach zusammenhängend* in G $(q \in \mathbb{N})$, wenn für alle $S \subseteq E(G) - \{a, b\}$ mit $|S| \leq q - 1$ ein Weg von a nach b in $G - S$ existiert. Gibt es in G keinen Weg von a nach b, so sind die beiden Ecken *0-fach zusammenhängend* in G.

Mit Hilfe der Sätze 12.11 und 12.18 können wir leicht die ungerichtete Form des Mengerschen Satzes 12.18 beweisen.

Satz 12.19 Es sei G ein schlichter Graph und a, b zwei verschiedene, nicht adjazente Ecken von G. Die Ecken a und b sind genau dann q-fach zusammenhängend in G, wenn es q kreuzungsfreie Wege von a nach b in G gibt.

Beweis. Gibt es q kreuzungsfreie Wege von a nach b, so sind a und b natürlich q-fach zusammenhängend.
Sind umgekehrt die Ecken a und b in G q-fach zusammenhängend, so sei $D(G)$ der dem Graphen G zugeordnete Digraph. Da a und b in G

nicht adjazent sind, gibt es in $D(G)$ keinen Bogen (a,b) und keinen Bogen (b,a). Wegen Satz 12.11 ist die Ecke b in $D(G)$ von a aus q-fach erreichbar. Damit existieren nach Satz 12.18 q kreuzungsfreie, orientierte Wege von a nach b in $D(G)$ und daher wieder nach Satz 12.11 q kreuzungsfreie Wege von a nach b in G. ||

Satz 12.20 Es sei $q \in \mathbf{N}$ und D ein schlichter Digraph der Ordnung $|E(D)| \geq q+1$. D ist genau dann q-fach stark zusammenhängend, wenn zwischen je zwei Ecken q kreuzungsfreie orientierte Wege existieren.

Beweis. Es sei D q-fach stark zusammenhängend. Angenommen, es gibt zwei Ecken a und b in G, so daß von a nach b maximal $p < q$ kreuzungsfreie, orientierte Wege in G existieren.
Gibt es in D keinen Bogen (a,b), so ist nach Satz 12.18 die Ecke b von a aus höchstens p-fach in D erreichbar, womit eine Menge $S \subseteq E(D) - \{a,b\}$ mit $|S| \leq p < q$ existiert, so daß die Ecke b in $D - S$ von a aus nicht mehr erreichbar ist. Das ergibt einen Widerspruch zur Voraussetzung, daß D q-fach stark zusammenhängend ist.
Existiert ein Bogen $k = (a,b)$, so gibt es in $D - k$ höchstens $p-1$ kreuzungsfreie, orientierte Wege von a nach b. Nach Satz 12.18 existiert eine Menge $S \subseteq E(D) - \{a,b\}$ mit $|S| \leq p-1$, so daß die Ecke b in $D' = (D-k) - S$ von a aus nicht mehr erreichbar ist. Nun bedeute $M^+(a)$ die Menge aller Ecken von D', die in D' von a aus erreichbar sind (insbesondere ist $a \in M^+(a)$), und $R = (E(D') - M^+(a)) - \{b\}$. Ist $R \neq \emptyset$ und $u \in R$, so ist in $D' - b = D - (S \cup \{b\})$ die Ecke u von a aus nicht erreichbar, womit wir einen Widerspruch zum q-fachen starken Zusammenhang von D erzielt haben.
Ist $R = \emptyset$, so existiert eine Ecke $v \in M^+(a)$ mit $v \neq a$. Denn anderenfalls würde nach Définition von R gelten: $E(D') = \{a,b\}$, im Widerspruch zu $|E(D)| \geq q+1$. Daher ist in $D' - a = D - (S \cup \{a\})$ die Ecke b von v aus nicht erreichbar, womit wir auch in diesem Fall einen Widerspruch zum q-fachen starken Zusammenhang von D gefunden haben.
Umgekehrt soll es nun zwischen je zwei Ecken mindestens q kreuzungsfreie, orientierte Wege geben. Angenommen, D ist nicht q-fach stark zusammenhängend. Wegen $|E(D)| \geq q+1$ existiert dann eine Menge $S \subseteq E(D)$ mit $|S| \leq q-1$, so daß $D-S$ nicht stark zusammenhängend ist. Damit gibt es in $D - S$ zwei Ecken a und b, so daß in $D - S$ kein orientierter Weg von a nach b existiert. Das widerspricht aber der Tatsache, daß es mindestens q kreuzungsfreie, orientierte Wege von a

nach b in D gibt. ||

Aus den Sätzen 12.11 und 12.20 folgt leicht die ungerichtete Form von Satz 12.20.

Satz 12.21 Es sei $q \in \mathbf{N}$ und G ein schlichter Graph der Ordnung $|E(G)| \geq q+1$. G ist genau dann q-fach zusammenhängend, wenn zwischen je zwei Ecken q kreuzungsfreie Wege existieren.

Beweis. Gibt es zwischen je zwei Ecken q kreuzungsfreie Wege, so ist G q-fach zusammenhängend (man vgl. den Beweis von Satz 12.20). Ist umgekehrt G q-fach zusammenhängend, so sei $D(G)$ der dem Graphen G zugeordnete Digraph. Nach Satz 12.11 ist $D(G)$ q-fach stark zusammenhängend. Damit gibt es nach Satz 12.20 zwischen je zwei Ecken q kreuzungsfreie, orientierte Wege in $D(G)$ und daher wieder nach Satz 12.11 q kreuzungsfreie Wege in G. ||

Mit analogen Überlegungen lassen sich die Mengerschen Sätze beweisen, die den mehrfachen Bogen- bzw. Kantenzusammenhang charakterisieren.

Satz 12.22 Es sei D ein schlichter Digraph und a, b zwei verschiedene Ecken von D. Es gibt genau dann q bogendisjunkte, orientierte Wege ($q \in \mathbf{N}$) von a nach b in D, wenn es für alle $B' \subseteq B(D)$ mit $|B'| \leq q-1$ einen orientierten Weg von a nach b in $D - B'$ gibt.

Satz 12.23 Es sei G ein schlichter Graph und a, b zwei verschiedene Ecken von G. Es gibt genau dann q kantendisjunkte Wege ($q \in \mathbf{N}$) von a nach b in D, wenn es für alle $K' \subseteq K(G)$ mit $|K'| \leq q-1$ einen Weg von a nach b in $G - K'$ gibt.

Satz 12.24 Es sei D ein schlichter Digraph. D ist genau dann q-fach bogenzusammenhängend ($q \in \mathbf{N}$), wenn zwischen je zwei Ecken q bogendisjunkte, orientierte Wege existieren.

Satz 12.25 Es sei G ein schlichter Graph. G ist genau dann q-fach kantenzusammenhängend ($q \in \mathbf{N}$), wenn zwischen je zwei Ecken q kantendisjunkte Wege existieren.

Der Abschnitt 13.3 über Anwendungen der Netzwerktheorie liefert alternative Beweise der Mengerschen Sätze.

Diejenigen Leser, die an Erweiterungen, Verallgemeinerungen und Anwendungen der Mengerschen Sätze und an Problemen des mehrfachen Zusammenhangs interessiert sind, seien auf den Übersichtsartikel von Mader [4] aus dem Jahre 1979 und z.B. auf die neueren Arbeiten von Aharoni [1] 1987, Mader [5] 1986, Mader [6] 1988 und Mader [8] 1989 verwiesen.

12.4 Unabhängige Mengen und Hamiltonkreise

Satz 12.26 Es sei G ein schlichter und q-fach zusammenhängender Graph. Sind $a, x_1, x_2, ..., x_q$ paarweise verschiedene Ecken aus G, so existieren q Wege von a nach x_i für $i = 1, ..., q$, die paarweise nur die Ecke a gemeinsam haben.

Beweis. Aus G konstruieren wir einen Graphen H, indem wir eine neue Ecke u und die Kanten ux_i für $i = 1, .., q$ zu G hinzufügen. Nach Voraussetzung und Definition 12.1 ist H auch q-fach zusammenhängend. Daher existieren nach Satz 12.21 q kreuzungsfreie Wege von a nach u in H, deren Einschränkung auf G die gewünschten q Wege von a nach x_i liefert. ||

Mit Hilfe dieses Satzes wollen wir ein interessantes hinreichendes Kriterium für Hamiltonsche Graphen herleiten, das Chvátal und Erdös [1] 1972 aufgestellt haben.

Satz 12.27 (Chvátal, Erdös [1] 1972) Es sei G ein schlichter Graph mit $|E(G)| \geq 3$. Gilt $\sigma(G) \geq \alpha(G)$, so ist G Hamiltonsch.

Beweis. Ist die Unabhängigkeitszahl $\alpha(G) = 1$, so ist G ein vollständiger Graph mit mindestens drei Ecken, womit G einen Hamiltonkreis besitzt. Sei nun $\alpha(G) \geq 2$ und damit nach Voraussetzung $q = \sigma(G) \geq \alpha(G) \geq 2$. Dann besitzt G nach Satz 1.9 und wegen $q \leq \delta(G)$ einen Kreis mit mehr als q Ecken. Ist C ein längster Kreis von G, so wollen wir zeigen, daß C ein Hamiltonkreis ist.
Ist C kein Hamiltonkreis, so gibt es eine Ecke u in G, die nicht zu C gehört. Dann existieren nach Satz 12.26 q Wege $W_1, ..., W_q$ mit der Anfangsecke u, die paarweise nur die Ecke u gemeinsam haben, und die mit dem Kreis C nur ihre Endecken $y_1, ..., y_q$ gemeinsam besitzen. Gibt man dem Kreis C eine beliebige Orientierung, so seien x_i die

Nachfolger von y_i für $i = 1, ..., q$. Nun kann kein x_i zu u adjazent sein, denn sonst könnte man in C die Kante $y_i x_i$ durch die Kante $x_i u$ und den Weg W_i ersetzen und erhielte einen längeren Kreis als C. Analog zeigt man, daß alle x_i von allen y_j verschieden sind. Da nach Voraussetzung die Menge $\{u, x_1, ..., x_q\}$ nicht unabhängig ist, muß in G eine Kante $x_i x_j$ existieren. Ersetzt man in C die Kanten $y_i x_i$ und $y_j x_j$ durch die Kante $x_i x_j$ und die beiden Wege W_i und W_j, so hat man einen Kreis gefunden, der länger als C ist, was aber der Wahl von C widerspricht. ||

Als einfache Folgerung aus Satz 12.27 erhalten wir

Satz 12.28 (Chvátal, Erdös [1] 1972) Es sei G ein schlichter, q-fach zusammenhängender Graph ($q \in \mathbb{N}$). Gilt $\alpha(G) \leq q + 1$, so ist G semi-Hamiltonsch.

Beweis. Wählen wir eine Ecke u, die nicht zu G gehört, so ist $G + u$ sogar $(q+1)$-fach zusammenhängend. Wegen $\alpha(G+u) = \alpha(G) \leq q+1$ besitzt $G + u$ nach Satz 12.27 einen Hamiltonkreis, womit G semi-Hamiltonsch ist. ||

Die vollständigen bipartiten Graphen $K_{q,q+1}$ bzw. $K_{q,q+2}$ zeigen, daß die Sätze 12.27 bzw. 12.28 bestmöglich sind.

Das nächste Resultat läßt sich analog zum Satz 12.27 herleiten.

Satz 12.29 (Chvátal, Erdös [1] 1972) Es sei G ein schlichter, q-fach zusammenhängender Graph. Ist $\alpha(G) \leq q - 1$, so liegt jedes Eckenpaar auf einem Hamiltonschen Weg.

Als Erweiterung der Beweismethode von Satz 12.27 werden wir zum Schluß dieses Kapitels eine hinreichende Bedingung für Hamiltonsche Graphen vorstellen, die auch im Fall $\alpha(G) \geq \sigma(G) + 1$ anwendbar ist. Zur Formulierung dieses Resultats benutzen wir folgende Bezeichnungen.

Ist $S \subseteq E(G)$ eine unabhängige Eckenmenge mit $|S| = q+1$, so setzen wir

$$S_i = \{x \in E(G) - S \mid |N(x, G) \cap S| = i\}$$

und $|S_i| = s_i$ für $1 \leq i \leq q + 1$.

Satz 12.30 (Schiermeyer [1] 1990) Es sei G ein schlichter, q-fach zusammenhängender Graph ($q \geq 2$). Gibt es ein $t \leq q$, so daß für jede unabhängige Eckenmenge $S \subseteq E(G)$ mit $|S| = q + 1$ die Ungleichung

$$\sum_{i=1}^{t+1}(i+t-1)s_i > t(n(G)-1) \qquad (12.6)$$

erfüllt wird, so ist G Hamiltonsch.

Beweis. Im Fall $t = 1$ ist (12.6) äquivalent zu der Bedingung aus Satz 3.16. Daher setzen wir im folgenden $q \geq t \geq 2$ voraus. Wie im Beweis von Satz 12.27 sei C ein längster, nicht Hamiltonscher Kreis von G der Länge c und $x_0 \in E(G) - E(C)$. Dann existieren wieder t Wege $W_1, ..., W_t$ mit der Anfangsecke x_0, die paarweise nur die Ecke x_0 gemeinsam haben, und die mit C nur ihre Endecken $y_1, ..., y_t$ gemeinsam besitzen. Bezüglich einer Orientierung von C sollen o.B.d.A. die Ecken $y_1, ..., y_t$ in dieser Reihenfolge auftreten und $x_1, ..., x_t$ ihre unmittelbaren Nachfolger auf C bedeuten. Dann ist $X = \{x_0, x_1, ..., x_t\}$ wieder eine unabhängige Eckenmenge. Setzen wir $A = E(G) - N(X, G)$, so gilt $X \subseteq A$, da X eine unabhängige Menge ist. Weiter haben keine zwei Ecken aus X eine gemeinsame Nachbarecke in der Menge $B = E(G) - (E(C) \cup \{x_0\})$. Denn wäre eine Ecke $x \in N(x_i, G) \cap N(x_j, G) \cap B$ für $0 \leq i < j \leq t$, so könnte man einen Kreis mit wenigstens $c + 2$ Ecken angeben, der x und x_0 enthält. Daraus folgt

$$|N(a, G) \cap X| \leq 1 \text{ für } a \in B. \qquad (12.7)$$

Seien nun a_1 und a_2 zwei Ecken aus $A \cap C$, die in C aufeinanderfolgen. D.h. alle Ecken aus dem offenen Segment (a_1, a_2) von C, also alle Ecken von C, die zwischen a_1 und a_2 liegen, gehören zu $N(X, G)$. Da $X \subseteq A$ gilt, können wir annehmen, daß a_1 und a_2 zu einem abgeschlossenen Segment $[x_r, x_{r+1}]$ mit $0 < r < t$ oder $[x_t, x_1]$ von C gehören. Es gebe nun zwei Indizes i, j und zwei Ecken v und v^+ in dem offenen Segment (a_1, a_2) von C mit $v \in N(x_i, G)$, $v^+ \in N(x_j, G)$, $vv^+ \in K(C)$, und v^+ ist Nachfolger von v. Dann ist $i \neq 0$, denn anderenfalls könnten wir einen Kreis mit mindestens $c + 1$ Ecken angeben, der x_0 und alle Ecken von C enthält. Weiter können die Ecken y_i, y_j und y_r nicht in dieser Reihenfolge auf C liegen, da sich sonst ein längerer Kreis als C durch folgende Operationen konstruieren läßt. Man entferne aus C die Kanten $y_i x_i$, $y_j x_j$ und vv^+ und ersetze sie

durch die Wege W_i und W_j sowie die Kanten x_iv und x_jv^+.
Setzt man speziell $i = r-1$ und $j = r$, so erkennt man, daß diejenigen Nachbarn von $N(x_r, G)$ und $N(x_{r-1}, G)$, die zu (a_1, a_2) gehören, in zwei aufeinanderfolgenden (möglicherweise leeren) abgeschlossenen Segmenten von C liegen, die sich höchstens in ihren Randecken überlappen können. Durch Fortführung dieses Verfahrens sieht man, daß die Nachbarmengen von

$$N(x_r), N(x_{r-1}), ..., N(x_1), N(x_t), N(x_{t-1}), ..., N(x_{r+1}), N(x_0),$$

die zu (a_1, a_2) gehören, in aufeinanderfolgenden, abgeschlossenen Segmenten von C liegen, die sich nur in ihren Randecken überlappen können. Da es maximal $t+1$ solche Segmente gibt, können höchstens t Überlappungsecken zwischen a_1 und a_2 existieren. Sind $v_1, ..., v_p$ die Überlappungsecken, und ist eine Ecke v_i zu d_i Ecken aus X adjazent, so gilt $2 \leq d_i \leq t+1$, und ein Abzählargument liefert

$$\sum_{i=1}^{p}(d_i - 1) \leq t. \tag{12.8}$$

Wir führen nun noch eine Gewichtsfunktion s ein, die jeder Ecke $v \in E(G)$ ein Gewicht bezüglich einer unabhängigen Menge $S \subseteq E(G)$ mit $t+1$ Ecken zuordnet, wobei $s(v) = 0$ ist, wenn $v \in S$ oder $v \notin N(S, G)$, und $s(v) = i + t - 1$, wenn $v \in S_i$. Für $S = X$ wollen wir $s(E(G))$ nach oben abschätzen.
Die Eckenmenge des halboffenen Segments $[a_1, a_2)$ von C besteht aus a_1, den Überlappungsecken $v_1, ..., v_p$ und der Resteckenmenge R, die zu S_1 gehört. Wegen $a_1 \in A$ ist $s(a_1) = 0$. Ist $x \in R$, so gilt $x \in S_1$ und damit $s(x) = t$. Aus (12.8) folgt

$$s(\{v_1, ..., v_p\}) = \sum_{i=1}^{p}(d_i + t - 1) = pt + \sum_{i=1}^{p}(d_i - 1) \leq t(p+1)$$

und damit dann

$$s(E([a_1, a_2))) \leq t|E([a_1, a_2))|.$$

Da C die Vereinigung von Segmenten der Art $[a_1, a_2)$ ist, ergibt sich aus der letzten Ungleichung

$$s(E(C)) \leq t|E(C)|. \tag{12.9}$$

Aus (12.7) folgt für jedes $a \in B$ entweder $a \notin N(X, G)$, also $s(a) = 0$ oder $a \in S_1$, also $s(a) = t$ und daher

$$s(B) \leq t|B|. \tag{12.10}$$

Insgesamt erhalten wir aus (12.9), (12.10) und $s(x_0) = 0$ die Abschätzung

$$\sum_{i=1}^{t+1}(i + t - 1)s_i = s(E(G)) \leq t(|E(C)| + |B|) = t(n(G) - 1),$$

die unserer Voraussetzung (12.6) widerspricht. ||

Der Satz 12.30 verallgemeinert ein verwandtes Resultat von Fraisse [1] aus dem Jahre 1986, wobei die Beweismethoden einige Gemeinsamkeiten aufweisen. Darüber hinaus lassen sich aus diesem Satz einige andere Ergebnisse der achtziger Jahre folgern (man vgl. dazu die Originalarbeit von Schiermeyer [1]).

12.5 Aufgaben

Aufgabe 12.1 Man beweise Bemerkung 12.1.

Aufgabe 12.2 Man beweise Bemerkung 12.3.

Aufgabe 12.3 Man beweise Bemerkung 12.4.

Aufgabe 12.4 Man beweise Bemerkung 12.5.

Aufgabe 12.5 Man beweise Satz 12.12.

Aufgabe 12.6 Man beweise Satz 12.13.

Aufgabe 12.7 Es sei G ein schlichter Graph mit $n = n(G) \geq 3$. Ist

$$m(G) \geq \frac{1}{2}(n-1)(n-2) + 2,$$

so zeige man, daß G eine stark zusammenhängende Orientierung besitzt.

Aufgabe 12.8 Es sei D ein Eulerscher Multidigraph und $S \subseteq E(D)$ mit $S \neq E(D), \emptyset$. Man zeige

$$m_D(S, \bar{S}) = m_D(\bar{S}, S).$$

Aufgabe 12.9 Es sei D ein Eulerscher Multidigraph mit einer guten Ecke. Man zeige $\eta(D) = \delta(D)$.

Aufgabe 12.10 Man beweise Satz 12.29.

Aufgabe 12.11 Es sei D ein schlichter, q-fach stark zusammenhängender Digraph mit $n(D) \geq 2q$. Sind $x_1, ..., x_q, y_1, ..., y_q$ verschiedene Ecken aus D, so zeige man, daß q paarweise eckendisjunkte, orientierte Wege W_i von x_i nach y_i existieren $(i = 1, ..., q)$.

Kapitel 13

Netzwerke

13.1 Flüsse und Schnitte in Netzwerken

Definition 13.1 Ein zusammenhängender Multidigraph $N = (E, B)$ heißt *Netzwerk*, wenn folgende Bedingungen erfüllt sind:

i) Es existiert genau eine Ecke u in N mit $d^-(u, N) = 0$ und $d^+(u, N) > 0$. Die Ecke u nennt man *Quelle* des Netzwerkes. Es existiert genau eine Ecke v in N mit $d^+(v, N) = 0$ und $d^-(v, N) > 0$. Die Ecke v nennt man *Senke* des Netzwerkes.

ii) Es existiert eine Funktion $c : B \longrightarrow \mathbf{R}$ mit $c(k) \geq 0$ für alle $k \in B$. Man nennt c *Kapazitätsfunktion* und $c(k)$ *Kapazität* des Bogens k.

Für ein Netzwerk N mit der Eckenmenge E, der Bogenmenge B, der Quelle u, der Senke v und der Kapazitätsfunktion c benutzen wir im folgenden die Schreibweise $N = (E, B, u, v, c)$.

Beispiel 13.1 Ein Baumaschinenhersteller soll innerhalb einer gegebenen Frist einige Planierraupen bei einer entfernten Großbaustelle anliefern. Das Zeitlimit erweist sich als Problem, denn bei den verschiedenen Transportmöglichkeiten (Bahn, mit eigenen Fahrzeugen, Schiff, über Spediteure usw.) kann der Fabrikant stets nur eine bestimmte Anzahl von Maschinen bis zum gegebenen Termin befördern. Wir nehmen an, daß die verschiedenen Transportwege durch den unten skizzierten Digraphen repräsentiert werden.
Dabei bedeuten die eingetragenen Zahlen die Anzahl der Planierraupen, die auf der betreffenden Strecke so befördert werden können, daß

sie rechtzeitig zum Ziel gelangen. Damit liegt eine Kapazitätsfunktion vor. Die Ecke u entspricht dem Standort des Herstellers und die Ecke v der Großbaustelle. Damit führt das gestellte praktische Problem auf natürliche Weise zu einem Problem in einem Netzwerk, das die Quelle u und die Senke v besitzt. Der Fabrikant ist natürlich daran interessiert, die maximale Anzahl der Maschinen herauszufinden, die er fristgerecht durch dieses Netzwerk befördern kann.

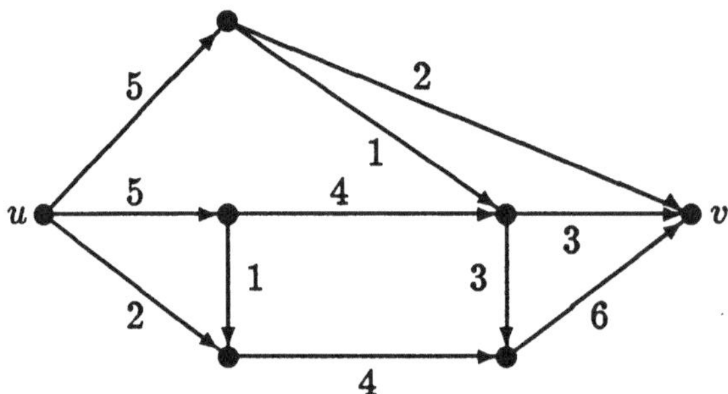

Zur allgemeinen Lösung solcher und ähnlicher Fragestellungen wollen wir eine Methode vorstellen, die von Ford und Fulkerson [1], [2], [3] in den Jahren 1956 bis 1962 entwickelt worden ist.
Dieses Kapitel über Netzwerke lehnt sich eng an das Buch von Bondy und Murty [1] an.

Definition 13.2 Es sei $N = (E, B, u, v, c)$ ein Netzwerk und $f : B \longrightarrow \mathbf{R}$ eine Funktion. Ist $B' \subseteq B$, so setzen wir $f(B') = \sum_{k \in B'} f(k)$. Sind $X, Y \subseteq E$, so bedeute (X, Y) die Menge der Bogen aus B, die in X beginnen und in Y enden. Weiter setzen wir für $X \subseteq E$

$$f^+(X) = f((X, \bar{X})) \quad \text{und} \quad f^-(X) = f((\bar{X}, X))$$

und $f^+(a) = f^+(\{a\})$ bzw. $f^-(a) = f^-(\{a\})$ für eine Ecke $a \in E$. Die Funktion f heißt *Fluß* im Netzwerk N, wenn sie für alle $k \in B$ und alle $a \in E - \{u, v\}$ die Bedingungen

$$0 \leq f(k) \leq c(k), \tag{13.1}$$

$$f^+(a) = f^-(a) \tag{13.2}$$

erfüllt. Die Ungleichung (13.1) nennt man *Kapazitätsbeschränkung*. Die Gleichung (13.2) besagt, daß bei einem Fluß in jeder Ecke, die von der Quelle und Senke verschieden ist, der einlaufende und der

auslaufende "Gesamtfluß" übereinstimmen.
Jedes Netzwerk besitzt den sogenannten *Null-Fluß* f_0 mit $f_0(k) = 0$ für alle Bogen $k \in B$.

Satz 13.1 Ist $N = (E, B, u, v, c)$ ein Netzwerk und f ein Fluß in N, so gilt

$$f^+(u) = f^-(v). \tag{13.3}$$

Beweis. Es gilt

$$\sum_{a \in E} f^+(a) = \sum_{k \in B} f(k) = \sum_{a \in E} f^-(a).$$

Wegen $f^+(a) = f^-(a)$ für alle $a \neq u, v$ und $f^+(v) = f^-(u) = 0$ folgt daraus unmittelbar die Eigenschaft (13.3). ||

Definition 13.3 Ist f ein Fluß im Netzwerk $N = (E, B, u, v, c)$, so heißt $w(f) = f^+(u) = f^-(v)$ ***Flußstärke*** von f. Gibt es keinen Fluß f' mit $w(f') > w(f)$, so heißt f *maximaler Fluß* in N.
Ist $A \subseteq E$ mit $u \in A$ und $v \in \bar{A}$, so nennen wir $L = (A, \bar{A}) \subseteq B$ einen *Schnitt* in N und

$$\operatorname{cap} L = \sum_{k \in L} c(k)$$

Kapazität des Schnittes L. Gibt es im Netzwerk N keinen Schnitt L' mit $\operatorname{cap} L' < \operatorname{cap} L$, so heißt L *minimaler Schnitt* in N.

Hilfssatz 13.1 Ist f ein Fluß im Netzwerk $N = (E, B, u, v, c)$ und $(A, \bar{A})$ ein Schnitt, so gilt

$$w(f) = f^+(A) - f^-(A).$$

Beweis. Für alle $X \subseteq E$ gelten die Identitäten

$$\sum_{a \in X} f^+(a) = f^+(X) + f((X, X)),$$

$$\sum_{a \in X} f^-(a) = f^-(X) + f((X, X)).$$

Setzen wir $X = A$, so folgt daraus wegen (13.2)

$$w(f) = f^+(u) = \sum_{a \in A} (f^+(a) - f^-(a)) = f^+(A) - f^-(A)$$

und damit die Behauptung. ||

Definition 13.4 Es sei f ein Fluß im Netzwerk $N = (E, B, u, v, c)$. Ein Bogen $k \in B$ heißt

f-*Null*, wenn $f(k) = 0$,

f-*positiv*, wenn $f(k) > 0$,

f-*ungesättigt*, wenn $f(k) < c(k)$,

f-*gesättigt*, wenn $f(k) = c(k)$.

Satz 13.2 Ist $N = (E, B, u, v, c)$ ein Netzwerk, f ein Fluß und $L = (A, \bar{A})$ ein Schnitt in N, so gilt immer

$$w(f) \leq \operatorname{cap} L, \tag{13.4}$$

und in (13.4) steht genau dann das Gleichheitszeichen, wenn jeder Bogen aus $(A, \bar{A})$ f-gesättigt und jeder Bogen aus $(\bar{A}, A)$ f-Null ist.

Beweis. Da nach (13.1) für alle $k \in B$ die Bedingung $0 \leq f(k) \leq c(k)$ gilt, ergibt sich aus Hilfssatz 13.1 für $L = (A, \bar{A})$

$$\begin{aligned} w(f) &= f^+(A) - f^-(A) \leq f^+(A) \\ &= \sum_{k \in L} f(k) \leq \sum_{k \in L} c(k) = \operatorname{cap} L, \end{aligned}$$

womit die Ungleichung (13.4) nachgewiesen ist.
Nun gilt $f^+(A) = \operatorname{cap} L$ genau dann, wenn jeder Bogen von $(A, \bar{A})$ f-gesättigt ist, und es gilt $f^-(A) = 0$ genau dann, wenn jeder Bogen von $(\bar{A}, A)$ f-Null ist. Aus diesen Überlegungen erhält man zusammen mit den letzten Ungleichungen die gesamte Aussage des Satzes. ||

Satz 13.3 Ist $N = (E, B, u, v, c)$ ein Netzwerk, f ein Fluß und L ein Schnitt in N mit

$$w(f) = \operatorname{cap} L,$$

so ist f ein maximaler Fluß und L ein minimaler Schnitt.

Beweis. Da es im Netzwerk N nur endlich viele Schnitte gibt, existiert ein minimaler Schnitt L^*. Daraus ergibt sich zusammen mit der Ungleichung (13.4) und der Voraussetzung

$$w(f) \leq \operatorname{cap} L^* \leq \operatorname{cap} L = w(f),$$

womit L notwendig ein minimaler Schnitt ist.
Angenommen, es gibt einen Fluß f^* in N mit $w(f^*) > w(f)$. Dann liefert (13.4) den Widerspruch

$$w(f) < w(f^*) \leq \operatorname{cap} L = w(f),$$

womit f ein maximaler Fluß ist. ||

Beispiel 13.2 Setzen wir im Beispiel 13.1 $A = \{a, u\}$, so gilt für den Schnitt $(A, \bar{A})$ (man vgl. die Skizze): $\operatorname{cap}(A, \bar{A}) = 10$.

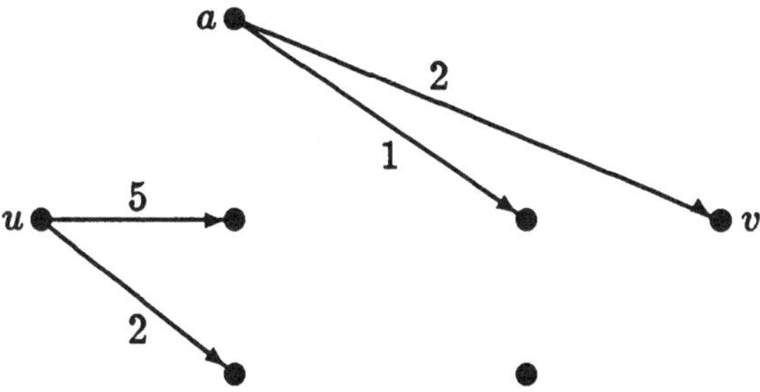

Nun skizzieren wir in diesem Netzwerk einen Fluß der Flußstärke 10, womit nach Satz 13.3 ein maximaler Fluß vorliegt. (Der Leser möge alle Eigenschaften nachprüfen, die ein Fluß nach Definition 13.2 besitzen muß.)

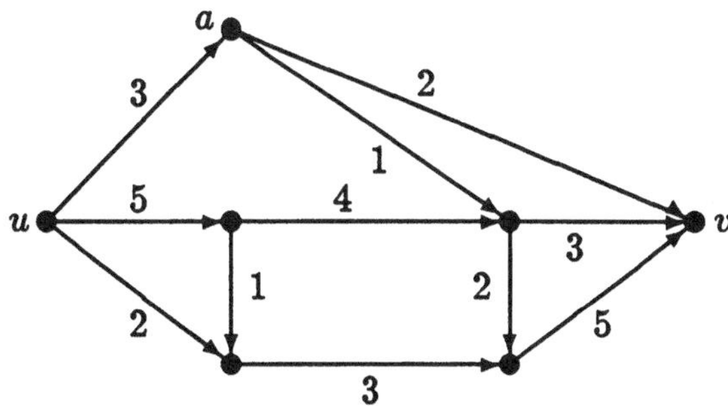

Daher kann der Baumaschinenhersteller höchstens 10 Planierraupen innerhalb der vorgegebenen Frist bei der Großbaustelle abliefern.

Die Lösung des Problems aus Beispiel 13.1 haben wir allerdings nur durch "scharfes Hinsehen" gefunden. Im nächsten Abschnitt wollen wir eine systematische Methode angeben, mit deren Hilfe man maximale Flüsse in Netzwerken bestimmen kann.

Definition 13.5 Es sei $N = (E, B, u, v, c)$ ein Netzwerk und f ein Fluß in N. Ist W ein Weg des untergeordneten Graphen $G(N)$ und $k \in B$ ein Bogen, dessen in $G(N)$ entsprechende Kante zum Weg W gehört, so heißt k *Vorwärtsbogen* von W, wenn k die gleiche Orientierung in N aufweist wie der Weg W in $G(N)$. Im anderen Fall heißt k *Rückwärtsbogen* von W. Jedem Weg W positiver Länge von $G(N)$ ordnen wir eine nicht negative Zahl $s(W)$ durch

$$s(W) = \min_{k \in B} s(k)$$

zu, wobei

$$s(k) = \begin{cases} c(k) - f(k) & , \text{ wenn } k \text{ ein Vorwärtsbogen von } W \\ f(k) & , \text{ wenn } k \text{ ein Rückwärtsbogen von } W \\ \infty & , \text{ sonst} \end{cases} \tag{13.5}$$

gilt. Ein Weg W in $G(N)$ mit $L(W) > 0$ heißt

f-gesättigt, wenn $s(W) = 0$,

f-ungesättigt, wenn $s(W) > 0$ und

f-zunehmend, wenn er f-ungesättigt ist und von u nach v geht.

Satz 13.4 Ist $N = (E, B, u, v, c)$ ein Netzwerk, f ein Fluß in N und W ein f-zunehmender Weg in $G(N)$, so ist $F : B \longrightarrow \mathbf{R}$ mit

$$F(k) = \begin{cases} f(k) + s(W) & , \text{ wenn } k \text{ ein Vorwärtsbogen von } W \\ f(k) - s(W) & , \text{ wenn } k \text{ ein Rückwärtsbogen von } W \\ f(k) & , \text{ sonst} \end{cases} \tag{13.6}$$

ein neuer Fluß in N mit $w(F) = w(f) + s(W) > w(f)$.

Beweis. Zunächst zeigen wir $0 \le F(k) \le c(k)$ für alle $k \in B$.
Ist $k \in B$ ein Bogen, dessen in $G(N)$ entsprechende Kante nicht zu W gehört, so gilt $0 \le F(k) = f(k) \le c(k)$.
Ist k ein Vorwärtsbogen von W, so folgt aus (13.5) und (13.6)

$$0 \le F(k) = f(k) + s(W) \le f(k) + c(k) - f(k) = c(k).$$

Ist k ein Rückwärtsbogen von W, so folgt aus (13.5) und (13.6)

$$c(k) \ge F(k) = f(k) - s(W) \ge f(k) - f(k) = 0.$$

Nun zeigen wir $F^+(a) = F^-(a)$ für alle $a \in E - \{u, v\}$.
Gehört a nicht zum Weg W, so gibt es nichts zu beweisen.
Gehört a zum Weg W, so existieren genau die vier skizzierten Möglichkeiten.

Im I. Fall seien l und k zwei Vorwärtsbogen von W. Dann gilt $F^-(a) = f^-(a) + s(W) = f^+(a) + s(W) = F^+(a)$. Der zweite Fall geht analog.
Im III. Fall sei l ein Vorwärts- und k ein Rückwärtsbogen von W. Dann gilt $F^-(a) = f^-(a) + s(W) - s(W) = f^+(a) = F^+(a)$. Den vierten Fall beweist man analog zum III. Fall. Damit haben wir gezeigt, daß F ein Fluß in N ist.
Da der Weg W in u beginnt, $d^-(u, N) = 0$ gilt und $s(W) > 0$ ist, ergibt sich

$$w(F) = F^+(u) = f^+(u) + s(W) = w(f) + s(W) > w(f). \quad \|$$

Der nächste Satz zeigt uns, daß die f-zunehmenden Wege in der Netzwerktheorie die gleiche Rolle spielen wie die M-erweiternden Wege in der Matchingtheorie.

Satz 13.5 (Ford, Fulkerson [1] 1956) Es sei $N = (E, B, u, v, c)$ ein Netzwerk und f ein Fluß in N. Der Fluß f ist genau dann maximal, wenn es keinen f-zunehmenden Weg gibt.

Beweis. Ist f ein maximaler Fluß, so kann es nach Satz 13.4 keinen f-zunehmenden Weg geben.
Nun gebe es umgekehrt keinen f-zunehmenden Weg. Es sei $A \subseteq E$ die Menge aller Ecken, die auf einem f-ungesättigten Weg mit der Anfangsecke u liegen, und ferner sei $u \in A$. Da es keinen f-zunehmenden Weg gibt, gilt $v \in \bar{A}$, womit $L = (A, \bar{A})$ ein Schnitt ist. Unter diesen Voraussetzungen ist jeder Bogen aus $(A, \bar{A})$ f-gesättigt und jeder Bogen aus $(\bar{A}, A)$ f-Null. Dann gilt wegen Satz 13.2 notwendig $w(f) = \operatorname{cap} L$, womit nach Satz 13.3 f ein maximaler Fluß und L ein minimaler Schnitt ist. $\|$

Wir kommen nun zum Hauptergebnis dieses Abschnitts, das eine gewisse Umkehrung von Satz 13.3 bedeutet.

Satz 13.6 (Max-flow-min-cut-Satz, Ford, Fulkerson [1] 1956) In jedem Netzwerk $N = (E, B, u, v, c)$ existieren ein maximaler Fluß sowie ein minimaler Schnitt, und die Flußstärke eines maximalen Flusses stimmt mit der Kapazität eines minimalen Schnittes überein.

Beweis. Da es in einem Netzwerk nur endlich viele Schnitte gibt, ist die Existenz eines minimalen Schnittes gesichert.
1. Fall: Die Kapazitätsfunktion c besitzt nur ganzzahlige Werte. Zunächst zeigen wir, daß es in diesem Fall einen ganzzahligen maximalen Fluß f gibt, d.h. $f(k) \in \mathbf{N}_0$ für alle $k \in B$. Ist der Null-Fluß f_0 maximal, so sind wir fertig. Ist er nicht maximal, so existieren nach Satz 13.5 ein f_0-zunehmender Weg W und nach Satz 13.4 ein Fluß f_1 mit $w(f_1) = w(f_0) + s(W) = s(W)$. Da $c(k)$ ganzzahlig ist, folgt aus Definition 13.5 $s(W) \in \mathbf{N}$ und damit aus (13.6), daß f_1 ein ganzzahliger Fluß ist mit $w(f_1) \in \mathbf{N}$. Dieses Verfahren kann man entsprechend fortsetzen, und jeder neue Fluß f_i ist wieder ganzzahlig. Da bei dieser Prozedur die Flußstärke jedesmal um eine positive ganze Zahl wächst, und die Kapazität eines (minimalen) Schnittes wegen (13.4) eine obere Schranke für die Flußstärke ist, erhalten wir nach endlich vielen Schritten einen ganzzahligen Fluß f, für den es keinen f-zunehmenden Weg mehr geben kann. Aus Satz 13.5 folgt dann, daß f ein maximaler Fluß ist.
Nachdem in diesem Fall die Existenz eines maximalen Flusses gesichert ist, kommen wir zum Beweis der zweiten Behauptung. Es seien f ein maximaler Fluß und L ein minimaler Schnitt. Dann gibt es wegen Satz 13.5 keinen f-zunehmenden Weg, und der Beweis dieses Satzes liefert uns einen minimalen Schnitt L^* mit $w(f) = \operatorname{cap} L^*$. Da auch L ein minimaler Schnitt ist, ergibt sich $w(f) = \operatorname{cap} L^* = \operatorname{cap} L$, womit unser Satz für den ersten Fall bewiesen ist.
2. Fall: Die Kapazitätsfunktion besitzt nur rationale Werte. Durch Multiplikation mit dem Hauptnenner aller auftretenden rationalen Zahlen läßt sich dieser Fall auf den ersten Fall zurückführen.
3. Fall: Die Kapazitätsfunktion besitzt auch irrationale Werte. Mit Hilfe des zweiten Falles und der Approximation irrationaler Zahlen durch rationale Zahlen kann man zeigen, daß auch in diesem Fall ein maximaler Fluß existieren muß. Der Beweis der zweiten Behauptung erfolgt dann analog zum 1. Fall. ||

Folgendes Resultat, das uns der Beweis von Satz 13.6 mitgeliefert hat, wollen wir festhalten.

Folgerung 13.1 Ein Netzwerk mit einer ganzzahligen Kapazitätsfunktion besitzt einen ganzzahligen maximalen Fluß.

13.2 Algorithmus von Ford-Fulkerson

Zur Konstruktion maximaler Flüsse in Netzwerken mit ganzzahligen Kapazitäten legen uns die vorangegangenen Untersuchungen auf natürliche Weise einen Algorithmus nahe, der mit f-zunehmenden Wegen arbeitet. Zunächst wollen wir zeigen, wie man analog zur Ungarischen Methode systematisch f-zunehmende Wege finden kann.

Definition 13.6 Es sei f ein Fluß im Netzwerk $N = (E, B, u, v, c)$. Ein Baum T in $G(N)$ heißt *f-ungesättigter Wurzelbaum bzgl. u*, wenn er die beiden folgenden Bedingungen erfüllt:

i) $u \in E(T)$.

ii) Für alle $a \in E(T) - \{u\}$ ist der eindeutig bestimmte Weg von u nach a in T ein f-ungesättigter Weg in $G(N)$.

Die Suche nach einem f-zunehmenden Weg ist nun gleichbedeutend damit, einen f-ungesättigten Wurzelbaum bzgl. u wachsen zu lassen. Zunächst bestehe dieser Wurzelbaum T nur aus der Quelle u. Setzt man $A = E(T)$, so kann dieser Baum auf folgende zwei Arten wachsen.

> Es gibt einen f-ungesättigten Bogen $k \in (A, \bar{A})$. Dann füge man die dem Bogen k entsprechende Kante von $G(N)$ zusammen mit der noch fehlenden inzidenten Ecke zu T hinzu.
>
> Es gibt einen f-positiven Bogen $k \in (\bar{A}, A)$. Dann füge man die dem Bogen k entsprechende Kante von $G(N)$ zusammen mit der noch fehlenden inzidenten Ecke zu T hinzu.

Für das Ende dieser Prozedur gibt es die beiden folgenden Möglichkeiten.

1. Man findet einen f-ungesättigten Wurzelbaum T bzgl. u mit $v \in E(T)$. Dann ist der eindeutig bestimmte Weg von u nach v in diesem Baum ein f-zunehmender Weg.

2. Man findet einen f-ungesättigten Wurzelbaum T bzgl. u, der sich nicht mehr vergrößern läßt, und der die Senke v nicht enthält. Ist wieder $A = E(T)$, so bedeuten diese Voraussetzungen, daß alle $k \in (A, \bar{A})$ f-gesättigt und alle $k \in (\bar{A}, A)$ f-Null sind. Nach Satz 13.2 gilt dann aber $w(f) = \text{cap}(A, \bar{A})$, womit der Fluß f nach Satz 13.3 schon maximal ist.

Zur Bestimmung eines maximalen Flusses in einem Netzwerk mit ganzzahligen Kapazitäten notieren wir nun den angekündigten Algorithmus von Ford und Fulkerson [2] aus dem Jahre 1957.

11. Algorithmus

Algorithmus von Ford und Fulkerson

Es sei $N = (E, B, u, v, c)$ ein Netzwerk mit ganzzahligen Kapazitäten.

1. Man starte mit dem Null-Fluß f.

2. Man setze $T = \{u\}$.

3. Man setze $A = E(T)$ und prüfe, ob es einen f-ungesättigten Bogen $k \in (A, \bar{A})$ bzw. einen f-positiven Bogen $k \in (\bar{A}, A)$ gibt. Wenn ja, so gehe man zu 4., wenn nein, so stoppe man den Algorithmus.

4. Man füge die dem Bogen k entsprechende Kante zusammen mit der noch notwendigen Ecke zu T hinzu und nenne den neuen Baum T^*.
   Ist $v \notin E(T^*)$, so setze man $T = T^*$ und gehe zu 3.
   Gehört die Senke v zu T^*, so sei W der eindeutig bestimmte Weg von u nach v in T^*. Nun bestimme man nach Definition 13.5 die Größe $s(W)$ und dann nach Satz 13.4 den Fluß F mit $w(F) = w(f) + s(W) \geq w(f) + 1$, setze $f = F$ und gehe zu 2.

Dieser Algorithmus bricht nach endlich vielen Schritten mit einem maximalen Fluß ab.

Die Korrektheit dieses Algorithmus folgt wegen der ganzzahligen Kapazitäten sofort aus den vorangegangenen Überlegungen.

Der Algorithmus von Ford und Fulkerson kann im Fall irrationaler Kapazitäten versagen. Beispiele dafür findet man schon in dem Buch von Ford und Fulkerson [3] aus dem Jahre 1962 oder bei Lovász und Plummer [1], S. 47. In diesen Beispielen bricht nicht nur der Algorithmus nicht ab, sondern er konvergiert zusätzlich noch gegen einen falschen Wert.
Darüber hinaus ist der 11. Algorithmus selbst im Falle ganzzahliger Kapazitäten nicht polynomial in $|E|$ und $|B|$. Bei unglücklicher Wahl der f-ungesättigten Wurzelbäume bzgl. u kann er, wie das folgende Beispiel zeigt, von der Kapazitätsfunktion c abhängen.

Beispiel 13.3 Gegeben sei das skizzierte Netzwerk N mit der Quelle u, der Senke v und den gekennzeichneten Kapazitäten.

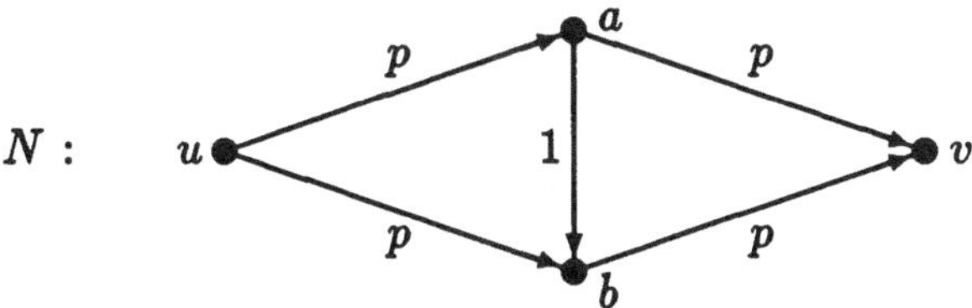

Es sei $p \in \mathbf{N}$. Wählt man im Algorithmus von Ford und Fulkerson abwechselnd die Wege (u,a,b,v) und (u,b,a,v) als f-zunehmende Wege, so wird die Flußstärke bei jedem Durchlauf um 1 erhöht. Daher benötigt man insgesamt $2p$ Durchläufe, um den maximalen Fluß der Flußstärke $2p$ zu ermitteln.

Edmonds und Karp [1] zeigten 1972, daß der Algorithmus von Ford und Fulkerson polynomial wird, wenn man bei jedem Durchlauf den kürzesten f-zunehmenden Weg bestimmt. Weitere Verbesserungen und Verfeinerungen dieses Algorithmus findet man in den Büchern von Papadimitriou und Steiglitz [1] 1982, Lovász und Plummer [1] 1986 sowie Jungnickel [1] 1987.

13.3 Anwendungen der Netzwerktheorie

Zunächst beweisen wir den Mengerschen Satz 12.22 mit Hilfe der Netzwerktheorie. Danach leiten wir den Satz von König (Satz 7.3) aus dem Mengerschen Satz 12.19 ab, und zum Schluß folgern wir den Satz von König-Hall aus diesem Satz von König.

Beim Beweis des Mengerschen Satzes 12.22 spielt das folgende Ergebnis eine zentrale Rolle.

Satz 13.7 Es sei $N = (E, B, u, v, c)$ ein Netzwerk mit $c(k) = 1$ für alle $k \in B$.

i) Ist f ein maximaler Fluß in N, so ist die Flußstärke $w(f)$ gleich der maximalen Anzahl p der bogendisjunkten, orientierten Wege von u nach v.

ii) Ist L ein minimaler Schnitt in N, so ist $\operatorname{cap} L$ gleich der minimalen Anzahl q von Bogen, deren Streichung alle orientierten Wege von u nach v zerstört.

Beweis. i) Im Fall $w(f) = 0$ oder $p = 0$ ist nichts zu beweisen. Daher seien im folgenden $w(f), p \geq 1$. Nach Folgerung 13.1 können wir o.B.d.A. einen ganzzahligen maximalen Fluß f wählen. Es sei B' die Menge aller Bogen von N, die f-Null sind. Wegen $w(f) \geq 1$ existiert im untergeordneten Graphen von $N - B'$ eine Komponente D, die die Ecken u und v enthält. Aus der Ganzzahligkeit von f und der Voraussetzung $c(k) = 1$ für alle $k \in B$ folgt notwendig $f(k) = 1$ für alle Bogen k aus D. Daraus ergibt sich

$$d^+(u, D) = w(f) = d^-(v, D),$$

$$d^+(a, D) = d^-(a, D) \quad \text{für alle } a \neq u, v.$$

Daher gibt es nach Satz 3.11 $w(f)$ bogendisjunkte, orientierte Wege von u nach v in D, also auch in N, womit wir $w(f) \leq p$ nachgewiesen haben.
Ist andererseits $W_1, ..., W_p$ ein maximales System bogendisjunkter, orientierter Wege von u nach v in N, so ist $f^* : B \longrightarrow \mathbf{Z}$ mit

$$f^*(k) = \begin{cases} 1 & , \quad \text{wenn } k \text{ ein Bogen von } W_i \text{ ist } (i = 1, ..., p) \\ 0 & , \quad \text{sonst} \end{cases}$$

ein Fluß in N, für den $w(f^*) = p$ gilt. Da f ein maximaler Fluß in N ist, folgt daraus $p = w(f^*) \leq w(f)$, womit wir insgesamt $p = w(f)$ bewiesen haben.
ii) Hat der minimale Schnitt L die Form $L = (A, \bar{A})$, so gibt es in $N - L$ keinen Bogen von A nach $\bar{A}$ und daher wegen $u \in A$ und $v \in \bar{A}$ keinen orientierten Weg von u nach v. Damit haben wir $q \leq \operatorname{cap} L$ gezeigt.

Nun sei andererseits $B^* = \{k_1, ..., k_q\}$ eine minimale Bogenmenge von N mit der Eigenschaft, daß in $N - B^*$ kein orientierter Weg von u nach v existiert, und S diejenige Eckenmenge aus E, die man in $N - B^*$ von u aus erreicht. Wegen $u \in S$ und $v \in \bar{S}$ ist $(S, \bar{S})$ ein Schnitt in N. Da es in $N - B^*$ keinen Bogen von S nach $\bar{S}$ gibt, und da jeder Bogen von N die Kapazität 1 besitzt, gilt $\operatorname{cap}(S, \bar{S}) \leq q$. Aus der Minimalität des Schnittes L ergibt sich dann $\operatorname{cap} L \leq \operatorname{cap}(S, \bar{S}) \leq q$ und daher insgesamt $q = \operatorname{cap} L$. ||

Aus den Sätzen 13.6 und 13.7 läßt sich schnell der Satz 12.22 gewinnen, den wir auf die in diesem Abschnitt verwendete Terminologie äquivalent umschreiben.

Satz 12.22 Es sei D ein schlichter Digraph und a, b zwei verschiedene Ecken von D. Dann ist die maximale Anzahl p der bogendisjunkten, orientierten Wege von a nach b gleich der minimalen Anzahl q von Bogen, deren Streichung alle orientierten Wege von a nach b zerstört.

Beweis. Gibt es in D keinen orientierten Weg von a nach b, so gibt es nichts zu beweisen. Daher gebe es in D einen orientierten Weg von a nach b, und es sei D o.B.d.A. zusammenhängend.
Zunächst entfernen wir aus D alle Bogen, die in a enden, alle Bogen, die mit b beginnen, und alle Ecken $x \neq a, b$ mit $d^+(x, D) = 0$ oder $d^-(x, D) = 0$. Sollten in dem neuen Digraphen D' noch Ecken $x \neq a, b$ mit $d^+(x, D') = 0$ oder $d^-(x, D') = 0$ existieren, so werden auch diese herausgenommen. Diese Prozedur setze man solange fort, bis ein Digraph D^* entstanden ist, bei dem $d^+(x, D^*) > 0$ und $d^-(x, D^*) > 0$ für alle $x \neq a, b$ gilt. Man beachte, daß sich bei diesem Prozeß die Größen p und q nicht verändert haben. Nun betrachten wir diejenige Komponente $D_1{}^*$ des untergeordneten Graphen von D^*, die die Ecken a und b enthält. Versehen wir die Bogen k von $D_1{}^*$ mit der Kapazität $c(k) = 1$, so erhalten wir ein Netzwerk $N = (E, B, a, b, c)$ mit $E = E(D_1{}^*)$ und $B \subseteq B(D)$. Ist L ein minimaler Schnitt und f ein maximaler Fluß in N, so ergibt sich aus Satz 13.6 und Satz 13.7 i) und ii)

$$p = w(f) = \operatorname{cap} L = q,$$

womit der Satz 12.22 vollständig bewiesen ist. ||

Bemerkung 13.1 Dieser Beweis von Satz 12.22 zeigt uns, daß man in einem schlichten Digraphen D, zusammen mit dem Algorithmus

von Ford-Fulkerson, die maximale Anzahl der bogendisjunkten Wege zwischen je zwei Ecken von D und damit wegen Satz 12.24 die Bogenzusammenhangszahl $\eta(D)$ bestimmen kann.
Ist G ein schlichter Graph, so können wir durch Übergang zum Digraphen $D(G)$ wegen des Satzes 12.11 die maximale Anzahl der kantendisjunkten Wege zwischen je zwei Ecken von G und die Kantenzusammenhangszahl $\lambda(G)$ berechnen.

Aus Gründen der Vollständigkeit wollen wir noch kurz zeigen, wie man Satz 12.18 aus Satz 12.22 gewinnen kann. Dazu formulieren wir auch Satz 12.18 äquivalent um.

Satz 12.18 Es sei D ein schlichter Digraph und a, b zwei verschiedene Ecken von D, die durch keinen Bogen (a, b) verbunden sind. Dann ist die maximale Anzahl p der kreuzungsfreien, orientierten Wege von a nach b gleich der minimalen Anzahl q von Ecken, deren Herausnahme aus D alle orientierten Wege von a nach b zerstört.

Beweis. Aus D konstruieren wir einen neuen schlichten Digraphen D' wie folgt:

i) Da die Bogen (x, a) und (b, y) keinen Beitrag zu den Größen p und q liefern, werden sie aus D entfernt.

ii) Jede Ecke $x \neq a, b$ werde durch zwei neue Ecken x' und x'' ersetzt, die durch einen Bogen (x', x'') verbunden sind.

iii) Jeder Bogen (a, x) bzw. (y, b) aus D wird durch einen Bogen (a, x') bzw. (y'', b) in D' ersetzt.

iv) Jeder Bogen (x, y) mit $x, y \neq a, b$ aus D wird durch einen Bogen (x'', y') in D' ersetzt.

Man sieht nun, daß zu jedem orientierten Weg von a nach b in D eindeutig ein orientierter Weg von a nach b in D' existiert und umgekehrt, indem man (x, y) in D durch (x', x'', y') in D' ersetzt und umgekehrt. Weiter erkennt man, daß zwei orientierte Wege von a nach b in D genau dann kreuzungsfrei sind, wenn die entsprechenden orientierten Wege in D' bogendisjunkt sind, denn zwei orientierte Wege in D' sind wegen $d^+(x', D') = d^-(x'', D') = 1$ genau dann bogendisjunkt, wenn sie kreuzungsfrei sind. Daher ist die maximale Anzahl der bogendisjunkten, orientierten Wege von a nach b in D' gleich p. Man überlegt sich ferner, daß die minimale Anzahl von Bogen, deren Herausnahme aus D' alle orientierten Wege von a nach b zerstört, gleich q ist. Durch Anwendung von Satz 12.22 erhalten wir sofort das gewünschte Ergebnis. ||

Satz 7.3 (König [2] 1931) Ist G ein bipartiter Graph, so gilt

$$\beta(G) = \alpha_0(G).$$

Beweis. Es gilt natürlich $\beta(G) \geq \alpha_0(G)$.
Für die umgekehrte Ungleichung sei G o.B.d.A. schlicht und A, B eine Bipartition von G. Zu G fügen wir zwei neue Ecken a, b hinzu, und wir verbinden a mit allen Ecken aus A und b mit allen Ecken aus B durch neue Kanten. Es ist leicht einzusehen, daß es in diesem neuen schlichten Graphen H genau $\alpha_0(G)$ kreuzungsfreie Wege von a nach b gibt. Daher existiert nach Satz 12.19 eine Menge $E' \subseteq E(G)$ mit $|E'| = \alpha_0(G)$, so daß es in $H - E'$ keinen Weg von a nach b gibt. Das bedeutet aber, daß jede Kante von G mit einer Ecke aus E' inzidiert, womit notwendig $\beta(G) \leq |E'| = \alpha_0(G)$ gilt. ||

Zum Abschluß des Buches geben wir einen alternativen Beweis des fundamentalen Satzes von König-Hall.

Satz 4.7 (König-Hall, König [2] 1931, Hall [1] 1935) Es sei G ein bipartiter Graph mit der Bipartition A, B. Es gibt genau dann ein Matching M in G mit $E(M) \cap A = A$, wenn für alle $S \subseteq A$ gilt:

$$|S| \leq |N(S, G)|$$

Beweis. Existiert ein Matching M mit $E(M) \cap A = A$, so gilt natürlich $|S| \leq |N(S, G)|$ für alle $S \subseteq A$.
Nun gelte umgekehrt die König-Hall Bedingung, und wir nehmen an, daß $\alpha_0(G) < |A|$ ist. Nach Satz 7.3 gibt es dann eine Überdeckung $T = A' \cup B'$ von G mit $A' \subseteq A$, $B' \subseteq B$ und $|T| < |A|$. Da T eine Überdeckung ist, muß $N(A - A', G) \subseteq B'$ erfüllt sein, woraus sich

$$|N(A - A', G)| \leq |B'| = |T| - |A'| < |A| - |A'| = |A - A'|$$

ergibt. Das ist aber ein Widerspruch zur König-Hall Bedingung. ||

Symbolverzeichnis

$K(Z)$	Kanten der Kantenfolge Z	10
$k = (a,b)$	Bogen mit $h(k) = (a,b)$	12
$k = ab$	Kante mit $g(k) = \{a,b\}$	12
$K = K(G)$	Kantenmenge des Graphen G	1
K_n	vollständiger Graph mit n Ecken	9
$K_{p,q}$	vollständiger bipartiter Graph	88
$K_{r_1,\ldots,r_p}$	vollständiger p-partiter Graph	109
$\mathcal{L}(G)$	Line-Graph von G	134
$L(Z)$	Länge der Kantenfolge Z	10
$l = l(G)$	Anzahl der Länder von G	181
$m = m(D) = \|B(D)\|$	Größe von D	5
$m = m(G) = \|K(G)\|$	Größe von G	5
$m(x,y) = m_G(x,y)$		7
$m_D(x,y)$		7
$m(X,Y) = m_G(X,Y)$		112
$m_D(X,Y)$		244
$N(x) = N(x,G)$	Nachbarn der Ecke x	15
$N(X) = N(X,G)$	Nachbarn der Eckenmenge X	15
$N = (E,B,u,v,c)$	Netzwerk	259
$n = n(D) = \|E(D)\|$	Ordnung von D	5
$n = n(G) = \|E(G)\|$	Ordnung von G	5
$N^+(x) = N^+(x,D)$		15
$N^+(X) = N^+(X,D)$		16
$N^-(x) = N^-(x,D)$		15
$N^-(X) = N^-(X,D)$		16
$\bar{N}(x) = \bar{N}(x,G)$	$N(x,G) \cup \{x\}$	15
$\bar{N}(X) = \bar{N}(X,G)$	$N(X,G) \cup X$	15
$\mathbf{P}$	Petersen-Graph	219
$\mathbf{P}^*$	$\mathbf{P} - a$ mit $a \in E(\mathbf{P})$	220
$P(q,G)$	chromatisches Polynom von G	207
$q(G)$	Anzahl der ungeraden Komponenten von G	106
qG		139
$r(G)$	Radius von G	17
$s(W)$		264
$t(G)$	Taillenweite von G	209
T_n	n-Turnier	75
$T_r(n)$	Turán-Graph	158
$T_{n,r}$	Turán-Graph	160
$w(f)$	Flußstärke von f	261
$Z(G)$	Zentrum von G	17
$\alpha = \alpha(G)$	Unabhängigkeitszahl von G	143

$G_1[G_2]$	lexikographisches Produkt	139
$G[A, B]$	von A und B induzierter bipartiter Graph	147
$G - E'$	Löschen aller Ecken aus $E' \subseteq E(G)$	9
$G - K'$	Löschen aller Kanten aus $K' \subseteq K(G)$	9
$G - k$	Löschen der Kante k	9
$G + k$	Ergänzen der Kante k	9
$G - x$	Löschen der Ecke x	9
$\bigcup G_i$	Vereinigung der Graphen G_i	9
$\bigcap G_i$	Durchschnitt der Graphen G_i	9
$A \triangle B$	symmetrische Differenz der Mengen A und B	39
$G + H$	Summe zweier Graphen	109
$G \circ \mathcal{H}$	Korona von G und $\mathcal{H}$	139
$G_1 \times G_2$	kartesisches Produkt der Graphen G_1 und G_2	139
$G_1 \wedge G_2$	Konjunktion der Graphen G_1 und G_2	139
$G_1 \vee G_2$	Disjunktion der Graphen G_1 und G_2	140
$\lfloor x \rfloor$	größte ganze Zahl $\leq x$	
$\lceil x \rceil$	kleinste ganze Zahl $\geq x$	
$\mathbf{N}$	$\{1, 2, 3, \ldots\}$	
$\mathbf{N}_0$	$\{0, 1, 2, 3, \ldots\}$	
$\mathbf{Z}$	$\{0, \pm 1, \pm 2, \pm 3, \ldots\}$	
$\mathbf{R}$	Menge der reellen Zahlen	

Literaturverzeichnis

Am Ende jeder Literaturstelle werden die Seiten des entsprechenden Zitats in eckigen Klammern angegeben.

[1] Abu-Sbeih, M. Z.
On the number of spanning trees of K_n and $K_{m,n}$. Discrete Math. **84** (1990), 205 - 207. [46]

[1] Aharoni, R.
Menger's theorem for countable graphs. J. Combin. Theory Ser. B **43** (1987), 303 - 313. [253]

[1] Aho, V., J. Hopcroft und J. Ullman
Data Structures and Algorithms. Addison-Wesley, Reading (Massachusetts), Menlo Park (California), London (1983). [149]

[1] Ahrens, W.
Über das Gleichungssystem einer Kirchhoff'schen galvanischen Stromverzweigung. Math. Ann. **49** (1897), 311 - 324. [39]

[1] Aigner, M.
Graphentheorie. Eine Entwicklung aus dem 4-Farben Problem. Teubner, Stuttgart (1984). [viii], [190], [213]

[1] Akiyama, J. und M. Kano
Factors and factorizations of graphs - a survey. J. Graph Theory **9** (1985), 1 - 42. [124]

[1] Andersen, L. D.
On edge-colourings of graphs. Math. Scand. **40** (1977), 161 - 175. [218]

[1] Anderson, I.
Perfect matchings of a graph. J. Combin. Theory Ser. B **10** (1971), 183 - 186. [106]

[1] Appel, K. und W. Haken
Every planar map is four colorable. Part I: Discharging. Illinois J. Math. **21** (1977), 429 - 490. [189]

[2] Appel, K. und W. Haken
The four color proof suffices. Math. Intelligencer **8** (1986), 10 - 20. [189]

[3] Appel, K. und W. Haken
Every Planar Map is Four Colorable. Contemporary Mathematics 98 (1989). [190]

[1] Appel, K., W. Haken und J. Koch
Every planar map is four colorable. Part II: Reducibility. Illinois J. Math. **21** (1977), 491 - 567. [189]

[1] Auerbach, B. und R. Laskar
Some coloring numbers for complete r-partite graphs. J. Combin. Theory Ser. B **21** (1976), 169 - 170. [203], [204]

[1] Bäbler, F.
Über eine spezielle Klasse Euler'scher Graphen. Comment. Math. Helv. **27** (1953), 81 - 100. [63]

[1] Bagga, K. S., L. W. Beineke, G. Chartrand und O. R. Oellermann
Variations on a theorem of Petersen. Period. Math. Hungar. **19** (1988), 241 - 247. [118]

[1] Bang-Jensen, J.
Locally semicomplete digraphs: A generalization of tournaments. J. Graph Theory **14** (1990), 371 - 390. [79]

[1] Beineke, L. W.
Derived graphs and digraphs. Beiträge zur Graphentheorie (Hrsg. H. Sachs, H. Voss, H. Walther), 17 - 33. Teubner, Leipzig (1968). [137]

[1] Beineke, L. W. und S. Fiorini
On small graphs critical with respect to edge-colourings. Discrete Math. **16** (1976), 109 - 121. [226]

[1] Beineke, L. W. und K. B. Reid
Tournaments. Selected Topics in Graph Theory (Hrsg. L. W. Beineke und R. J. Wilson), 169 - 204. Academic Press, London, New York, San Francisco (1978). [79]

[1] Beineke, L. W. und R. J. Wilson
On the edge-chromatic number of a graph. Discrete Math. **5** (1973), 15 - 20. [222]

[1] Berge, C.
Two theorems in graph theory. Proc. Nat. Acad. Sci. U.S.A. **43** (1957), 842 - 844. [85]

[2] Berge, C.
Sur le couplage maximum d'un graphe. C. R. Acad. Sci. Paris Math. **247** (1958), 258 - 259. [109]

[3] Berge, C.
Graphs and Hypergraphs. North-Holland, Amsterdam, London (1976). [viii]

[4] Berge, C.
Some common properties for regularizable graphs, edge-critical graphs and B-graphs. Graph Theory and Algorithms (Hrsg. N. Saito und T. Nishizeki), 108 – 123. Lecture Notes in Computer Science, Vol. 108, Springer Verlag, Berlin, Heidelberg, New York (1981). [147]

[5] Berge, C.
Graphs (Second Revised Edition). North-Holland, Amsterdam, New York, Oxford (1985). [viii], [147]

[1] Bhave, V. N.
On the pseudoachromatic number of a graph. Fund. Math. **102** (1979), 159 - 164. [203]

[1] Birkhoff, G. D.
A determinant formula for the number of ways of coloring a map. Ann. of Math. (2) **14** (1912 - 1913), 42 - 46. [208]

[2] Birkhoff, G. D.
The reducibility of maps. Amer. J. Math **35** (1913), 115 - 128. [208]

[1] Bodendiek, R. und K. Wagner
Eine Verallgemeinerung des Satzes von Kuratowski. Mitt. Math. Ges. Hamburg **11** (1989), 677 - 697. [195]

[1] Boesch, F. und R. Tindell
Robbins's theorem for mixed multigraphs. Amer. Math. Monthly **87** (1980), 716 - 719. [246]

[1] Bollobás, B.
Extremal Graph Theory. Academic Press, London, New York, San Francisco (1978). [viii], [113]

[2] Bollobás, B.
On graphs with equal edge connectivity and minimum degree. Discrete Math. **28** (1979), 321 - 323. [243]

[3] Bollobás, B.
Graph Theory, An Introductory Course. Springer, Berlin, Heidelberg, New York, Tokyo (1979). [viii], [119]

[1] Bondy, J. A. und V. Chvátal
A method in graph theory. Discrete Math. **15** (1976), 111 - 135. [72]

[1] Bondy, J. A. und U. S. R. Murty
Graph Theory with Applications. The Macmillan Press Ltd., London and Basingstoke (1976). [viii], [67], [74], [195], [260]

[1] Borchardt, C. W.
Über eine der Interpolation entsprechende Darstellung der Eliminations-Resultante. J. Reine Angew. Math. **57** (1860), 111 - 121. [41]

[1] Borowiecki, M.
On a minimaximal kernel of trees. Discuss. Math. **1** (1975), 3 - 6. [169], [170]

[1] Bose, R. C.
Strongly regular graphs, partial geometries and partially balanced designs. Pacific J. Math. **13** (1963), 389 - 419. [239]

[1] Broersma, H.
Hamilton Cycles in Graphs and Related Topics. Dissertation, Twente (1988). [73]

[1] Broersma, H. und C. Hoede
Path graphs. J. Graph Theory **13** (1989), 427 - 444. [138]

[1] Brooks, R. L.
On colouring the nodes of a network. Proc. Cambridge Philos. Soc. **37** (1941), 194 - 197. [200]

[1] Brouwer, A. E. und D. M. Mesner
The connectivity of strongly regular graphs. European J. Combin. **6** (1985), 215 - 216. [239]

[1] Buckley, F. und F. Harary
Distance in Graphs. Addison-Wesley, Reading (Massachusetts), Menlo Park (California), New York (1990). [129]

[1] Cameron, P. J.
Strongly regular graphs. Selected Topics in Graph Theory (Hrsg. L. W. Beineke, R. J. Wilson), 337 - 360. Academic Press, London, New York, San Francisco (1978). [239]

[1] Camion, P.
Chemins et circuits hamiltoniens des graphes complets. C. R. Acad. Sci. Paris **249** (1959), 2151 - 2152. [78]

[1] Cayley, A.
On the colouring of maps. Proc. Roy. Geographical Soc. (N. S.) **1** (1879), 259 - 261. [189]

[2] Cayley, A.
A theorem on trees. Quart. J. Pure Appl. Math. **23** (1889), 376 - 378. [41], [44]

[1] Chao, C. Y. und N. Z. Li
On trees of polygons. Arch. Math. (Basel) **45** (1985), 180 - 185. [213]

[1] Chartrand, G.
A graph-theoretic approach to a communications problem. SIAM J. Appl. Math. **14** (1966), 778 - 781. [240]

[1] Chartrand, G., D. L. Goldsmith und S. Schuster
A sufficient condition for graphs with 1-factors. Colloq. Math. **41** (1979), 339 - 344. [118]

[1] Chartrand, G. und F. Harary
Graphs with prescribed connectivities. Theory of Graphs (Hrsg. P. Erdös, G. Katona), 61 - 63. Academic Press, London, New York, San Francisco (1968). [236], [237]

[1] Chartrand, G. und L. Lesniak
Graphs and Digraphs (Second Edition). Wadsworth and Brooks/Cole Advanced Books and Software, Monterey, California (1986).
[viii], [67], [191], [195], [202]

[1] Chetwynd, A. G. und A. J. W. Hilton
The chromatic index of graphs with at most four vertices of maximum degree. Proceedings of the Fifteenth Southeastern Conference on Combinatorics, Graph Theory and Computing (Baton Rouge, La., 1984). Congr. Numer. **43** (1984), 221 - 248. [232]

[2] Chetwynd, A. G. und A. J. W. Hilton
Regular graphs of high degree are 1-factorizable. Proc. London Math. Soc. (3) **50** (1985), 193 - 206. [224], [225], [230], [232]

[3] Chetwynd, A. G. und A. J. W. Hilton
1-factorizing regular graphs of high degree – an improved bound. Discrete Math. **75** (1989), 103 - 112. [233]

[1] Chetwynd, A. G. und H. P. Yap
Chromatic index critical graphs of order 9. Discrete Math. **47** (1983), 23 - 33. [226]

[1] Chvátal, V.
Tough graphs and Hamiltonian circuits. Discrete Math. **5** (1973), 215 - 228. [71]

[1] Chvátal, V. und P. Erdös
A note on Hamiltonian circuits. Discrete Math. **2** (1972), 111 - 113.
[253], [254]

[1] Cockayne, E. J., O. Favaron, C. Payan und A. G. Thomason
Contributions to the theory of domination, independence and irredundance in graphs. Discrete Math. **33** (1981), 249 - 258. [170]

[1] Cockayne, E. J., B. Gamble und B. Shepherd
An upper bound for the k-domination number of a graph. J. Graph Theory **9** (1985), 533 - 534. [175]

[1] Cockayne, E. J., S. Goodman und S. Hedetniemi
A linear algorithm for the domination number of a tree. Inform. Process. Lett. **4** (1975), 41 - 44. [174]

[1] Cockayne, E. J. und S. T. Hedetniemi
Towards a theory of domination in graphs. Networks **7** (1977), 247 - 261. [170]

[1] Croitoru, C. und E. Suditu
Perfect stables in graphs. Inform. Process. Lett. **17** (1983), 53 - 56. [148]

[1] Dantzig, G. B.
On the shortest route through a network. Management Sci. **6** (1959/60), 187 - 190. [20]

[1] Daykin, D. E. und C. P. Ng
Algorithms for generalized stability numbers of tree graphs. J. Austral. Math. Soc. **6** (1966), 89 - 100. [150]

[1] Dempster, M. A. H.
Two algorithms for the time-table problem. Combinatorial Mathematics and its Applications (Hrsg. D. J. A. Welsh), 63 - 85. Academic Press, London, New York, San Francisco (1971). [93]

[1] Dijkstra, E. W.
A note on two problems in connexion with graphs. Numer. Math. **1** (1959), 269 - 271. [20]

[1] Dirac, G. A.
A property of 4-chromatic graphs and some remarks on critical graphs. J. London Math. Soc. **27** (1952), 85 - 92. [222]

[2] Dirac, G. A.
Some theorems on abstract graphs. Proc. London Math. Soc. (3) **2** (1952), 69 - 81. [14], [72]

[1] Dirac, G. A. und S. Schuster
A theorem of Kuratowski. Nederl. Akad. Wetensch. Proc. Ser. A **57** (1954), 343 - 348. [191]

[1] Dörfler, W. und J. Mühlbacher
Ein verbesserter Matchingalgorithmus. Computing **13** (1974), 389 - 397. [87]

[1] Edmonds, J.
Paths, trees, and flowers. Canad. J. Math. **17** (1965), 449 - 467. [95], [99], [100]

[1] Edmonds, J. und E. L. Johnson
Matching, Euler tours and the Chinese postman. Math. Programming **5** (1973), 88 - 124. [69]

[1] Edmonds, J. und R. M. Karp
Theoretical improvements in algorithmic efficiency for network flow problems. J. Assoc. Comput. Mach. **19** (1972), 248 - 264. [269]

[1] Egawa, Y. und M. Kano
Sufficient conditions for graphs to have (g, f)-factors. Unveröffentlichtes Manuskript (1990). [121], [122]

[1] Entringer, R. C. und P. J. Slater
On the maximum number of cycles in a graph. Ars Combin. **11** (1981), 289 - 294. [40]

[1] Erdös, P.
On the graph theorem of Turán (Ungarisch). Mat. Lapok **21** (1970), 249 - 251. [159]

[1] Erdös, P. und T. Gallai
Graphs with prescribed degrees of vertices (Ungarisch). Mat. Lapok **11** (1960), 264 - 274. [113], [115]

[2] Erdös, P. und T. Gallai
Solution of a problem of Dirac. Theory of Graphs and its Applications (Hrsg. M. Fiedler), Academia, Prague (1964), 167 - 168. [202]

[1] Esfahanian, A. H.
Lower-bounds on the connectivities of a graph. J. Graph Theory **9** (1985), 503 - 511. [243]

[1] Euler, L.
Solutio problematis ad geometriam situs pertinentis. Commentarii Academiae Petropolitanae **8** (1736), 128 - 140 = Opera omnia, Ser. I, Nr. **7**, 1 - 10. Deutsche Übersetzung: Speiser, Klassische Stücke der Mathematik, Zürich (1927), 127 -138. [viii], [59]

[2] Euler, L.
Elementa doctrinae solidarum. Novi Comm. Acad. Sci. Imp. Petropol. **4** (1752 - 1753), 109 - 140. [181], [182]

[3] Euler, L.
Demonstratio nonnullarum insignium proprietatum quibus solida hedris planis inclusa sunt praedita. Novi Comm. Acad. Sci. Imp. Petropol. **4** (1752 - 1753), 140 - 160. [181], [182]

[1] Fan, G. H.
New sufficient conditions for cycles in graphs. J. Combin. Theory Ser. B **37** (1984), 222 - 227. [73]

[1] Farber, M.
Domination, independent domination, and duality in strongly chordal graphs. Discrete Appl. Math. **7** (1984), 115 - 130. [174]

[1] Farrell, E. J.
On chromatic coefficients. Discrete Math. **29** (1980), 257 - 264. [213]

[1] Favaron, O.
On a conjecture of Fink and Jacobson concerning k-domination and k-dependence. J. Combin. Theory Ser. B **39** (1985), 101 - 102. [177]

[2] Favaron, O.
Stability, domination and irredundance in a graph. J. Graph Theory **10** (1986), 429 - 438. [170]

[3] Favaron, O.
k-domination and k-dependence in graphs. Ars Combin. **25C** (1988), 159 - 167. [177]

[1] Fiedler, M. und J. Sedlacek
O W-basich orientovanich grafu. (Über Wurzelbasen von gerichteten Graphen.) Časopis Pěst. Mat. **83** (1958), 214 - 225. [46]

[1] Finbow, A., B. Hartnell und R. Nowakowski
Well-dominated graphs: a collection of well-covered ones. Ars Combin. **25 A** (1988), 5 - 10. [170]

[1] Fink, J. F. und M. S. Jacobson
n-domination in graphs. Graph Theory with Applications to Algorithms and Computer Science (Hrsg. Y. Alavi, G. Chartrand, L. Lesniak, D. R. Lick, C. E. Wall), 283 - 300. Proceedings of the 5th international conference, Kalamazoo (1984), Wiley and Sons Inc., New York (1985). [174], [175], [177]

[2] Fink, J. F. und M. S. Jacobson
On n-domination, n-dependence and forbidden subgraphs. Graph Theory with Applications to Algorithms and Computer Science (Hrsg. Y. Alavi, G. Chartrand, L. Lesniak, D. R. Lick, C. E. Wall), 301 - 311. Proceedings of the 5th international conference, Kalamazoo (1984), Wiley and Sons Inc., New York (1985). [177]

[1] Fink, J. F., M. S. Jacobson, L. F. Kinch und J. Roberts
On graphs having domination number half their order. Period. Math. Hungar. **16** (1985), 287 - 293. [170]

[1] Fiorini, S.
The Chromatic Index of Simple Graphs. Doctoral Thesis, The Open University, England (1974). [227]

[1] Fiorini, S. und R. J. Wilson
Edge-colourings of graphs. (Research Notes in Mathematics 16), Pitman, London (1977). [224], [233]

[1] Flach, P. und L. Volkmann
Abschätzungen gesättigter Matchings nach unten. An. Univ. Bucureşti Mat. **36** (1987), 25 - 30. [83]

[2] Flach, P. und L. Volkmann
Estimations for the domination number of a graph. Discrete Math. **80** (1990), 145 - 151. [167]

[1] Fleischner, H.
Eulerian Graphs. Selected Topics in Graph Theory 2 (Hrsg. L. W. Beineke und R. Wilson), 17 – 53. Academic Press, London, New York, San Francisco (1983). [65]

[2] Fleischner, H.
Eulerian Graphs and Related Topics. Ann. Discrete Math. **45**, North-Holland, Amsterdam (1990). [65]

[1] Folkman, J. und D. R. Fulkerson
Edge colorings in bipartite graphs. Combinatorial Mathematics and its Applications (Hrsg. Bose, Dowling), 561 – 577. Univ. of N. C. Press, Chapel Hill (1969). [86]

[1] Ford, L. R. und D. Fulkerson
Maximal flow through a network. Canad. J. Math. **8** (1956), 399 – 404. [260], [265], [266]

[2] Ford, L. R. und D. Fulkerson
A simple algorithm for finding maximal network flows and an application to the Hitchcock problem. Canad. J. Math. **9** (1957), 210 – 218. [260], [268]

[3] Ford, L. R. und D. Fulkerson
Flows in Networks. Princeton University Press, Princeton (1962). [260], [269]

[1] Fraisse, P.
A new sufficient condition for Hamiltonian graphs. J. Graph Theory **10** (1986), 405 – 409. [257]

[1] Gallai, T.
Über extreme Punkt- und Kantenmengen. Ann. Univ. Sci. Budapest. Eötvös Sect. Math. **2** (1959), 133 – 138. [144], [145]

[2] Gallai, T.
On directed paths and circuits. Theory of Graphs (Hrsg. P. Erdös, G. Katona), 115 – 118. Academic Press, London, New York, San Francisco (1968). [199]

[1] Geller, D. und H. Kronk
Further results on the achromatic number. Fund. Math. **85** (1974), 285 – 290. [205], [206]

[1] Ghouila-Houri, A.
Une condition suffisante d'existence d'un circuit hamiltonien. C. R. Acad. Sci. Paris **251** (1960), 495 – 497. [74]

[1] Goldberg, M. K.
Construction of class 2 graphs with maximum vertex degree 3. J. Combin. Theory Ser. B **31** (1981), 282 – 291. [229]

[2] Goldberg, M. K.
Edge-coloring of multigraphs: recoloring technique. J. Graph Theory **8** (1984), 123 - 137. [216], [218]

[1] Goldsmith, D. L. und R. C. Entringer
A sufficient condition for equality of edge-connectivity and minimum degree of a graph. J. Graph Theory **3** (1979), 251 - 255. [243]

[1] Golovko, L. D. und N. P. Khomenko
Identifying certain types of parts of a graph and computing their number. Ukrainian Math. J. **24** (1972), 313 - 321. [38]

[1] Golumbic, M. C.
Algorithmic Graph Theory and Perfect Graphs. Academic Press, London, New York, San Francisco (1980). [152]

[1] Hajós, G.
Über eine Konstruktion nicht n-färbbarer Graphen. Wiss. Z. Martin-Luther-Univ., Halle Wittenberg, Math. Natur. Reihe **10** (1961), 116 - 117. [227]

[1] Hakimi, S. L.
On realizability of a set of integers as degrees of the vertices of a linear graph I. J. Soc. Indust. Appl. Math. **10** (1962), 496 - 506. [115]

[1] Halin, R.
A theorem on n-connected graphs. J. Combin. Theory **7** (1969), 150 - 154. [134]

[2] Halin, R.
Graphentheorie (Band 1). Wissenschaftliche Buchgesellschaft, Darmstadt (1980). [viii]

[3] Halin, R.
Graphentheorie (Band 2). Wissenschaftliche Buchgesellschaft, Darmstadt (1981). [viii]

[1] Hall, P.
On representatives of subsets. J. London Math. Soc. **10** (1935), 26 - 30. [90], [273]

[1] Harary, F.
Graph Theory. Addison-Wesley, Reading (Massachusetts), Menlo Park (California), London (1969). [viii], [115], [135], [137]

[1] Harary, F., S. Hedetniemi und G. Prins
An interpolation theorem for graphical homomorphisms. Portugal. Math. **26** (1967), 453 - 462. [203]

[1] Harary, F. und M. Livingston
Characterization of trees with equal domination and independent domination number. Congr. Numer. **55** (1986), 121 - 150. [170]

[1] Harary, F. und B. Manvel
On the number of cycles in a graph. Mat. Časopis Sloven. Akad. Vied. **21** (1971), 55 - 63. [37]

[1] Harary, F. und R. Z. Norman
The dissimilarity characteristic of Husimi trees. Ann. of Math. (2) **58** (1953), 134 - 141. [128]

[1] Harary, F. und M. D. Plummer
On the core of a graph. Proc. London Math. Soc. (3) **17** (1967), 305 - 314. [152], [158]

[1] Harary, F. und R. W. Robinson
The diameter of a graph and its complement. Amer. Math. Monthly **92** (1985), 211 - 212. [18]

[1] Havel, V.
Eine Bemerkung über die Existenz der endlichen Graphen, (Tschechisch). Časopis Pěst. Mat. **80** (1955), 477 - 480. [115]

[1] Heawood, P. J.
Map-colour theorem. Quart. J. Pure Appl. Math. **24** (1890), 332 - 338. [184], [189]

[1] Hedetniemi, S. T., R. Laskar und J. Pfaff
A linear algorithm for finding a minimum dominating set in a cactus. Discrete Appl. Math. **13** (1986), 287 - 292. [174]

[1] Heesch, H.
Untersuchungen zum Vierfarbenproblem. Bibliographisches Institut, Mannheim (1969). [189]

[1] Hierholzer, C.
Über die Möglichkeit, einen Linienzug ohne Wiederholung und ohne Unterbrechung zu umfahren. Math. Ann. **6** (1873), 30 - 32. [59], [60]

[1] Hopkins, G. und W. Staton
Graphs with unique maximum independent sets. Discrete Math. **57** (1985), 245 - 251. [152]

[1] Hutschenreuther, H.
Einfacher Beweis des Matrix-Gerüst-Satzes der Netzwerktheorie. Wiss. Z. Techn. Hochsch. Ilmenau **13** (1967), 403 - 404. [41]

[1] Jaeger, F. und C. Payan
Relations du type Nordhaus-Gaddum pour le nombre d'absorption d'un graphe simple. C. R. Acad. Sci. Paris **274** (1972), 728 - 730. [168]

[1] Jakobsen, I. T.
Some remarks on the chromatic index of a graph. Arch. Math. (Basel) **24** (1973), 440 - 448. [228]

[2] Jakobsen, I. T.
On critical graphs with chromatic index 4. Discrete Math. **9** (1974), 265 - 276. [226], [229]

[1] Joentgen, A. und L. Volkmann
Factors of locally almost regular graphs. Erscheint in: Bull. London Math. Soc. [119], [121], [123]

[1] Jung, H. A.
Zu einem Isomorphiesatz von H. Whitney für Graphen. Math. Ann. **164** (1966), 270 - 271. [135]

[2] Jung, H. A.
On maximal circuits in finite graphs. Ann. Discrete Math. **3** (1978), 129 - 144. [73]

[1] Jungnickel, D.
Graphen, Netzwerke und Algorithmen. Bibliographisches Institut, Mannheim, Wien, Zürich (1987). [viii], [69], [101], [269]

[1] Kano, M.
Factors of regular graphs. J. Combin. Theory Ser. B **41** (1986), 27 - 36. [123]

[1] Kano, M. und A. Saito
$[a, b]$-factors of graphs. Discrete Math. **47** (1983), 113 - 116. [123]

[1] Kempe, A. B.
On the geographical problem of the four colours. Amer. J. Math. **2** (1879), 193 - 200. [189]

[1] Kirchhoff, G. R.
Über die Auflösung der Gleichungen, auf welche man bei der Untersuchung der linearen Verteilung galvanischer Ströme geführt wird. Annalen der Physik und Chemie **72** (1847), 497 - 508 = Gesammelte Abhandlungen, Leipzig (1882), 22 - 33. [viii], [39], [41]

[1] Klotz, W.
A constructive proof of Kuratowski's theorem. Ars Combin. **28** (1989). [195]

[1] König, D.
Über Graphen und ihre Anwendung auf Determinantentheorie und Mengenlehre. Math. Ann. **77** (1916), 453 - 465. [88], [92]

[2] König, D.
Graphen und Matrizen (Ungarisch mit deutschem Auszug). Mat. Fiz. Lapok **38** (1931), 116 - 119. [90], [144], [273]

[3] König, D.
Theorie der endlichen und unendlichen Graphen. Akademische Verlagsgesellschaft M.B.H., Leipzig, (1936). Reprint: Teubner-Archiv zur Mathematik, Band 6, Leipzig (1986). [viii]

[1] Krausz, J.
Démonstration nouvelle d'une théorème de Whitney sur les réseaux (Ungarisch). Mat. Fiz. Lapok **50** (1943), 75 – 85. [136]

[1] Kruskal, J. B.
On the shortest spanning subtree of a graph and the traveling salesman problem. Proc. Amer. Math. Soc. **7** (1956), 48 – 50. [47]

[1] Kuan, M.-K.
Graphic programming using odd or even points. Chinese Math. **1** (1962), 273 – 277. [66]

[1] Kuhn, H. W.
The Hungarian method for the assignment problem. Naval Res. Logist. Quart. **2** (1955), 83 – 97. [95]

[1] Kuratowski, C.
Sur le problème des courbes gauches en topologie. Fund. Math. **15** 1930, 271 – 283. [190], [191]

[1] Laskar, R. und H. B. Walikar
On domination related concepts in graph theory. Combinatorics and Graph Theory (Hrsg. S. B. Rao), 308 – 320. Lecture Notes in Mathematics 885, Springer, Berlin, Heidelberg, New York (1981). [170]

[1] Lehot, P. G. H.
An optimal algorithm to detect a line graph and output its rout graph. J. Assoc. Comput. Mach. **21** (1974), 569 – 575. [138]

[1] Lesniak, L.
Results on the edge-connectivity of graphs. Discrete Math. **8** (1974), 351 – 354. [240]

[1] Listing, J. B.
Vorstudien zur Topologie. Göttinger Studien (1847), auch separat erschienen: Göttingen (1848). [60], [61]

[1] Lovász, L.
Subgraphs with prescribed valencies. J. Combin. Theory **8** (1970), 391 – 416. [116]

[2] Lovász, L.
Three short proofs in graph theory. J. Combin. Theory Ser. B **19** (1975), 269 – 271. [111], [202]

[1] Lovász, L. und M. D. Plummer
Matching Theory. Ann. Discrete Math. **29**, North-Holland, Amsterdam, New York, Oxford, Tokyo (1986). [viii], [69], [99], [101], [115], [124], [269]

[1] Lucas, E.
Récréations mathématiques I – IV. Paris (1882 – 1894). [60], [61], [67]

[1] Mader, W.
Eine Eigenschaft der Atome endlicher Graphen. Arch. Math. (Basel) **22** (1971), 333 – 336. [134]

[2] Mader, W.
1-Faktoren von Graphen. Math. Ann. **201** (1973), 269 – 282. [111]

[3] Mader, W.
A reduction method for edge-connectivity in graphs. Ann. Discrete Math. **3** (1978), 145 – 164. [247]

[4] Mader, W.
Connectivity and edge-connectivity in finite graphs. Surveys in Combinatorics (Hrsg. B. Bollobás), 66 – 95. Cambridge University Press, Cambridge (1979). [253]

[5] Mader, W.
Kritisch n-fach kantenzusammenhängende Graphen. J. Combin. Theory Ser. B **40** (1986), 152 – 158. [253]

[6] Mader, W.
Über $(k+1)$-kritisch $(2k+1)$-fach zusammenhängende Graphen. J. Combin. Theory Ser. B **45** (1988), 45 – 57. [253]

[7] Mader, W.
Telephonische Mitteilung (1988). [105]

[8] Mader, W.
On critically connected digraphs. J. Graph Theory **13** (1989), 513 – 522. [253]

[1] Mateti P. und N. Deo
On algorithms for enumerating all circuits of a graph. SIAM J. Comput. **5** (1976), 90 – 99. [40]

[1] Maurer, S. B.
Cycle-complete graphs. Proceedings of the Fifth British Combinatorial Conference, Aberdeen (1975), Congr. Numer. **15** (1976), 447 – 453. [40]

[1] McCarthy, P. J.
Matchings in graphs. Bull. Austral. Math. Soc. **9** (1973), 141 – 143. [110]

[1] McCuaig, W.
A simple proof of Menger's theorem. J. Graph Theory **8** (1984), 427 – 429. [249]

[1] McCuaig, W. und B. Shepherd
Domination in graphs with minimum degree two. J. Graph Theory **13** (1989), 749 – 762. [170]

[1] Menger, K.
Zur allgemeinen Kurventheorie. Fund. Math. **10** (1927), 96 – 115. [249]

[1] Meredith, G. H. J.
Coefficients of chromatic polynomials. J. Combin. Theory Ser. B **13** (1972), 14 – 17. [208]

[1] Moon, J. W.
On subtournaments of a tournament. Canad. Math. Bull. **9** (1966), 297 – 301. [78]

[2] Moon, J. W.
Topics on Tournaments. Holt, Rinehart and Winston, New York (1968). [79]

[1] Munkres, J.
Algorithms for the assignment and transportation problems. J. Soc. Indust. Appl. Math. **5** (1957), 32 – 38. [95]

[1] Nash-Williams, C. St. J. A.
On orientations, connectivity and odd-vertex-pairings in finite graphs. Canad. J. Math. **12** (1960), 555 – 567. [247]

[1] Niessen, Th.
Mündliche Mitteilung (1988). [105]

[1] Niessen, Th. und L. Volkmann
Class 1 conditions depending on the minimum degree and the number of vertices of maximum degree. J. Graph Theory **14** (1990), 225 – 246. [232], [233]

[1] Ore, O.
A problem regarding the tracing of graphs. Elem. Math. **6** (1951), 49 – 53. [62]

[2] Ore, O.
Graphs and matching theorems. Duke Math. J. **22** (1955), 625 – 639. [91]

[3] Ore, O.
Note on Hamilton circuits. Amer. Math. Monthly **67** (1960), 55. [72]

[4] Ore, O.
Theory of Graphs. Amer. Math. Soc. Colloq. Publ. **38** (1962). [164]

[1] Papadimitriou, C. H. und K. Steiglitz
Combinatorial Optimization: Algorithms and Complexity. Prentice Hall, Englewood Cliffs, N.J. (1982). [69], [101], [269]

[1] Payan, C.
Sur le nombre d'absorption d'un graph simple. Cahiers Centre Études Rech. Opér. **17** (1975), 307 – 317. [165], [168], [169]

[1] Petersen, J.
Die Theorie der regulären Graphs. Acta Math. **15** (1891), 193 - 220. [117]

[2] Petersen, J.
Sur le théorème de Tait. L'intermédiaire des Mathématiciens **5** (1898), 225 - 227. [219]

[1] Plesnik, J.
Critical graphs of given diameter. Acta Fac. Rerum Natur. Univ. Comenian. Math. **30** (1975), 71 - 93. [240]

[1] Plesnik, J. und S. Znám
On equality of edge-connectivity and minimum degree of a graph. Arch. Math. (Brno) **25** (1989), 19 - 25. [240], [243]

[1] Prim, R. C.
Shortest connection networks and some generalizations. Bell Systems Techn. J. **36** (1957), 1389 - 1401. [51]

[1] Rademacher, H. und O. Toeplitz
Von Zahlen und Figuren. Springer, Berlin (1930). [186]

[1] Read, R. C.
An introduction to chromatic polynomials. J. Combin. Theory **4** (1968), 52 - 71. [208]

[1] Read, R. C. und W. T. Tutte
Chromatic polynomials. Selected Topics in Graph Theory **3** (Hrsg. L. W. Beineke und R. J. Wilson), 15 - 42. Academic Press, Orlando, FL (1988). [213]

[1] Rédei, L.
Ein kombinatorischer Satz. Acta Litt. Sci. Szeged **7** (1934), 39 - 43. [75]

[1] Reid, K. B.
Cycles in the complement of a tree. Discrete Math. **15** (1976), 163 - 174. [40]

[1] Reiß, M.
Über eine Steinersche kombinatorische Aufgabe, welche im 45sten Bande dieses Journals, Seite 181, gestellt worden ist. J. Reine Angew. Math. **56** (1859), 326 - 344. [116]

[1] Rényi, A.
Some remarks on the theory of trees (Ungarisch). Magyar Tud. Akad. Mat. Kutató Int. Közl. **4** (1959), 73 - 85. [44]

[1] Ringel, G.
Färbungsprobleme auf Flächen und Graphen. VEB Deutscher Verlag der Wissenschaften, Berlin (1959). [186], [190]

[2] Ringel, G.
Selbstkomplementäre Graphen. Arch. Math. (Basel) **14** (1963), 354 - 358. [18]

[3] Ringel, G.
Map Color Theorem. Springer, Berlin (1974). [190]

[1] Robbins, H. E.
A theorem on graphs with an application to a problem of traffic control. Amer. Math. Monthly **46** (1939), 281 - 283. [246]

[1] Roij, A. van und H. Wilf
The interchange graphs of a finite graph. Acta Math. Acad. Sci. Hungar. **16** (1965), 263 - 269. [137]

[1] Roussopoulos, N. D.
A $\max\{m, n\}$ algorithm for determining the graph H from its line graph G. Inform. Process. Lett. **2** (1973), 108 - 112. [138]

[1] Sachs, H.
Über selbstkomplementäre Graphen. Publ. Math. Debrecen **9** (1962), 270 - 288. [18]

[2] Sachs, H.
Einführung in die Theorie der endlichen Graphen. Carl Hanser Verlag, München (1971). [viii], [24], [41]

[3] Sachs, H.
Einführung in die Theorie der endlichen Graphen, Teil II. Teubner, Leipzig (1972). [viii], [180]

[4] Sachs, H.
Einige Gedanken zur Geschichte und zur Entwicklung der Graphentheorie. Mitt. Math. Ges. Hamburg **9** (1989), 623 - 641. [189]

[1] Schiermeyer, I.
On generalizing a theorem of Fraisse. Ars Combin. **29A** (1990), 49 - 58. [255], [257]

[1] Seidel, J. J.
Strongly regular graphs. Surveys in Combinatorics (Hrsg. B. Bollobás), 157 - 180. Cambridge University Press, Cambridge (1979). [239]

[1] Shannon, C. E.
A theorem on coloring the lines of a network. J. Math. Phys. **28** (1949), 148 - 151. [218]

[1] Siemes, W., J. Topp und L. Volkmann
On unique independent sets in graphs. Unveröffentlichtes Manuskript (1990). [153], [160]

[1] Soneoka, T., H. Nakada, M. Imase und C. Peyrat
Sufficient conditions for maximally connected dense graphs. Preprint. [243]

[1] Stracke, C. und L. Volkmann
Estimations for the n-domination number of a graph. In Vorbereitung. [177]

[1] Syslo, M. M.
A labeling algorithm to recognize a line digraph and output its root graph. Inform. Process. Lett. **15** (1982), 28 - 30. [138]

[1] Szamkolowicz, L.
Sur la classification des graphes en vue des propriétés de leurs noyaux. Prace Nauk. Inst. Mat. Fiz. Teoret. Politechn. Wroclaw. Ser. Stud. Materialy **3** (1970), 15 - 21. [169]

[1] Tait, P. G.
On the colouring of maps. Proc. Roy. Soc. Edinburgh **10** (1880), 501 - 503 und 729. [215]

[1] Takács, L.
On Cayley's formula for counting forests. J. Combin. Theory Ser. A **53** (1990), 321 - 323. [45]

[1] Thomassen, C.
A remark on the factor theorems of Lovász and Tutte. J. Graph Theory **5** (1981), 441 - 442. [119]

[2] Thomassen, C.
Kuratowski's theorem. J. Graph Theory **5** (1981), 225 - 241. [195]

[3] Thomassen, C.
A refinement of Kuratowski's theorem. J. Comb. Theory Ser. B **37** (1984), 245 - 253. [195]

[1] Topp, J. und L. Volkmann
On domination and independence numbers of graphs. Resultate Math. **17** (1990), 333 - 341. [169], [170]

[2] Topp, J. und L. Volkmann
On graphs with equal domination and independent domination numbers. Erscheint in: Discrete Math. [170]

[3] Topp, J. und L. Volkmann
Sufficient conditions for equality of connectivity and minimum degree of a graph. Unveröffentlichtes Manuskript (1990). [237], [239]

[1] Trent, H.
A note on the enumeration and listing of all possible trees in a connected linear graph. Proc. Nat. Acad. Sci. U.S.A. **40** (1954), 1004 - 1007. [41]

[1] Turán, P.
An extremal problem in graph theory (Ungarisch). Mat. Fiz. Lapok **48** (1941), 436 - 452. [159], [160]

[1] Tutte, W. T.
The factorization of linear graphs. J. London Math. Soc. **22** (1947), 107 - 111. [106]

[2] Tutte, W. T.
The factors of graphs. Canad. J. Math. **4** (1952), 314 - 328. [112]

[3] Tutte, W. T.
The 1-factors of oriented graphs. Proc. Amer. Math. Soc. **4** (1953), 922 - 931. [105]

[4] Tutte, W. T.
A short proof of the factor theorem for finite graphs. Canad. J. Math. **6** (1954), 347 - 352. [112]

[5] Tutte, W. T.
The subgraph problem. Ann. Discrete Math. **3** (1978), 289 - 295. [118]

[6] Tutte, W. T.
Graph Theory. Addison-Wesley, Reading (Massachusetts), Menlo Park (California), London (1984). [viii]

[1] Tverberg, H.
A proof of Kuratowski's theorem. Ann. Discrete Math. **41** (1989), 417 - 419. [195]

[1] Veblen, O.
An application of modular equations in analysis situs. Ann. of Math. (2) **14** (1912 - 1913), 86 - 94. [60]

[1] Vizing, V. G.
On an estimate of the chromatic class of a p-graph (Russisch). Diskret. Analiz. **3** (1964), 25 - 30. [216], [218]

[2] Vizing, V. G.
An estimate on the external stability number of a graph (Russisch). Dokl. Akad. Nauk SSSR **164** (1965), 729 - 731. [169]

[3] Vizing, V. G.
Critical graphs with given chromatic class (Russisch). Diskret. Analiz. **5** (1965), 9 - 17. [223], [224], [230]

[4] Vizing, V. G.
The chromatic class of a multigraph (Russisch). Kibernetika (Kiev) **3** (1965), 29 - 39. [220], [221], [222], [229]

[1] Volkmann, L.
Bemerkungen zum p-fachen Kantenzusammenhang von Graphen. An. Univ. Bucureşti Mat. **37** (1988), 75 – 79. [243]

[2] Volkmann, L.
Minimale und unabhängige minimale Überdeckungen. An. Univ. Bucureşti Mat. **37** (1988), 85 – 90. [151]

[3] Volkmann, L.
Edge-connectivity in p-partite graphs. J. Graph Theory **13** (1989), 1 – 6. [242]

[4] Volkmann, L.
Grundlagen der Wirtschaftsmathematik. Springer, Wien, New York (1989). [34]

[5] Volkmann, L.
Simple reduction theorems for finding minimum coverings and minimum dominating sets. Contemporary Methods in Graph Theory (Hrsg. R. Bodendiek), 667 – 672. Bibliographisches Institut, Mannheim, Wien, Zürich (1990). [149], [171], [172]

[6] Volkmann, L.
Estimations for the number of cycles in a graph. Erscheint in: Period. Math. Hungar. [36], [37]

[1] Wagner, K.
Bemerkungen zum Vierfarbenproblem. Jahresber. Deutsch. Math.-Verein. **46** (1936), 26 – 32. [180]

[2] Wagner, K.
Graphentheorie. Bibliographisches Institut, Mannheim (1970). [180]

[1] Wagner, K. und R. Bodendiek
Graphentheorie I, Anwendungen auf Topologie, Gruppentheorie und Verbandstheorie. Bibliographisches Institut, Mannheim (1989). [180]

[2] Wagner, K. und R. Bodendiek
Graphentheorie II, Weitere Methoden, Masse-Graphen, Planarität und minimale Graphen. Bibliographisches Institut, Mannheim (1990).

[1] De Werra, D.
On some combinatorial problems arising in scheduling. CORS J. **8** (1970), 165 – 175. [93]

[1] Whitney, H.
A logical expansion in mathematics. Bull. Amer. Math. Soc. **38** (1932), 572 – 579. [213]

[2] Whitney, H.
Congruent graphs and the connectivity of graphs. Amer. J. Math. **54** (1932), 150 – 168. [135], [236], [249]

[3] Whitney, H.
The coloring of graphs. Ann. of Math. (2) **33** (1932), 688 - 718. [208]

[1] Wilson, R. J.
Einführung in die Graphentheorie (Originaltitel: Introduction to Graph Theory). Vandenhoeck und Ruprecht, Göttingen (1976). [viii]

[1] Woodall, D. R.
The binding number of a graph and its Anderson number. J. Combin. Theory Ser. B **15** (1973), 225 - 255. [111]

[1] Yap, H. P.
Some Topics in Graph Theory. London Math. Soc. Lecture Notes Series **108**, University Press, Cambridge (1986). [233]

[1] Zhou, B.
The maximum number of cycles in the complement of a tree. Discrete Math. **69** (1988), 85 - 94. [40]

Stichwortverzeichnis